Peter Köhler (Hrsg.)

CATIA V5-Praktikum

Peter Köhler (Hrsg.)

CATIA V5-Praktikum

Arbeitstechniken der parametrischen 3D-Konstruktion

Mit 162 Abbildungen

Unter Mitarbeit von Oliver Strohmeier, Sascha Dungs und Ludger Brandenburg

Studium Technik

vieweg

Bibliografische Information Der Deutschen Bibliothek
Die Deutsche Bibliothek verzeichnet diese Publikation in der Deutschen Nationalbibliografie; detaillierte bibliografische Daten sind im Internet über <http://dnb.ddb.de> abrufbar.

1. Auflage Dezember 2002

Der Vieweg Verlag ist ein Unternehmen der Fachverlagsgruppe BertelsmannSpringer.
www.vieweg.de

Umschlaggestaltung: Ulrike Weigel, www.CorporateDesignGroup.de
Druck und buchbinderische Verarbeitung: W. Langelüddecke, Braunschweig
Gedruckt auf säurefreiem und chlorfrei gebleichtem Papier.
Printed in Germany

ISBN 3-528-03954-X

Vorwort

Das vorliegende Buch soll die Schulung und Einarbeitung in die parametrische 3D-Konstruktion mit dem System CATIA V5 unterstützen. Die Gliederung der einzelnen Abschnitte zeigt, dass die Vermittlung grundlegender Arbeitstechniken im Vordergrund steht, so dass das Buch auch unabhängig von dem verwendeten CAD-System Leser finden kann. Ähnlichkeiten zu dem im gleichen Verlag erschienenen Pro/ENGINEER-Praktikumsbuch sind gewollt.

Benutzt wurde von den Autoren die CATIA Version 5 Releases 8 und 9 auf Basis des Betriebssystems Windows NT. Die notwendige Einführung in dieses System enthält Kapitel 2.

Ein Großteil der Modellierungstechniken wird anhand der Teile und Baugruppen eines Greifers erläutert. Für Verbundkörper werden zusätzliche Anwendungsbeispiele eingebunden. Einen Überblick zu den Aufgabenstellungen gibt Kapitel 3. Die weiteren Abschnitte des Buches bieten ein schrittweise Einführung in die parametrische Produktmodellierung. Begonnen wird mit den notwendigen Skizziertechniken, die Grundlage der Bauteilmodellierung sind. Neben der Bauteil- und Baugruppenkonstruktion werden auch Hinweise für Modellanalysen, Modelländerungen und Vereinfachungen gegeben. Kapitel 7 vermittelt Grundlagen und Arbeitsweisen zur Zeichnungserstellung aus 3D-Datenmodellen. Die Dialogbeschreibung ist in allen Abschnitten so aufgebaut, dass sie auch auf andere Aufgabenstellungen übertragen werden kann.

Mit ergänzenden, fortgeschrittenen Arbeitstechniken werden in Kapitel 8 Möglichkeiten aufgezeigt, um firmen- und produktspezifisches Wissen in die Konstruktion zu integrieren.

Die Autoren danken Frau Dr.-Ing. Martina Köhler und Frau Andrea Rocholl für die Unterstützung bei den Korrekturlesungen.

Duisburg, im Oktober 2002

Prof. Dr.-Ing. Dipl.-Math. Peter Köhler
Dipl.-Ing. Oliver Strohmeier
Dipl.-Ing. Sascha Dungs
Dipl.-Ing. Ludger Brandenburg

Inhaltsverzeichnis

1 Einführung 1

2 Einführung in die Arbeit mit CATIA V5 5

2.1 Allgemeines 5
2.2 Benutzerschnittstelle 8
2.2.1 Dialogelemente 8
2.2.2 Die Online-Hilfe 9
2.2.3 Interaktionen 10
2.3 Objektdarstellung 12
2.3.1 Darstellungsoptionen 12
2.3.2 Vordefinierte Ansichten 14
2.3.3 Objekteigenschaften 15
2.4 Abbildung der Produktstruktur 17
2.4.1 Arbeitstechniken 17
2.4.2 Der Modellbaum 17
2.5 Festlegung der Symbolik zur Bearbeitung der Übungen 19

3 Aufgabenstellungen 21

4 Skizzieren 25

4.1 Die Arbeitsumgebung 25
4.2 Skizziermethoden 27
4.3 Bemaßungstechniken 30
4.4 Skizzierübungen 33
4.4.1 Profilskizzen 33
4.4.2 Symmetrische Skizzen 37
4.4.3 Rotationsskizze 40

5 Bauteilmodellierung 43

5.1 Die Arbeitsumgebung 43
5.2 Profil- und Rotationskörper 47
5.3 Gezogene Teile (Trajektion) 53
5.4 Verbundkörper 55
5.4.1 Übergangsstücke 55
5.4.2 Krümmer 61
5.5 Konstruktionsfeature 63
5.5.1 Fasen und Rundungen 63
5.5.2 Bohrungen und Gewinde 65
5.5.3 Mustererzeugung 69
5.5.4 Fertigungsbedingte Anpassungen 71
5.6 Modellanpassungen 72
5.6.1 Maßänderungen 72
5.6.2 Modellveränderungen 75

5.7 Geometrische Beziehungen ... 78
5.8 Bauteilinformationen ... 82
5.9 Körperbasierte Modellierung ... 84
5.9.1 Volumenverknüpfung ... 84
5.9.2 Formenbau ... 85
5.10 Veränderung der Darstellungsattribute ... 88
5.11 Tabellengesteuerter Modellaufbau ... 89
5.12 Zusatzaufgaben ... 92

6 Baugruppenmodellierung ... 95
6.1 Die Arbeitsumgebung ... 95
6.2 Baugruppenstruktur ... 97
6.3 Der Einbau von Komponenten ... 99
6.3.1 Grundlagen ... 99
6.3.2 Einbau der ersten Komponente ... 101
6.3.3 Einbau über Bezugselemente und Achsen ... 102
6.3.4 Einbau über Geometrieelemente ... 104
6.3.5 Einbaukorrektur ... 109
6.4 Verwendung von Strukturmodellen ... 110
6.4.1 Einführung ... 110
6.4.2 Aufbau des Strukturmodells ... 111
6.4.3 Anpassung der Komponenten ... 112
6.4.4 Strukturierter Zusammenbau ... 113
6.5 Baugruppeninformationen ... 116
6.6 Baugruppenanpassungen ... 120
6.6.1 Bauteilkorrekturen ... 120
6.6.2 Anwendung der Konstruktionstabelle ... 123
6.6.3 Baugruppenbeziehungen ... 123
6.6.4 Komponenten ersetzen ... 125
6.7 Baugruppenabhängige Teilemodellierung ... 128
6.8 Komponentendarstellung ... 130
6.8.1 Veränderung von Darstellungsattributen ... 130
6.8.2 Explosionsdarstellung ... 131

7 Zeichnungserstellung aus dem 3D-Modell ... 133
7.1 Die Arbeitsumgebung ... 133
7.2 Voreinstellungen ... 136
7.3 Zeichnungsformate ... 139
7.3.1 Formatzuweisung ... 139
7.3.2 Zeichnungsrahmen und Schriftfelder ... 139
7.4 Erzeugung von Modellansichten ... 141
7.4.1 Basisansicht ... 141
7.4.2 Projektionsansichten ... 144
7.4.3 Detailansichten ... 146
7.4.4 Stufenschnitte ... 146
7.4.5 3D-Darstellungen ... 147
7.4.6 Baugruppenzeichnungen ... 148
7.4.7 Umdefinieren von Ansichten ... 148

7.5 Bemaßungen ... 150
7.5.1 Automatische Bemaßungsgenerierung ... 150
7.5.2 Manuelle Erzeugung von Bemaßungen ... 152
7.5.3 Bemaßungsanpassung ... 152
7.6 Ergänzende Angaben ... 155
7.6.1 Oberflächenangaben ... 155
7.6.2 Form- und Lagetoleranzen ... 156
7.6.3 Schweißsymbole und Schweißnähte ... 157
7.6.4 Notizen und Tabellen ... 158

8 Ergänzende Arbeitstechniken ... 161
8.1 Datenaustausch ... 161
8.1.1 Datenimport ... 161
8.1.2 Datenexport ... 163
8.2 Arbeit mit Katalogen ... 164
8.2.1 Wiederholteile ... 164
8.3 Arbeiten mit benutzerdefinierten Komponenten ... 166
8.3.1 Elementare Möglichkeiten ... 166
8.3.2 Featureentwurf ... 166
8.3.3 Featurenutzung ... 169
8.4 Steuerung komplexer Beziehungen durch Makroprogrammierung ... 171
8.4.1 Grundlagen ... 171
8.4.2 Programmierbeispiel ... 172

Anhang ... 179

Literaturverzeichnis ... 189

Sachwortverzeichnis ... 191

1 Einführung

Der Einsatz parametrischer CAD-Systeme hat die Akzeptanz der 3D-Konstruktion wesentlich erhöht. Neben variablen Maßen können auch nichtgeometrische Größen als Parameter deklariert werden, so dass sich insgesamt sehr vielfältige Möglichkeiten für Varianten- und Anpassungskonstruktionen, für Baureihenentwicklungen, für Produktpräsentationen sowie für die Integration von Gestaltung und Berechnung ergeben.

Immer entscheidender für die Beurteilung eines Systems werden die Möglichkeiten zum Datenaustausch mit anderen Systemen. Abbildung 1-1 zeigt stark vereinfacht den Ablauf des rechnerunterstützten Konstruktionsprozesses und Notwendigkeiten des damit verbundenen Informations- und Datenmanagements. Erforderlich sind anpassungsfähige Schnittstellen zum Austausch von Produktdaten, die wiederum ein leistungsfähiges rechnerinternes Datenmodell des CAD-Systems verlangen, in das auch „technische" Informationen (Toleranzen, Passungen, Halbzeuge, Fertigungsverfahren, Werkstoffe, usw.) integriert werden. Hierbei geht es nicht mehr nur um produktbeschreibende Geometriedaten, die über IGES, STEP oder andere Softwareschnittstellen ausgetauscht werden, sondern auch um die Anbindung anderer fertigungsvorbereitender bzw. betriebswirtschaftlicher Softwaresysteme.

Das Datenmodell dient der rechnerinternen Abbildung und Visualisierung des mentalen Modells. Als Informationsmittel dienen Punkte, Linien, Flächen, Volumen,... . In parametrischen Systemen kann jedes eingegebene Maß und die damit verbundene geometrische Ausprägung beliebig geändert werden, solange keine Widersprüche zu anderen Maßen bzw. Elementen auftreten.

Für die Beschreibung von Volumenmodellen haben sich vor allem zwei Datenstrukturen bewährt:

- B-Rep (Boundary Representation)
- CSG (Constructive Solid Geometry)

B-Rep beruht auf einer exakten Definition der Begrenzungsflächen und deren Beziehungen mit der Angabe der Materialrichtung. CSG beschreibt den Entstehungsprozeß aus verfügbaren Grundelementen (Zylinder, Quader, Kugel, Keil,...). Moderne CAD-Systeme arbeiten mit einer sogenannten *hybriden Datenstruktur* (B-Rep und CSG). Das bedeutet unter Anderem, dass in die „CSG"-Struktur auch flächenorientierte Volumenmodelle integriert werden. Mit den so erzeugten Modellen wird nicht nur die Geometrie beschrieben, sondern auch

- die Topologie (Beziehungen zwischen beteiligten Geometrieelementen),
- die Historie (Elemente, Operationen, Unterordnungen,...),
- Element- bzw. Dateiattribute (Name, Version, Datum, ..),
- Teilattribute (Darstellung, Material, Bemerkungen,...) und
- Anwendungsdaten (z. B. für FEM).

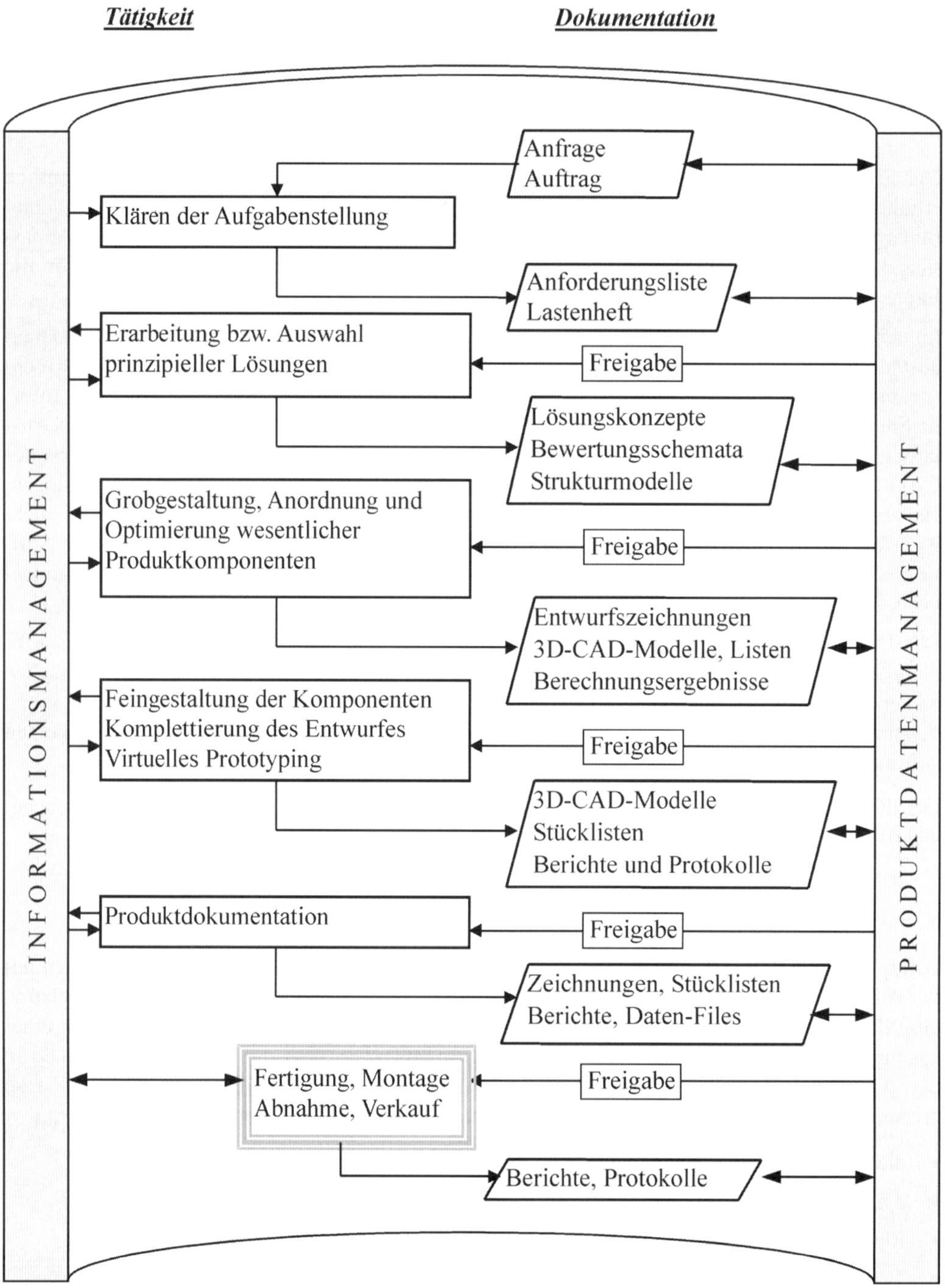

Abbildung 1-1: Grobe Ablaufstrategie einer rechnerintegrierten Konstruktion [1]

Der erfolgreiche CAD-Einsatz hängt allerdings nicht nur von den Leistungsmerkmalen des Systems ab. Entscheidend bleibt die Sachkompetenz und Kreativität des Konstrukteurs, die eben durch diese Werkzeuge mehr oder weniger gut unterstützt wird.

Parametrische 3D-CAx-Systeme eröffnen vor allem dann neue Möglichkeiten für die Produktentwicklung und Vermarktung, wenn auch im Konstruktionsmanagement den veränderten Arbeitsweisen entsprochen wird. Erfolge einer kooperativen rechnerintegrierten Produktentwicklung werden dort sichtbar, wo auch Konstruktionssystematik und Methodik als fester Bestandteil des Arbeitsprozesses anerkannt sind. Dazu gehört ein konstruktionsphasenbezogenes Vorgehen (erst Grobgestaltung, dann Feingestaltung) und das Aufstellen von Konstruktionsrichtlinien für die Arbeit mit CAD-Systemen (Voreinstellungen, Bezeichnungsregeln,...).

Vor der Konstruktion mit parametrischen CAD-Systemen sollte untersucht werden, inwieweit auch die Produktlogik der Erzeugnisse abgebildet werden kann, um so eine optimale Verwendung der rechnerinternen Produktdaten zu sichern. Es gilt, die vielfältigen Beziehungen zwischen Einzelteilen, Baugruppen, Baureihen und kundenorientierten Varianten zu erfassen und sinnvoll im Datenmodell abzubilden. Vorhandene Auswahl- bzw. Baureihen sind unter Umständen zu überarbeiten, wenn Ähnlichkeitsprinzipien bisher nicht konsequent genug umgesetzt wurden.

Sollen von bereits vorliegenden Konstruktionen 3D-CAD-Modelle erzeugt werden, ist häufig eine komplette Überarbeitung notwendig. Eine 1:1-Übertragung wird in der Regel nicht gelingen, da neben objektiv notwendigen Änderungen auch subjektive Entscheidungen in den alten Konstruktionen zu kompensieren sind.

Vor der Modellbildung muss geklärt werden, welche Parameter maßgebend sind (z. B. für die Erfüllung der Funktion, für den Bauraum bzw. die Halbzeugabmessungen) und somit die Grobgestalt beschreiben. Fasen, Zentrierbohrungen u. a. sind dagegen der Feingestaltung zuzuordnen.

Anhand der vom CAD-System zur Verfügung gestellten Werkzeuge, muss dann entschieden werden, ob und wenn ja, in welcher Form (Grob- oder Feingestalt) eine voll- oder teilautomatisierte Variantenkonstruktion komplexerer Einzelteile oder Baugruppen realisiert werden kann. Moderne parametrische CAD-Systeme stellen unterschiedliche Werkzeuge zur umfassenden Produktbeschreibung zur Verfügung. Dazu gehören

- systemeigene Makro- bzw. Interpretersprache zur Definition komplexerer Beziehungen bzw. zur Teilautomatisierung von Modellierungsabläufen,
- Feature-Technologie,
- Teilefamilien und Wiederholteilbibliotheken und
- Nutzung der Programmierschnittstelle (API).

Einige Möglichkeiten der parametrischen Produktmodellierung werden in den folgenden Abschnitten beispielhaft mit Hilfe des Systems CATIA erläutert.

2 Einführung in die Arbeit mit CATIA V5

2.1 Allgemeines

Neben grundlegenden Funktionen zur Bauteil- und Baugruppenmodellierung sowie zur Zeichnungserstellung sind in CATIA eine Reihe von Möglichkeiten vorhanden, Produktwissen zu digitalisieren, Produktmodelle zu analysieren bzw. bestimmte Anwendungsprozesse zu simulieren. Darüber hinaus sind bereits einige branchenspezifische Anwendungstools integriert. Dazu gehören Funktionen zur Blechteilmodellierung, zur NC-Bearbeitung, zur Verkabelung, zur Toleranzanalyse usw. Ebenso stehen leistungsfähige Module bzw. Schnittstellen zur Verfügung, die u. a. für das Produktdatenmanagement und für die Berechnungsintegration genutzt werden können. Abbildung 2-1 zeigt mögliche Bearbeitungsgebiete, die über die Startoptionen ausgewählt werden können. Am Beispiel der „Mechanischen Konstruktion" wird in der Abbildung verdeutlicht, dass sich hinter allen Optionen weitere Untergliederungen verbergen. Durch diese „Schalter" wird die Benutzeroberfläche den jeweiligen Anforderungen angepasst.

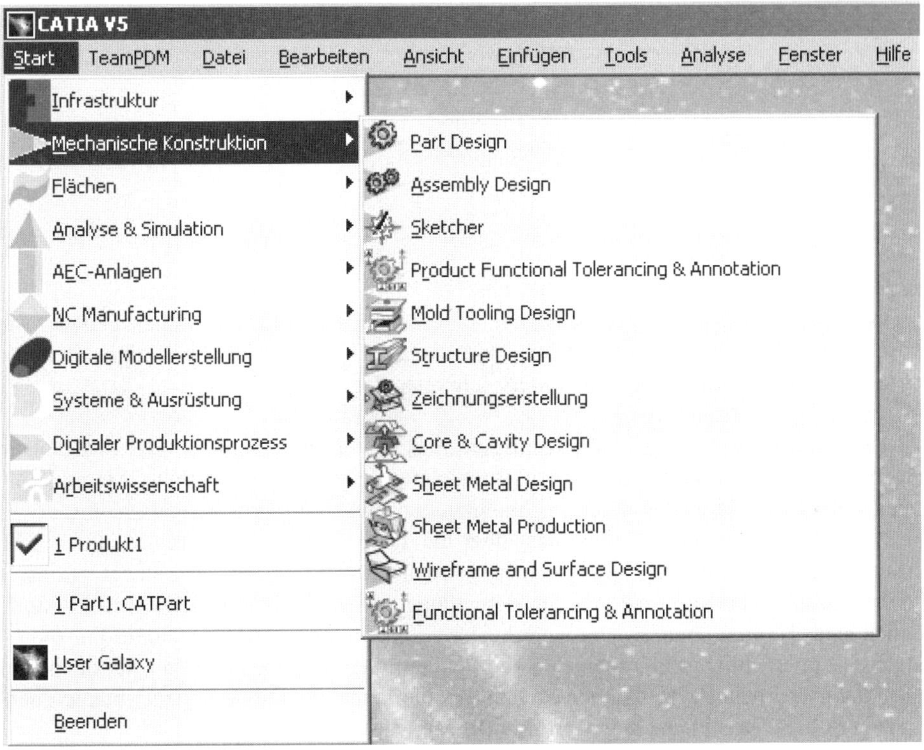

Abbildung 2-1: Startoptionen

Die Erzeugung eines neuen Objektes kann auch direkt über Symbole bzw. die Datei-Option der oberen Menüleiste gestartet werden. Das wird in den Übungen noch verdeutlicht.

CATIA verwendet bei der Speicherung von Objekten unterschiedliche Dateiendungen, die unabhängig von der jeweiligen Systemplattform sind. Die für dieses Praktikum wichtigsten Endungen verschiedener Objektdateien sind in der Tabelle 2-1 aufgeführt. Auf deren Bedeutung wird teilweise im weiteren Verlauf näher eingegangen.

Tabelle 2-1: Dateitypen (Auswahl)

Dateiendung	**Beschreibung**
*.CATPart	Skizzen und Schnitte
*.CATPart	Bauteil
*.CATProduct	Baugruppe
*.CATDrawing	Technische Zeichnung
*.catalog	Katalog
*.CATMaterial	Material- bzw. Werkstoffdaten
*.CATSystem	Funktionale Systeme
*.CATAnalysis	Berechnungsdaten
*.rpt	Berichte
*.err	Fehlerprotokolle

Bei der Vergabe von Dateinamen sollte beachtet werden, dass diese eindeutig sind und den firmenspezifischen Richtlinien entsprechen. Allgemeine Regeln für die Namensgebung, wie die Länge der Dateinamen, Groß- und Kleinschreibung usw. hängen vom jeweiligen Betriebssystem ab. Die Dateiendungen werden vom System festgelegt.

Zu jedem Softwaresystem gehören Konfigurationsdateien zur Einrichtung der Arbeitsumgebung. Viele dieser Einstellungen (Arbeitsverzeichnisse, Darstellungsattribute, Menügestaltung, Texteinstellungen, Einheitensystem, ...) können auch während einer Arbeitssitzung noch verändert werden. Abbildung 2-2 zeigt, dass über die Tools-Option der oberen Menüleiste benutzerspezifische Anpassungen vorgenommen werden können. Im dargestellten Optionsfenster sind die Varianten enthalten, die für die Benennung der Modellkomponenten im Strukturbaum möglich sind. Hierbei können auch mehrere Möglichkeiten ausgewählt werden. Für die Übungen wird es unerheblich sein, ob eine eigene Teilenummer vergeben oder nur mit der Standardnomenklatur gearbeitet wird. An den Stellen, wo hier spezielle Dinge in den Übungen benötigt werden, erfogt ausdrücklich ein entsprechender Hinweis.

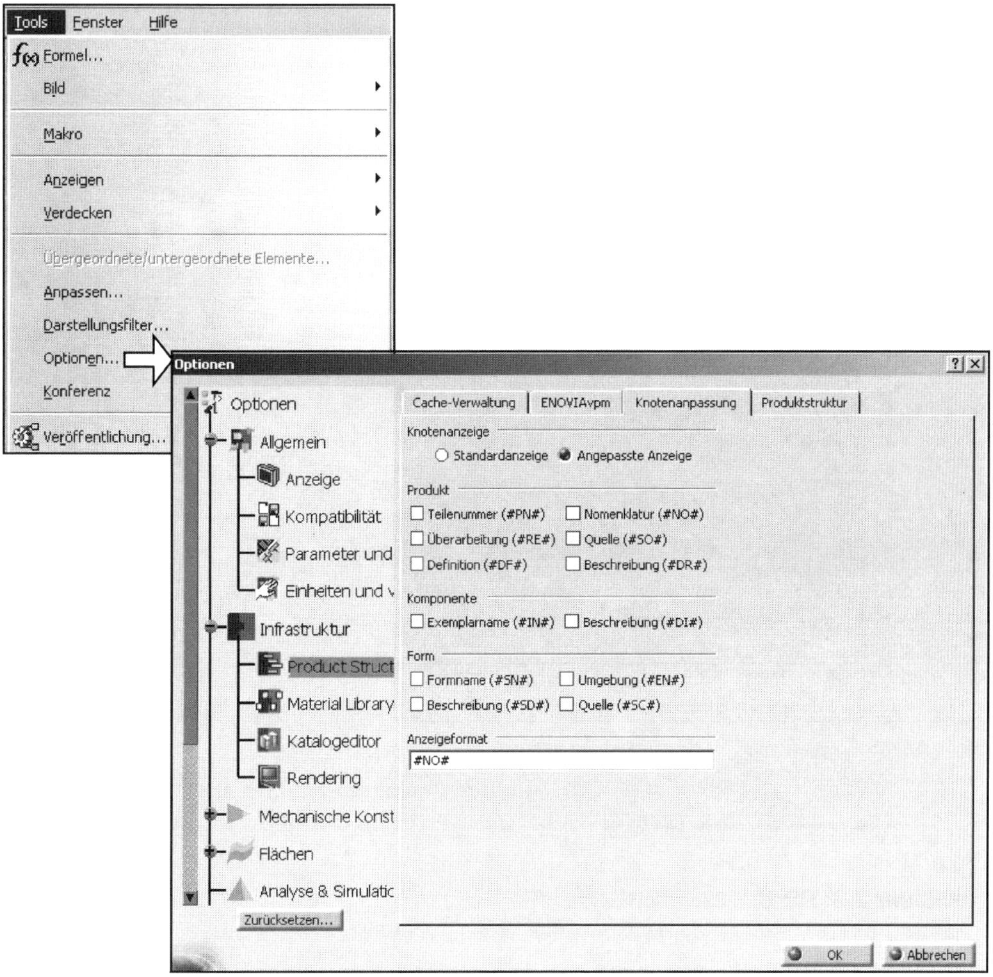

Abbildung 2-2: Anpassung der Voreinstellungen

2.2 Benutzerschnittstelle

2.2.1 Dialogelemente

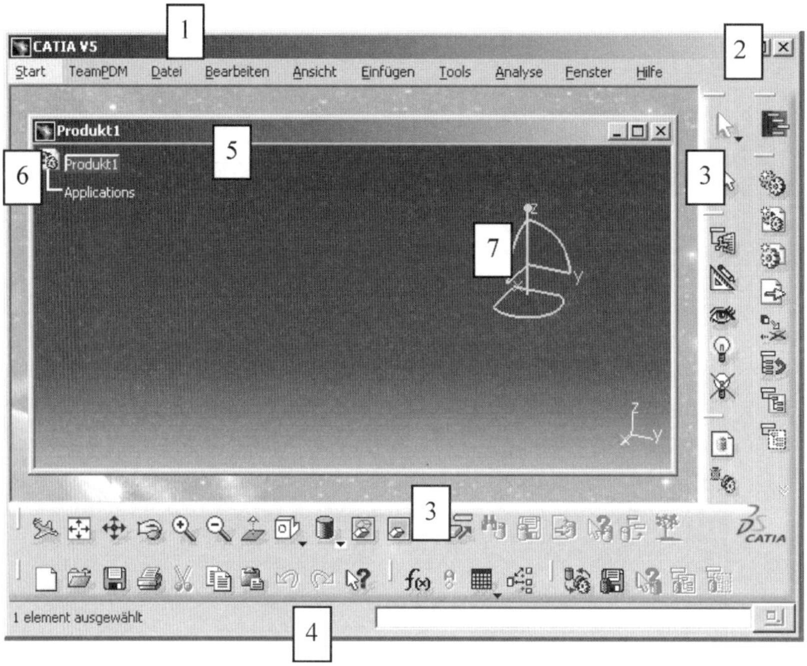

Abbildung 2-3: Die Benutzeroberfläche

Die CATIA-Oberfläche kann grob in folgende Bereiche unterteilt werden (Abbildung 2-3):

- Die **Pull-down-Menüleiste** (1) des Hauptfensters entspricht dem üblichen Standard. Zur Aktivierung der Untermenüs kann neben der Maus auch der jeweils unterstrichene Großbuchstabe genutzt werden, wenn zugleich die Alt-Taste gedrückt wird.
- Die **Workbench** (2) enthält die Dialogkomponenten der gewählten oder voreingestellten Arbeitsumgebung. Die integrierten **Symbolleisten** werden vom System entsprechend der Voreinstellungen den zu lösenden Aufgaben angepasst. Die Symbolanordnung bzw. deren Sichtbarkeit kann vom Anwender beeinflusst werden. Die Voreinstellungen können über die Menüleiste (⇓ *Tools* ⇒...) vorgenommen werden. Es besteht darüber hinaus die Möglichkeit, einzelne Werkzeuggruppen in einem Extrafenster zu positionieren. Die in der Workbench untergebrachten Funktionen können auch über die Menüleiste (z. B. ⇓ *Einfügen*⇒...) ausgewählt werden.
- Die **Symbolleisten** (3) dienen nicht nur in der Workbench dem schnellen Zugriff auf häufig benötigte Funktionen. Sie enthalten auch Dialogoptionen, die schon in den Pull-down-Menüleisten enthalten sind. Dazu gehören die Standard-Symbole zum Dateimanagement und zur bildlichen Darstellung. Sie können als Box mit der Maus beliebig im Dateifenster oder auf dem Rahmen des Hauptfensters positioniert werden.

- Unterhalb des Hauptfensters befindet sich die **Statuszeile** (4). Sie dient als Ein- und Ausgabeschnittstelle und sollte ständig kontrolliert werden. Dieser Mitteilungsbereich übernimmt u. a. die folgenden Aufgaben:
  - Anzeige von CATIA-Mitteilungen,
  - Anzeige der kurzen Hilfstexte,
  - Tastatureingabe für Menübefehle und Makros.
- Im **Dateifenster** (5) werden die Objekte dargestellt und bearbeitet. Für jede geöffnete CATIA-Datei gibt es ein entsprechendes Fenster. Das aktive Fenster befindet sich jeweils im Vordergrund. In jedem Dateifenster können neben den Modellelementen ein Modellbaum (6) und ein Kompass (7) dargestellt werden. Der **Modellbaum** gibt Einblick in die Entstehungsgeschichte des Objektes. Er kann benutzerspezifisch verändert werden. Über die Funktionstaste F3 oder über die Menüleiste (*⇓Ansicht⇒ Spezifikationsübersicht*) kann der Modellbaum ein- und ausgeblendet werden.

2.2.2 Die Online-Hilfe

Neben den kurzen Hilfstexten, die passend zur aktuellen Mausposition im Mitteilungsbereich angezeigt werden, erscheint bei längerem Verweilen an der Maus eine Kurzhilfe (Abbildung 2-4).

Abbildung 2-4: Hilfstexte

Um spezielle Informationen zu bestimmten Themen zu erhalten, können unterschiedliche Hilfestellungen des Systems genutzt werden. Alle hierbei möglichen Optionen können über die Menüleiste (*⇓ Hilfe*) abgerufen werden. Die Kontexthilfe kann über den Schalter der unteren Symbolleiste aktiviert werden.

2.2.3 Interaktionen

Die Bedienung des Programms erfolgt in erster Linie mit der Maus. Sie besitzt eine zentrale Rolle bei der Kommunikation mit dem System. Aus diesem Grund ist die Belegung der Maustasten unterschiedlich, je nachdem, welche Aktion aktuell genutzt wird. Mit der linken Maustaste werden Dialog- oder Modellelemente ausgewählt.

Die Tabelle 2-2 liefert einen Überblick über häufig zu nutzende Mausfunktionen. Dabei ist zu beachten, dass Tasten nur kurz gedrückt oder auch länger gedrückt gehalten werden können, je nach dem, welche Systemreaktion erwünscht ist.

Tabelle 2-2 : Maus- und Funktionstastenaktionen

Taste	halten	+ Taste	halten	Benutzung im	Aktion
links 	nein	–	–	Dialogfenster	Auswahl des Menüpunktes
	Doppel-klick	–	–		Mehrfachnutzung der gewählten Funktion
	nein	–	–	Modellfenster	Elementauswahl
	Doppel-klick	–	–		Elementänderung
	ja	–	–		Auswahlrahmen ziehen
mittlere 	ja	–	–	Modellfenster	Dynamisches Verschieben
	ja		ja		Dynamisches Drehen
	ja		nein		Dynamisches Zoomen
	nein	–	–		Zentrieren eines Punktes
rechts 	nein	–	–	Dialogfenster	Kontextmenü
F1	nein	–	–	–	Hilfe
F3	nein	–	–	–	Ein- und Ausblenden der Baumstruktur
SHIFT	nein	F2	nein		Lupe für Modellbaum

Wenn zur Auswahl im Hauptarbeitsfenster mehrere Elemente selektiert werden sollen, können mit der Maus Rahmen definiert werden, deren Art der Auswertung vorher über Symbole festgelegt wird. So können alle Elemente erfasst werden, die vollständig innerhalb eines Rahmens liegen. Es können bei Bedarf jedoch auch Elemente eingeschlossen werden, die vom Rahmen nur geschnitten werden usw. Nahezu immer aktiv ist die Option, einen Auswahlrahmen mit der linken Maustaste zu ziehen.

Auch die direkte Auswahl mehrerer Elemente mit der Maus ist möglich, wenn vorher die STRG-Taste gedrückt wurde.

Zu beachten ist allerdings, dass beispielsweise im Teilemodus nur die komplette Skizze gelöscht werden kann. Einzelne Elemente der Skizze dagegen nur im Skizziermodus.

Das Löschen von Elementen ist über die ENTF-Taste (DEL) möglich.

Die Auswahl der Funktion und eines Objektes kann auch in einem „Zug“ erfolgen, indem das Symbol mit gedrückter linker Maustaste auf das Objekt geschoben wird.

2.3 Objektdarstellung

Grundeinstellungen zur bildlichen Darstellung von Objekten, zu Objekt- und Hintergrundfarben, zu Linienarten u. a. können über

⇓*Tools* ⇒ *Optionen* ⇑*OPTIONEN* ⇒ *Allgemein* ⇒ *Anzeige*⇒ ...

den Erfordernissen angepasst werden.

2.3.1 Darstellungsoptionen

In Tabelle 2-2 sind bereits Hinweise enthalten, wie mit der Maus die Bildschirmdarstellung verändert werden kann. Beliebige Drehungen können auch am Bildschirm erzeugt werden, wenn der Kompass mit der Maus entsprechend gesteuert wird. Das Ein- und Ausblenden von Elementen in der Bildschirmdarstellung kann über die Option *Tools* der Pull-down-Menüleiste erfolgen (Abbildung 2-5). Hilfreich sind hierbei auch die zwei in der Tabelle 2-3 enthaltenen Symbole zum Verdecken und Anzeigen.

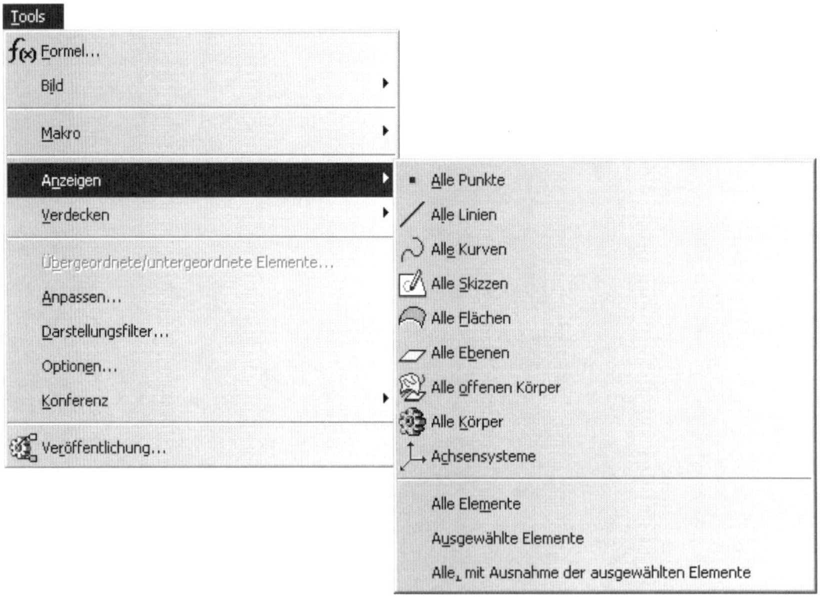

Abbildung 2-5: Ein- und Ausblenden von Elementen

Diese Tabelle enthält ebenfalls einige Darstellungsoptionen, die über die Symbolleisten bzw. das Pull-down-Menü *Ansicht* gewählt werden können. Deren Auswirkungen sollten während des Praktikums selbständig erprobt werden.

Auf die vordefinierten Projektionen wird nachfolgend noch etwas ausführlicher eingegangen.

Tabelle 2-3: Darstellungsoptionen

Symbol	Bemerkung	Symbol	Bemerkung
	Durchfliegen der Objekte		Geometrie einpassen
	Darstellung verschieben		Drehen mit linker Maustaste
	Schrittweise vergrößern		Schrittweise verkleinern
	Ansicht senkrecht zu einer selektierten Ebene		Vordefinierte Ansichten
	Objekte verdecken bzw. anzeigen		Umschalten des Anzeigebereichs zwischen verdeckten und unverdeckten Objekten
	Darstellungsoptionen (Drahtmodell, Ausblenden verdeckter Kanten, Schattierung)		

Das nebenstehende Darstellungssymbol (vgl. Darstellungsoptionen in Tabelle 2-3) erscheint nur, wenn vom Anwender noch keine spezielle Ansichtoption festgelegt wurde. Ansonsten enthält der Zylinder kein Fragezeichen. Benutzerdefinierte Darstellungsoptionen können diesem Symbol über eine Auswahlbox der Hauptmenüleiste zugeordnet werden (Abbildung 2-6).

⇓ *Ansicht ⇒ Darstellungsmodus ⇒ Ansicht anpassen*

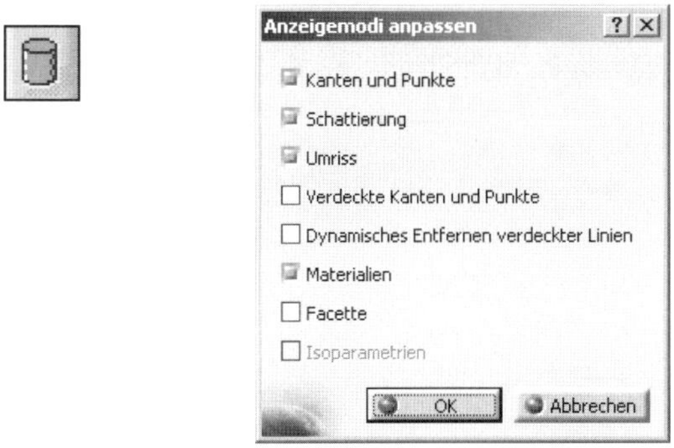

Abbildung 2-6: Anpassen des benutzerdefinierten Anzeigemodus

2.3.2 Vordefinierte Ansichten

In CATIA V5 sind die gebräuchlichsten Standardansichten bereits vordefiniert. Sie werden über die Toolleiste Schnellansicht gesteuert.
Zur Verfügung stehen (von links): Isometrie, Vorderansicht, Rückansicht, Seitenansicht von links, Seitenansicht von rechts, Ober- und Unteransicht.

Andere Projektionsarten können über die Menüleiste (*Ansicht⇒ Benannte Ansicht*) benutzerdefiniert hinzugefügt werden (Abbildung 2-7). Die entsprechenden Kameraeinstellungen werden über den Knopf *Eigenschaften* definiert. Hier werden vom System zunächst die aktuellen Anzeigeparameter übernommen, die jedoch verändert werden können. Unterschieden wird hier zwischen zwei Typen: parallele und perspektivische Ansicht.

Bei letzterer kann noch der entsprechende Blickwinkel verändert werden.

Da die aktuellen Anzeigeparameter übernommen werden, kann jede beliebige dynamische Ansicht hinzugefügt werden.

Sind definierte Drehungen für eine bestimmte Projektionsart erforderlich, so können diese über die Kompassmanipulation vorgenommen werden (Doppelklick auf den Kompass).

Aus der konstruktiven Geometrie sollte bekannt sein, dass die Reihenfolge räumlicher Drehungen nicht beliebig vertauscht werden kann. Wichtig ist auch die Ausgangslage des zu drehenden Elements.

Die Erzeugung z. B. einer dimetrischen Projektion erfordert zwei separate Drehungen, die ausgehend von der Vorderansicht über die Kompassmanipulation ausgeführt werden können:

1. Drehung um die vertikale Bildschirmachse V um -20° (eigentlich -20°40‘, doch Kommastellen sind nicht zugelassen) und
2. Drehung um die horizontale Bildschirmachse H um 19° (eigentlich 19°26‘).

Diese Ansicht kann dann, wie oben beschrieben zu den benannten Ansichten hinzugefügt werden und über diesen Dialog (Knopf *Anwenden*) zu jeder Zeit wiederhergestellt werden.

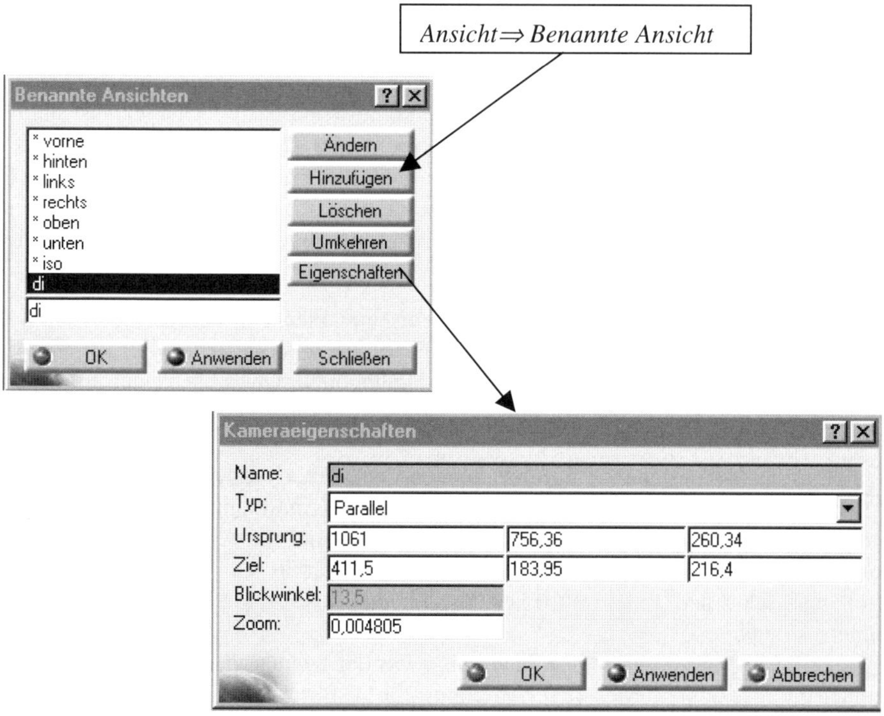

Abbildung 2-7: Benutzerdefinierte Ansicht

2.3.3 Objekteigenschaften

Über das Pull-down-Menü *Ansicht* kann die *Symbolleiste* zur Festlegung von *Grafikeigenschaften* (Farbe, Skalierung, Linienbreite, Linienart, Punktsymbol, Layer) aufgerufen werden.

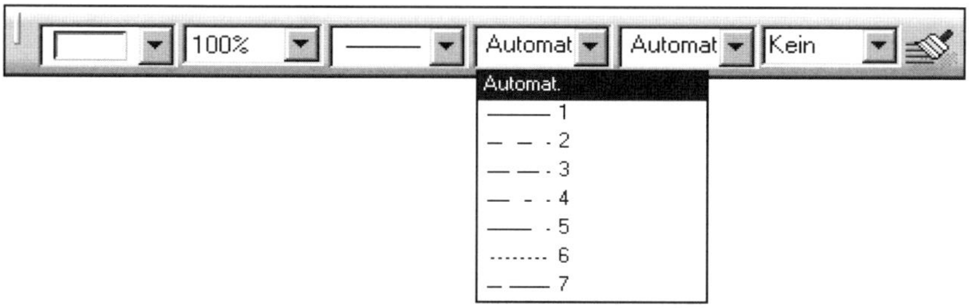

Abbildung 2-8: Grafikeigenschaften

Diese standardmäßig eingestellten Attribute eines oder mehrerer Elemente können nach deren Auswahl verändert werden. Die Abbildung 2-8 zeigt dies für die Festlegung von Linienarten. Die Farbänderung eines ganzen Bauteils, eines Konstruktionselementes oder einzelner Flächen kann ebenso über die Eigenschaftenseite erfolgen. Dies kann nach der Objektauswahl über das Kontextmenü (rechte Maustaste) aufgerufen werden. Hier lässt sich unter dem Punkt *Eigenschaften⇒ Grafik* über die Farbgebung hinaus auch die Transparenz der gewählten Objekte einstellen. Die Auswahl mehrerer Objekte ist möglich. Konstruktionselemente sollten im Modellbaum ausgewählt werden und einzelne Flächen am Bauteil selbst. Dabei sind folgende Punkte zu beachten:

1. Änderungen lokaler Grafikattribute, z. B. einzelner Flächen, werden nicht durch globale Attributänderungen, z. B. des übergeordneten Körpers, überschrieben.
2. Die aktuelle Darstellungsoption (Schattiert, Drahtmodell, usw.) hat keinen Einfluss auf die Wirksamkeit der Attributänderungen.

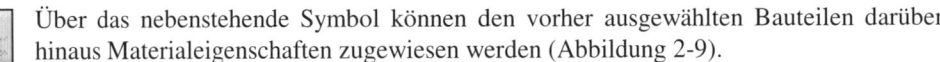

Über das nebenstehende Symbol können den vorher ausgewählten Bauteilen darüber hinaus Materialeigenschaften zugewiesen werden (Abbildung 2-9).

In der Abbildung wird deutlich, dass hierbei nicht nur die Werkstoffkennwerte für Masse- und Festigkeitsberechnungen eingestellt und veränderbar werden können, sondern auch Darstellungseffekte und andere Attribute, die für die Auswertung von Materialeigenschaften von Interesse sind.

Zur Visualisierung des eingestellten Materials muss der benutzerdefinierte Darstellungsmodus entsprechend angepasst werden (vgl. Abschnitt 2.3.1). Besondere Darstellungseffekte werden allerdings nur sichtbar, wenn auch die dafür notwendige Hardwareausstattung vorhanden ist.

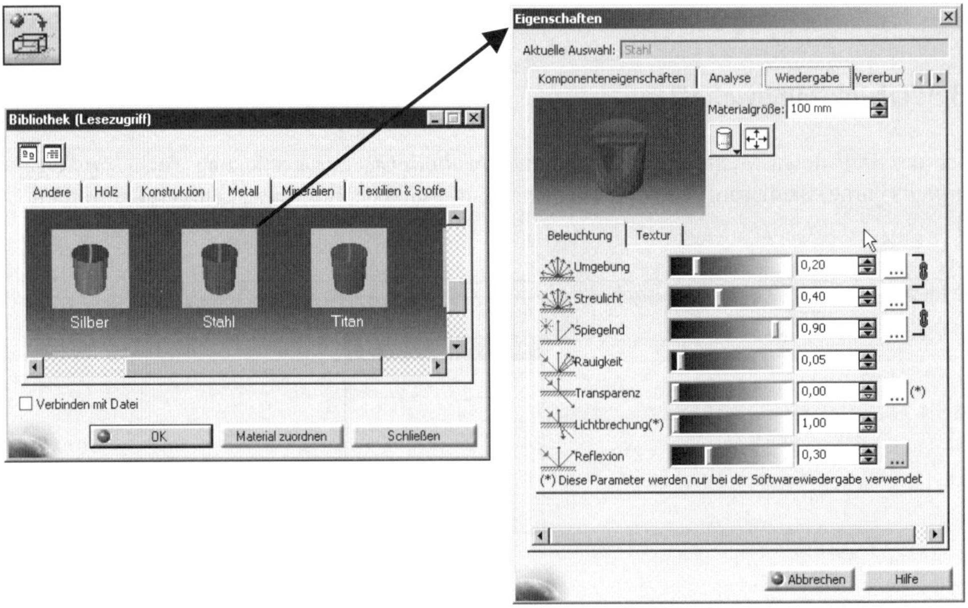

Abbildung 2-9: Materialeigenschaften

2.4 Abbildung der Produktstruktur

2.4.1 Arbeitstechniken

Von besonderer Bedeutung für die 3D-Konstruktion sind Bezugselemente und Orientierungshilfen. Standardmäßig werden vom System für die Bauteilmodellierung drei Koordinatenebenen erzeugt. Wenn häufig weitere Bezugselemente (Punkte, Achsen, Ebenen, Koordinatensysteme) benötigt werden, können auch eigene „Startmodelle“ kreiert werden.

Welche Elemente vom System einem neuen Objekt zugeordnet bzw. in das neue Dateifenster integriert werden, hängt von der gewählten Anwendung ab. Neben Bezugselementen können in der Sitzung weitere Konstruktionshilfselemente (Linien, Kurven, Raster,...) erzeugt werden.

Wenn ein Produkt nicht nur aus einem Teil besteht, gibt es im Prinzip zwei Möglichkeiten, schrittweise die Produktstruktur aufzubauen. Die eine wird häufig als Top-Down-Methode bezeichnet, da zuerst die hierarchische Struktur des Produktes festgelegt wird. Die Komponenten werden daher zunächst nur benannt und in die Baumstruktur eingeordnet, aber erst später modelliert. Bei der Bottom-Up-Methode wird dagegen erst modelliert und dann zusammengefügt. Beide Methoden können selbstverständlich auch kombiniert werden.

Spezielle Arbeitstechniken zum Skizzieren, der Teile- und Baugruppenmodellierung werden in den nachfolgenden Abschnitten noch ausführlicher beschrieben.

2.4.2 Der Modellbaum

Der Strukturbaum einer Teilemodellierung enthält zu Beginn bereits die Standardebenen und das Element „Hauptkörper“. Die Bezeichnungen aller Modellbaumelemente kann vom Anwender geändert werden. Abbildung 2-10 zeigt den Modellbaum nach einigen Modellierungsschritten. Es ist zu erkennen, dass in die Modellhierarchie nicht nur Bezugselemente, Produkte und Teile aufgenommen werden, sondern auch Konstruktionshilfselemente, Beziehungen, Materialdaten, Dokumenten-Links u. a. Die Reihenfolge verdeutlicht zugleich den Ablauf der Modellgenerierung bzw. der Regenerierung bei Modelländerungen. Über die Hauptmenüleiste kann eingestellt werden, was in diesem Spezifikationsbaum aufgelistet werden soll:

⇓ *Tools ⇒ Optionen* ⇑ ***OPTIONEN*** *⇒ PartDesign ⇒ Anzeige⇒...* .

Da die Modellstrukturen recht komplex werden können, kann im Modellbaum über „+“ bzw. „-“ gesteuert werden, welche Zweige angezeigt werden sollen. Ähnliches kann auch über die Hauptmenüleiste bewirkt werden:

⇓ *Ansicht ⇒ Erweiterung des Strukturbaumes Optionen ⇒...* .

Ein Klick auf eine der Modellbaumlinien ermöglicht die Nutzung der Darstellungsoptionen zum Zoomen und Verschieben.

Wenn ein Element des Modellbaums ausgewählt wird (Doppelklick), führt dies automatisch zur evtl. notwendigen Anpassung der Arbeitsumgebung bzw. zur Öffnung eines Definitionsfensters. Hier können dann auch die Bezeichnungen gemäß den Anforderungen geändert bzw. angepasst werden.

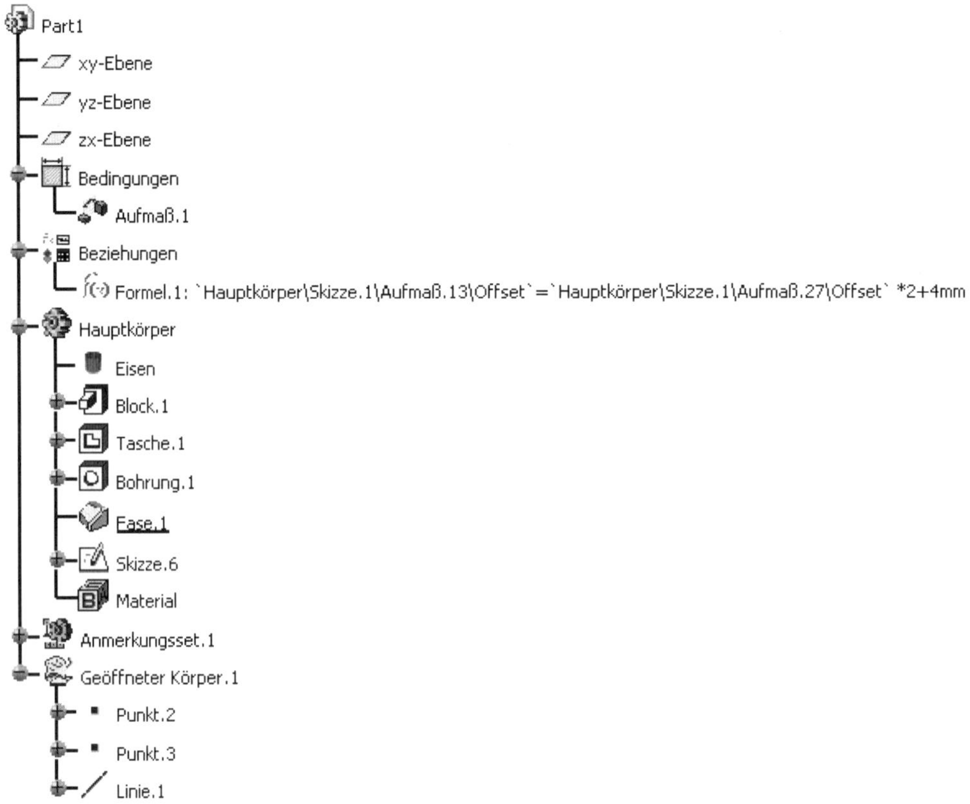

Abbildung 2-10: Spezifikationsbaum

2.5 Festlegung der Symbolik zur Bearbeitung der Übungen

Ziel der nachfolgend beschriebenen Symbolik ist es, eine Entkopplung der Benutzerdialogbeschreibung von speziellen Systemkonfigurationen zu unterstützen sowie dem fortschreitenden Erkenntnisstand des Lesers im Verlauf des Praktikums zu entsprechen.

Der nebenstehende Pfeil am Seitenrand zeigt, dass ein neuer Übungsschwerpunkt begonnen wird.

Zur Dialogbeschreibung werden im wesentlichen Symbole, Pfeile und Textfelder benutzt:

→	Funktionsbedingte Auswahl eines Geometrieelements
⇒	Auswahl einer Befehlsoption bzw. Hinweis auf einen zu erledigenden Arbeitsschritt
⇓	Auswahl einer Menüleisten-Option
⇑ **TITEL**	Auswahl aus einem zusätzlich geöffneten Menüfenster
⇒ Auswahl (xy-Ebene) ⇒ 	Einfach rechts unten schattierte Rahmen geben gruppiert den ausführlichen Benutzerdialog wieder.
Skizze (xy-Ebene)	Ist der Rahmen links oben schattiert, gibt das Textfeld den Benutzerdialog nur noch stark verkürzt wieder, da die Abfolge bereits an anderen Stellen ausführlicher erläutert wurde.

Erforderliche Tastatur-Eingaben, wie Namen, Maße etc., werden durch fette kursive Schrift deutlich gemacht. Eingabeaufforderungen werden unterstrichen. Einzelne Befehlsreihenfolgen sind durch Verwendung von Pfeilen im entsprechenden Block festgelegt.

Auswahlaktionen werden als Funktion in folgender Form dargestellt: *Auswahl( ).* In der Klammer steht das auszuwählende Element. Das gilt sowohl für Dateien, als auch für Konstruktionselemente und andere Modellkomponenten.

Die oben dargestellten umrahmten Textfelder, die Befehle nach methodischen und didaktischen Gesichtspunkten bündeln, werden vor allem am Anfang dieses Praktikums verwendet. Sie werden später mehr und mehr durch kursive Textzeilen ersetzt. Abbildung 2-11 zeigt beispielhaft, wie der Benutzerdialog in CATIA zum Öffnen einer neuen Datei in der gewählten Symbolik abgebildet wird.

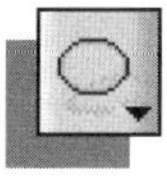

Ein Doppelklick auf ein Geometrieelement wird durch ein gedoppeltes Maussymbol verdeutlicht. Wenn ein Grafiksymbol durch einen Doppelklick ausgewählt werden soll, wird dieses Symbol mit einem Schatten versehen.

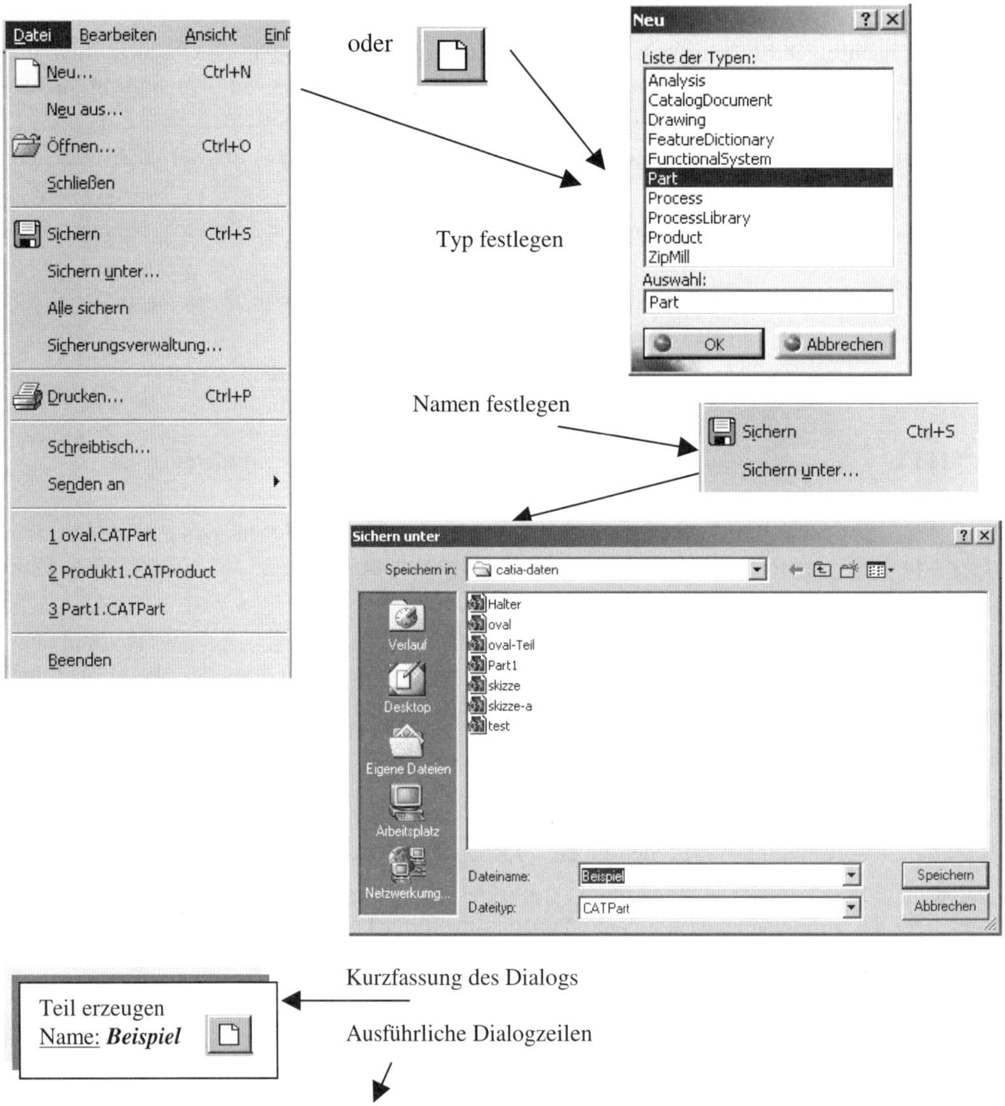

⇓ *Datei* ⇒ *Neu* ⇑ **NEU** ⇒ *Part* ⇒ OK

⇓ *Datei* ⇒ *Sichern* ⇑ **SICHERN UNTER** ⇒ *Dateiname:* ***Beispiel*** ⇒ Speichern

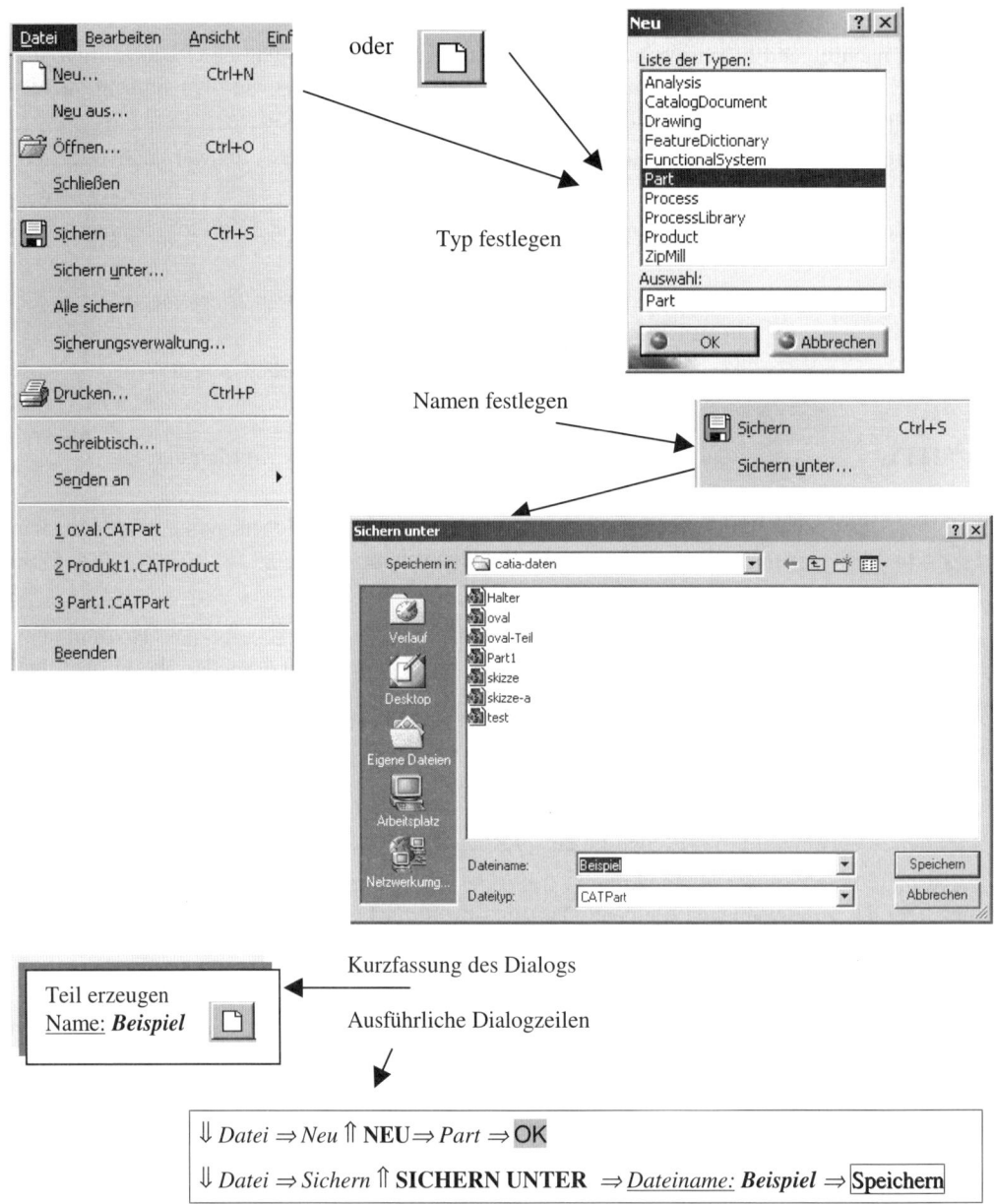

Abbildung 2-11: Anfangsdialog für ein neues Teil

3 Aufgabenstellungen

Im Verlauf des Praktikums sollen Einzelteile und Baugruppen eines Greifers (Abbildung 3-1) modelliert werden. Das Organigramm der Abbildung 3-2 verdeutlicht die in der Gesamtbaugruppe enthaltenen Unterbaugruppen und Einzelteile. Zusätzlich ist die Baugruppe *Greifer* in der Abbildung 3-2 als Explosionsdarstellung abgebildet, um die in der Baugruppe enthaltenen Einzelteile sichtbar zu machen.

In Tabelle 3-1 sind die Seitenzahlen und Abbildungen aufgeführt, die sich auf das jeweilige Modell beziehen. Nicht in jedem Fall wird jedoch die komplette Modellierung beschrieben. Für den Zusammenbau kann zur Orientierung die Abbildung 3-3 hinzugezogen werden.

In einigen Fällen werden lediglich Hinweise zu Möglichkeiten und wegen der Bauteilgestaltung gegeben. Alle nicht aufgeführten Teile sind auf der Grundlage bereits getroffener Festlegungen selbständig zu entwerfen. Dabei können die erlernten Modellierungstechniken vertieft werden. Die Hauptmaße der Komponenten können den Zeichnungen entnommen werden, die in der Anlage enthalten sind.

Im Abschnitt 6 werden die Einzelteile zu zwei Unterbaugruppen zusammengefasst. Neben der Erzeugung eines Strukturmodells der Baugruppe *Greifer* werden dort ebenso Hinweise zur Bildung der Gesamtbaugruppe gegeben.

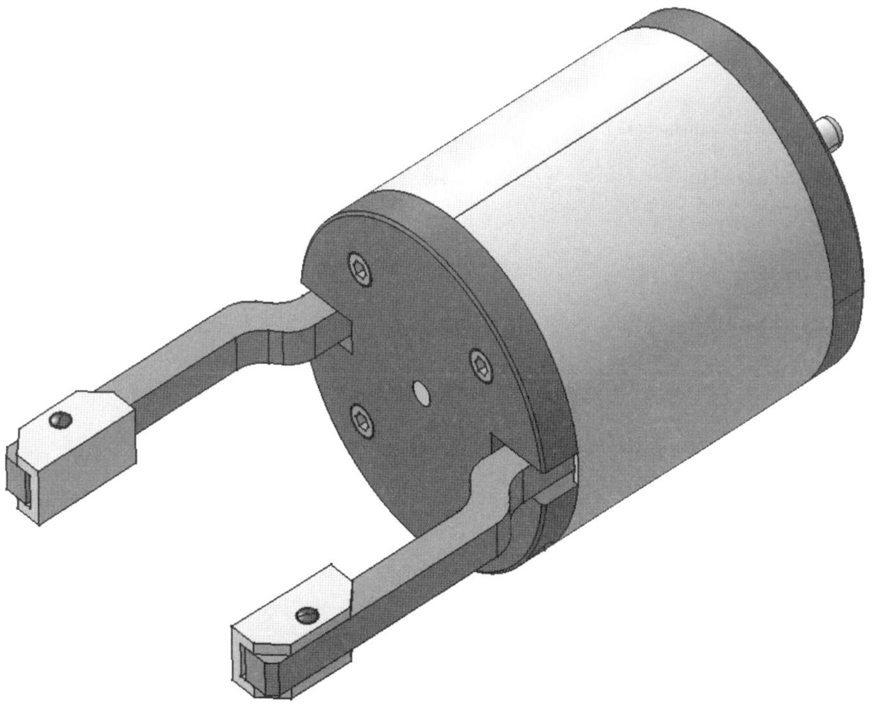

Abbildung 3-1: Gesamtbaugruppe *Greifer*

Greifer

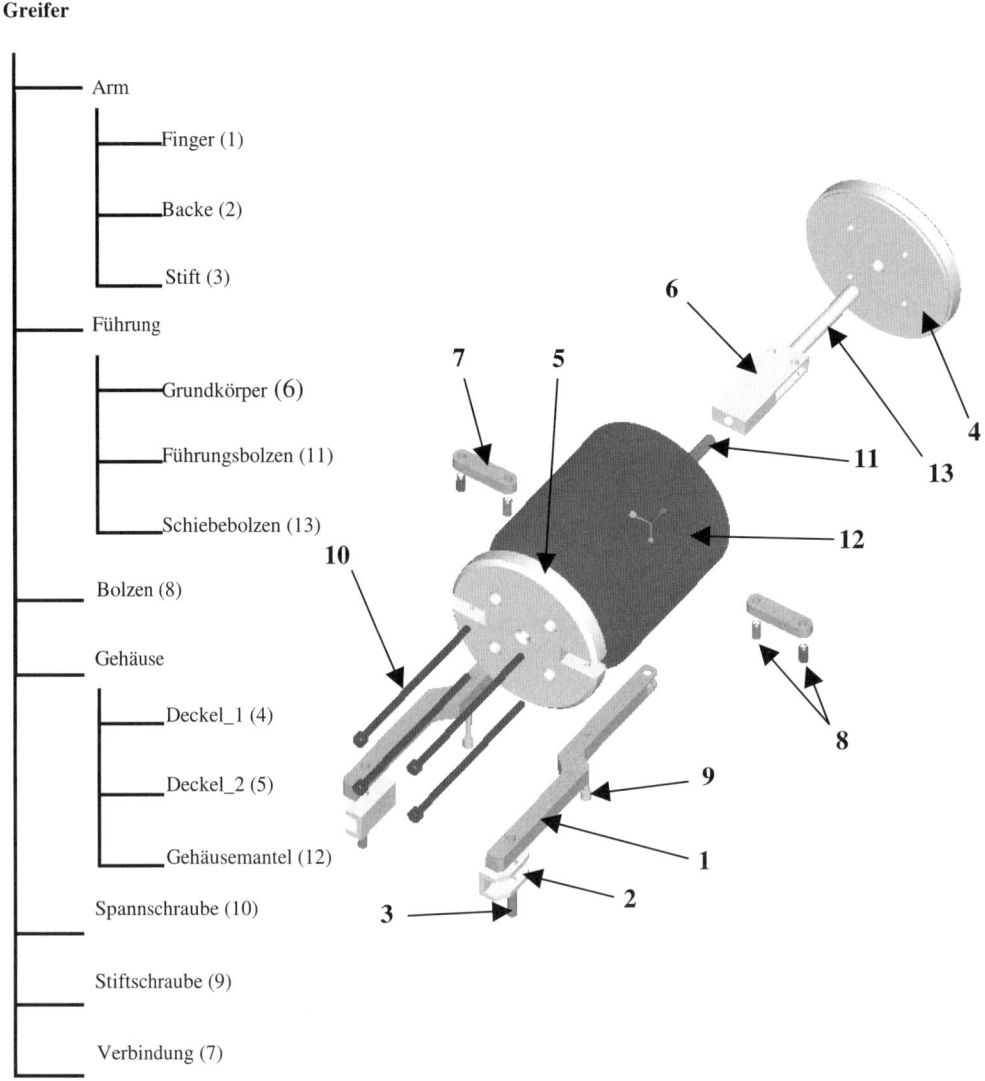

- Arm
  - Finger (1)
  - Backe (2)
  - Stift (3)
- Führung
  - Grundkörper (6)
  - Führungsbolzen (11)
  - Schiebebolzen (13)
- Bolzen (8)
- Gehäuse
  - Deckel_1 (4)
  - Deckel_2 (5)
  - Gehäusemantel (12)
- Spannschraube (10)
- Stiftschraube (9)
- Verbindung (7)

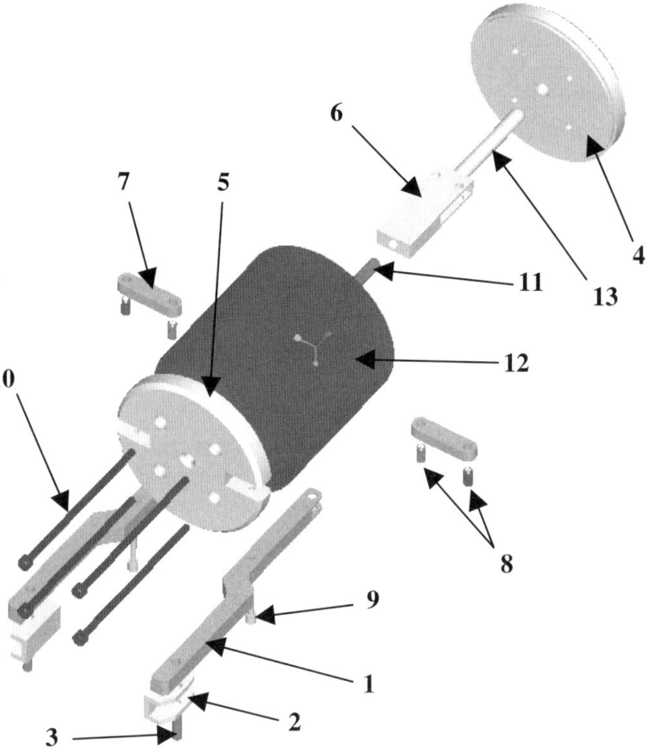

Abbildung 3-2: Organigramm des Greifers

Tabelle 3-1: Verweise für die Baugruppe Greifer

Pos.	Typ	Name	Seite	Bild
1	Teil	Backe	47, 63, 78	5-3 bis 5-5, 5-21, 5-37
		Zeichnung	144, 147, 151-157	7-6, 7-8, 7-12, 7-16, 7-18, 7-23
2	Teil	Finger	53, 64	5-10, 5-11, 5-22 bis 5-24
3	Teil	Stift	50	5-6
4, 5	Teil	Deckel	52, 68, 69, 76	5-8, 5-27, 5-28, 5-36
12	Teil	Gehäusemantel	51	5-7
1-3	BG	Arm	101-104, 120	6-5 bis 6-8, 6-24 bis 6-27
4,5,12	BG	Gehäuse	104, 128	6-9 bis 6-12, 6-33 bis 6-35
1-13	BG	Greifer	98, 111	6-3, 6-14 bis 6-18

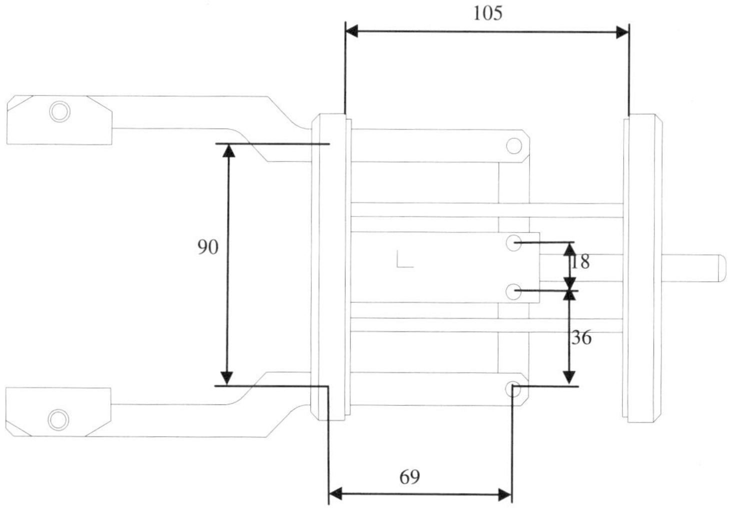

Abbildung 3-3: Hauptansicht der Baugruppe *Greifer*

Neben den Greiferkomponenten werden im Praktikum auch andere Aufgabenstellungen, die der Vertiefung weiterer Modellierungsmöglichkeiten dienen, bearbeitet. Tabelle 3-2 gibt dazu eine Übersicht.

Tabelle 3-2: Verweise auf ergänzende Modellierungsübungen

Name	Typ	Seite	Bild
Oval	Skizze	34	4-7
E-Oval	Skizze	36	4-9, 4-10
5-Eck	Skizze	37	4-11, 4-12
Lasche	Skizze	39	4-13
Flansch	Skizze	40	4-14, 4-15
Finger_A	Teil	54	5-11
Deckel_A	Teil	69	5-29
Oval-Oval	Teil	55	5-14
Oval-Kreis	Teil	57, 84	5-15, 5-16, 5-43
Zwischenboden	Teil	85	5-44
Kreis-Kreis	Teil	59	5-17, 5-18
Krümmer_1	Teil	61	5-19
Krümmer_2	Teil	61	5-20
Krümmer_3	Teil	74	5-33
Hosenrohr	Teil	75	5-34
Aufnahme	Teil	128	6-33, 6-35
Flansch	Teil	52, 71	5-9, 5-30
Pleuel	Teil	86	5-46
Gesenk	Teil	86	5-45
Lagerbock	Teil	92	5-50
Welle	Teil	93, 167	5-51, 8-7
Zahnrad	Teil	93	5-52

4 Skizzieren

4.1 Die Arbeitsumgebung

Unter den Start-Optionen der oberen Menüleiste ist auch das Skizzieren zu finden. Jede Skizze wird jedoch als Teil behandelt und demzufolge mit der Dateiendung *.CATPart gespeichert.

Die Workbench zum Skizzieren kann auf verschiedene Arten erreicht werden, z. B.:

- Wahl des Modus *Skizze* zur Erzeugung einer neuen Datei;
- Über das Skizzen-Symbol zur Erzeugung ebener Bezugskurven und Schnittkonturen;
- Öffnen einer vorhandenen Skizze (das setzt voraus, dass die Skizze auch im Skizziermodus gespeichert wurde).

Bevor die Skizzieroberfläche sichtbar wird, ist eine Skizzierebene festzulegen. Dies kann eine Bezugsebene oder eine ebene Fläche eines Volumen- oder Flächenelements sein. Die Auswahl dieser Arbeitsebene kann sowohl vor als auch nach dem Aufruf des „Skizzierers" erfolgen. Falls keine geeignete Fläche zur Verfügung steht, muss eine Bezugsebene erzeugt werden. Dabei kann auf bereits vorhandene Elemente, wie Punkte, Linien, Achsen und Ebenen, zurückgegriffen werden.

Nach dem Aufruf des Skizzierers und der Auswahl der Arbeitsebene werden die Symbolleisten erweitert bzw. verändert.

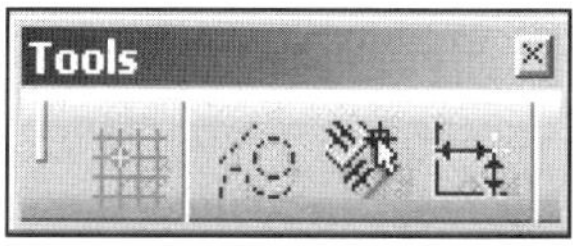

Zur Unterstützung kann über die Toolleiste ein Raster aktiviert werden, so dass bei Punkteingaben mit der Maus auch Rasterpunkte wählbar sind. Ebenso ist es möglich, das System nach jeder Elementerzeugung sofort entsprechende Bemaßungen oder Constraints (Zwangsbedingungen) festlegen zu lassen. Darüber hinaus können bereits erzeugte Elemente zu Konstruktionshilfselementen umgewandelt werden.

Vom System wird für jede Skizze ein Name vergeben, der allerdings vom Benutzer über das Fenster zur Änderung von Eigenschaften neu festgelegt werden kann:

⇓ *Bearbeiten* ⇒ *Eigenschaften* ⇑ **EIGENSCHAFTEN** ⇒ *Komponenteneigenschaften* ⇒
<u>*Komponentenname:*</u> ***Leitkurve1*** ⇒ OK

Tabelle 4-1: Symbolleisten des Skizzierers

Symbol	Symboloptionen	Bemerkungen
		Polygonzug aus Linien und Kreisbögen
		vordefinierte geschlossener Profilkurven
		Kreise und Kreisbögen aus unterschiedlichen Ausgangsgrößen
		Splinekurven durch Punktedefinition
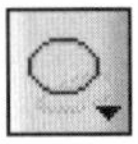		Kurven 2. Ordnung (Ellipsen-, Hyperbel-, Parabelbögen)
		Geraden (aus zwei Punkten, symmetrisch, tangential oder schräg)
		Symmetrieachse
	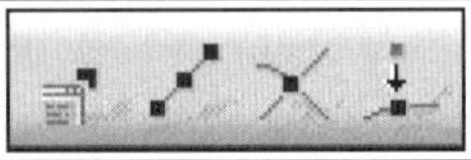	Punkt bzw. mehrere Punkte (entlang einer Linie)
		Rundung
		Fase
		Trimmen
		Manipulieren (Spiegeln, Verschieben, Drehen, Skalieren, Offset)
		Bedingungen und Bemaßungen in einem Dialogfenster festlegen
		Bemaßen (Bedingungen) und Ausrichten
		Automatische Festlegung der Bemaßungen und Bedingungen
		Bedingungen animieren
		Verlassen des Skizzierers

Tabelle 4-1 enthält Hinweise zum Aufbau und zur Nutzung einiger Symbolleisten. Für alle Skizzierelemente erweitert sich die TOOLS-Box. So kann zum Beispiel hierüber bei einem Polygonzug eingestellt werden, welches Element (Linie oder Bogen) erzeugt werden soll und wie es sich an ein bereits vorhandenes anfügt (eckig oder tangential):

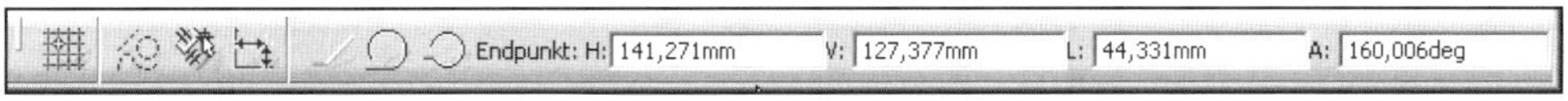

Die nachfolgend beschriebenen Skizziertechniken werden bei der Teilemodellierung nicht mehr so ausführlich erläutert. Im entsprechenden Textfeld steht dann lediglich nur noch ein Hinweis, welche Arbeitsebene auszuwählen ist und was skizziert werden soll.

> Skizze(Ebene)
> ⇒ Profil erzeugen

4.2 Skizziermethoden

In CATIA können verschiedene Skizziertechniken angewandt werden, so z. B.

- parametrisches Skizzieren mit automatischer Bemaßung;
- parametrisches Skizzieren mit manueller Bemaßung;
- maßgetreues Zeichnen.

Die verschiedenen Arbeitsweisen sind auch kombinierbar. In allen Fällen werden während der Elementdefinitionen in Abhängigkeit von der Mausposition aktuelle Bedingungen angezeigt bzw. vorgeschlagen:

- Anzeigen von End- und Mittelpunkten bereits vorhandener Elemente;
- bei aktiven Raster werden Rasterpunkte angezeigt;
- annähernd horizontale, vertikale, parallele bzw. senkrechte Linien werden entsprechend ausgerichtet;
- Linien und Kurven, die in etwa tangential zueinander liegen, werden dementsprechend ausgerichtet;
- Punkte, die auf Geraden oder Bögen bzw. deren Verlängerungen liegen, werden darauf ausgerichtet.

Am Benutzerfreundlichsten scheint das parametrische Skizzieren zu sein, bei dem vom System auch automatisch notwendige Maße und Bedingungen in der Datenstruktur erzeugt werden. Dazu ist der entsprechende Schalter der TOOLS-Box zu aktivieren. Wenn auch die automatische Bemaßungsoption genutzt wird, ist die Skizze zu jedem Zeitpunkt eindeutig (Abbildung 4-1). Getroffene Zwangsbedingungen und Bemaßungen lassen sich nachträglich modifizieren.

Die Skizzierfunktionen sind durch ihre Symbole mit der eingeblendeten Kurzhilfe selbsterklärend. Aktiviert und beendet werden diese Funktionen durch die linke Maustaste evtl. durch einen Doppelklick, abgebrochen durch Auswahl einer neuen Funktion bzw. durch Betätigen des Auswahlschalters.

Ein vollständig parametrisierte Skizze wird vom System grün dargestellt.

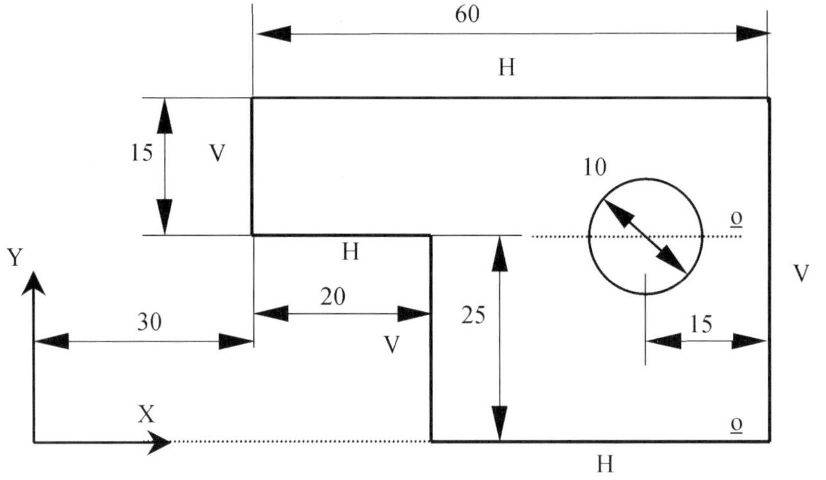

Abbildung 4-1: Vollständig bemaßter Linienzug

Die automatische Bemaßung und Definition von Bedingungen kann auch (komplett oder vorübergehend) abgestellt werden. Gerade bei komplexeren Geometrien kann dies ungewollte Systemreaktionen abfangen. Der Benutzer muss dann notwendige Bemaßungen und Bedingungen selbst erzeugen und auch dafür sorgen, dass die Skizze nicht „überbestimmt" ist.

Eine gar nicht oder nicht vollständig parametrisierte Skizze wird weiß dargestellt, eine überbestimmte dagegen violett. Im letzteren Fall kann der Skizzierer nicht korrekt verlassen werden. Das System fordert daher zum Löschen von Bemaßungen bzw. Bedingungen auf.

Im Gegensatz zu anderen parametrischen CAD-Systemen muss in CATIA nicht zwangsweise parametrisiert werden, d. h., es können auch unterbestimmte Geometrien weiterverarbeitet werden. In Wirklichkeit sind sie natürlich nicht unterbestimmt, da jeder Elementpunkt in der rechnerinternen Datenstruktur festgelegt und gespeichert ist.

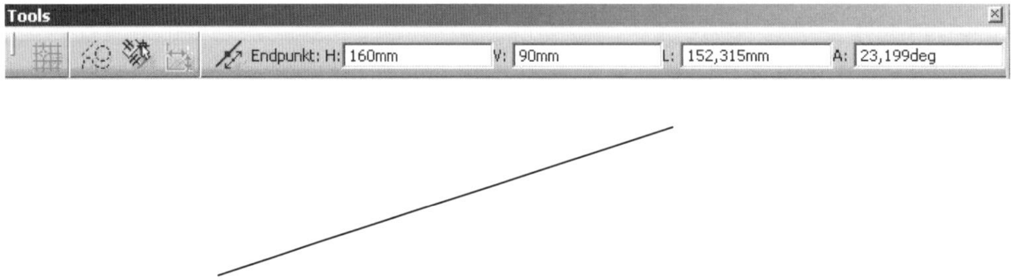

Abbildung 4-2: Maßgetreue Liniendefinition

Es kann durchaus auch Sinn machen, beim Skizzieren maßgetreu zu zeichnen. Auch dazu stehen entsprechende Möglichkeiten bereit. Zum einen können schon beim Zeichnen über die Tools-Box absolute rechtwinklige Punktkoordinaten oder relative Polarkoordinaten eingegeben werden (Abbildung 4-2), zum anderen besteht die Möglichkeit, diese geometrischen Parameter nachträglich noch den Erfordernissen anzupassen (Abbildung 4-3).

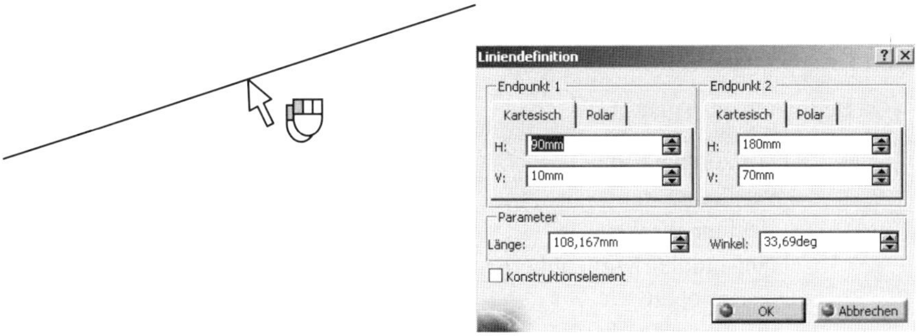

Abbildung 4-3: Linienänderung

Selbstverständlich können auch Elemente nur vorübergehend bemaßt werden, um die geometrischen Ausprägungen durch Ändern der Maßwerte den Erfordernissen anzupassen.

4.3 Bemaßungstechniken

Die Festlegung geometrischer Bedingungen (Tabelle 4-2) kann helfen, die Anzahl der Bemaßungsparameter zu reduzieren. Schon beim Skizzieren zeigt das System in Abhängigkeit von der Mausposition erkannte Bedingungen an.

Bedingungen können vom Anwender nach Auswahl des Elements und des Bemaßungssymbols über die rechte Maustaste bzw. über das Bedingungssymbol generiert werden. Unter Umständen ist noch ein zweites Element auszuwählen.

Tabelle 4-2: Bedingungen (Auswahl)

H	horizontale Linie
V	vertikale Linie
∟	Rechter Winkel
═	tangentialer Kurvenübergang
o	ausgerichtet
▤	identische Punkte/konzentrische Bögen
—/ /—	parallele Linien
◖│◗	Symmetrie
⚓	Fixieren
f(x)	Abhängigkeiten von Maßparametern

Jede Bedingung (einschließlich Bemaßung) kann für eine Anpassung durch einen Doppelklick ausgewählt werden. Das kann sowohl im Grafikbereich als auch im Modellbaum erfolgen, in dem alle Elemente und Bedingungen einer Skizze festgehalten sind. Im sich nach der Auswahl öffnenden Menüfenster (Abbildung 4-4) können nicht nur Randbedingungen und Werte, sondern auch Bezeichnungen verändert werden.

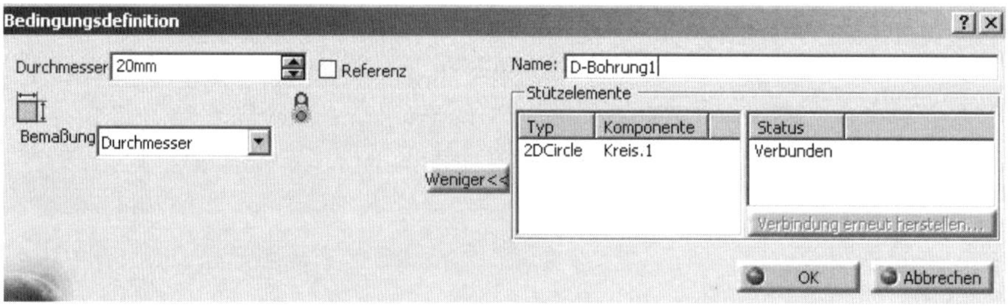

Abbildung 4-4: Bedingungsanpassung

Benutzerdefinierter Komponentennamen für Bedingungen und Bemaßungen können auch über das Eigenschaftsfenster, das über die Hauptmenüleiste oder das Kontextmenü erreichbar ist, eingegeben werden. Davor ist jedoch das jeweilige Element im Modellbaum oder im Grafikbereich auszuwählen.

⇑ **EIGENSCHAFTEN**⇒ *Komponenteneigenschaften*⇒ *Komponentenname:* ...

Die Tabelle 4-3 gibt einen Überblick zu häufig vorkommenden Bemaßungsvarianten.
Falls eine Punktbemaßung erforderlich ist, muss dem System mitgeteilt werden, ob vertikal, horizontal oder direkt (⇒ *keine Bemaßungsrichtung*) bemaßt werden soll. Voreingestellt ist die direkte Abstandbemaßung (Abbildung 4-5).

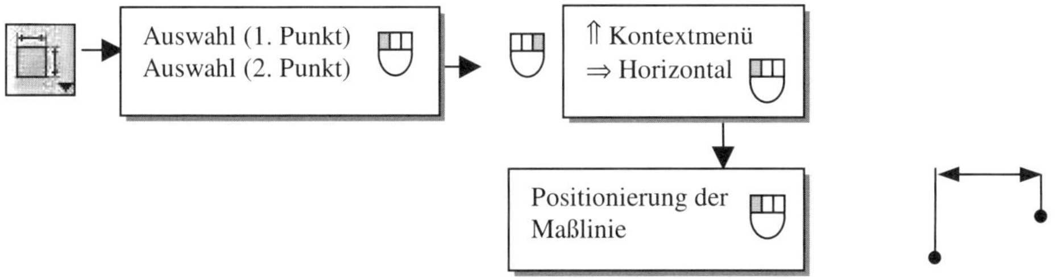

Abbildung 4-5: Punktbemaßung

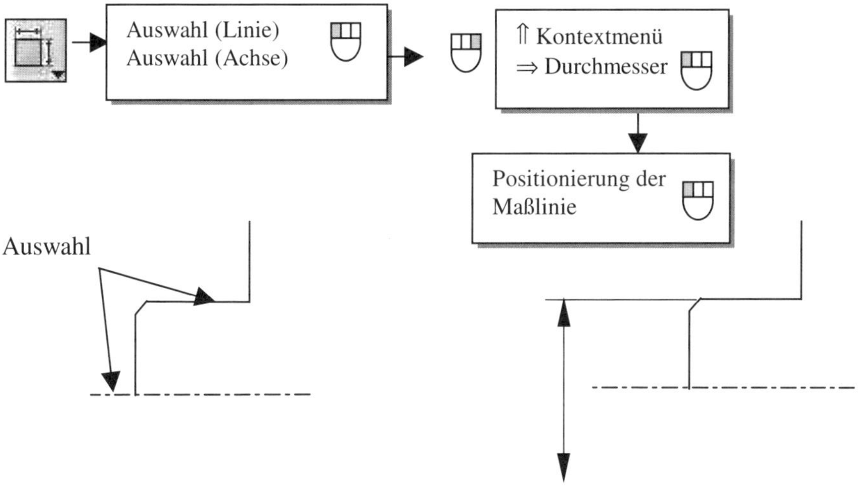

Abbildung 4-6: Durchmesserbemaßung

Um eine Durchmesserbemaßung für eine Skizze herzustellen, wird zuerst das zu bemaßende Element in Form eines Punktes oder einer Linie angewählt, anschließend die Achse. Über die rechte Maustaste kann das entsprechende Kontextmenü geöffnet und die Option *Durchmesser* gewählt werden (Abbildung 4-6). In der internen Datenstruktur von CATIA wird jedoch weiter mit dem Radius gearbeitet.

Bemaßungen können wie andere Komponenten auch neu positioniert werden.

Tabelle 4-3: Bemaßungstechniken

Geraden / Abstände	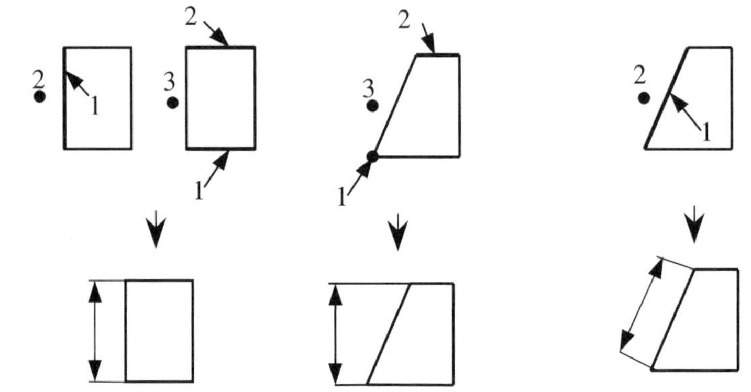
Kreis / Bogen	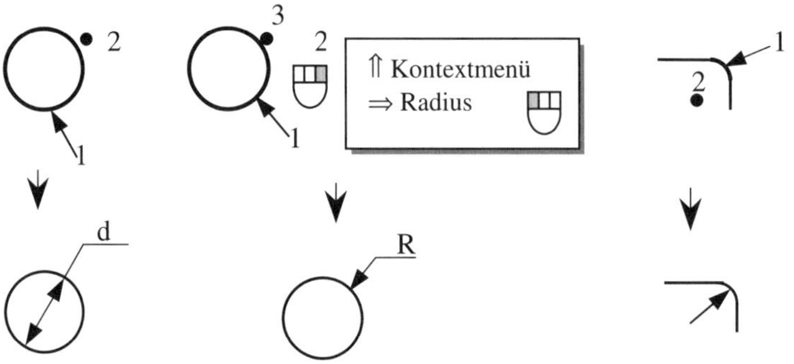
Winkel	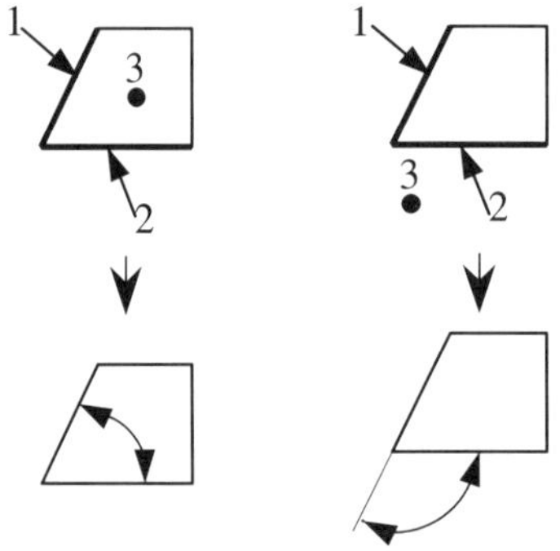

4.4 Skizzierübungen

4.4.1 Profilskizzen

Die innerhalb der ersten Übung zu erstellende Skizze dient später zum Erzeugen des Verbundkörpers in Kapitel 5.4. Es handelt sich um eine einfache Skizze, die aus vier Kantenzügen mit abgerundeten Ecken besteht. Als erster Schritt wird, nachdem CATIA gestartet wurde, eine neue Datei mit dem Typ *Part* erzeugt.

Mit Hilfe der linken Maustaste sollen dann das Rechteck erzeugt und dessen Ecken anschließend abgerundet werden. Die automatische Bedingungsdefinition (über die Tools-Box einstellbar) soll dabei aktiv sein (orange).

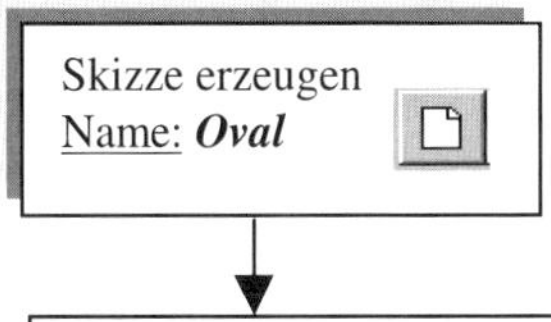

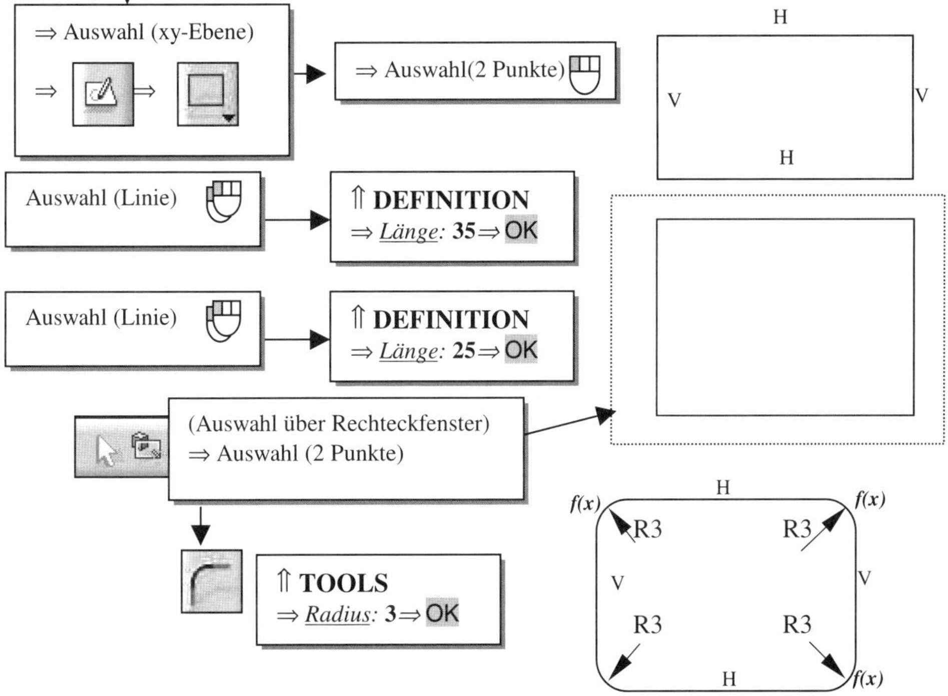

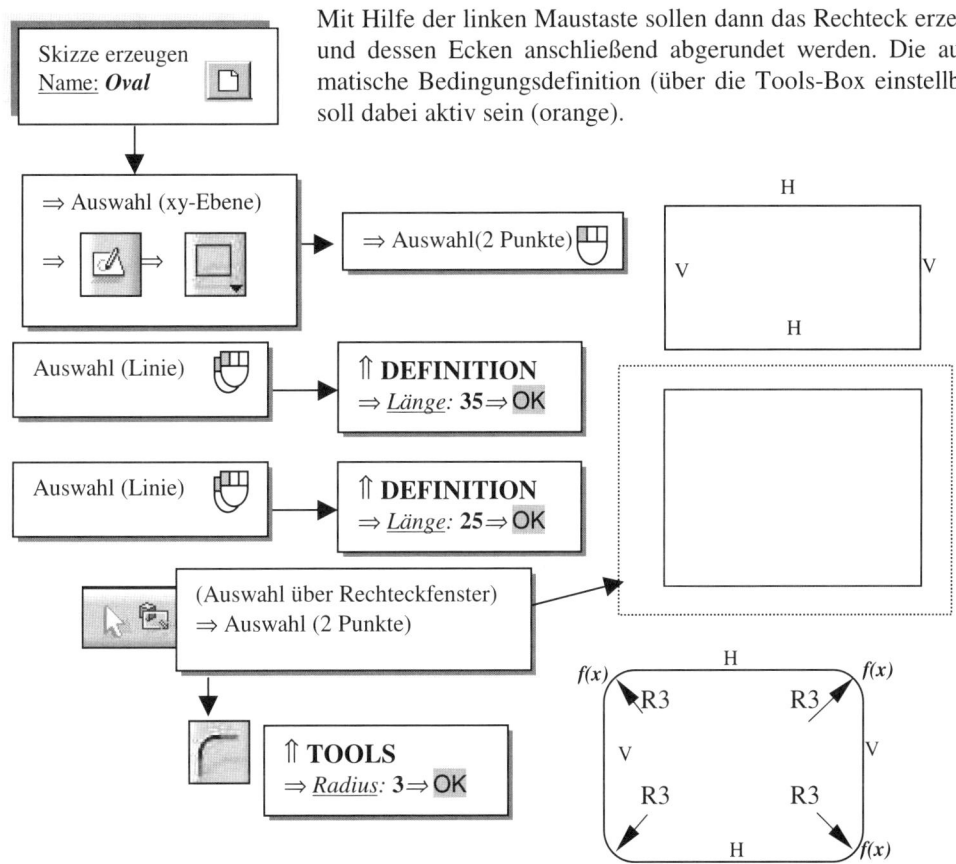

Durch die Nutzung der Definitionsfenster für die Linien und Bögen ist diese einfache Skizze bereits in den gewünschten Abmaßen erzeugt. Dennoch soll diese noch bemaßt werden (Abbildung 4-7), um später besser notwendige Anpassungen vornehmen zu können. Wird bei der Bemaßung nur eine Linie angewählt und anschließend platziert, so erhält man die Längenbemassung der aktivierten Linie. Gerade in Bezug auf eine fertigungsorientierte Bemaßung ist das im gewählten Beispiel nicht sinnvoll. Für die Abstandsmaße sind daher zwei Elemente (Linien) auszuwählen.

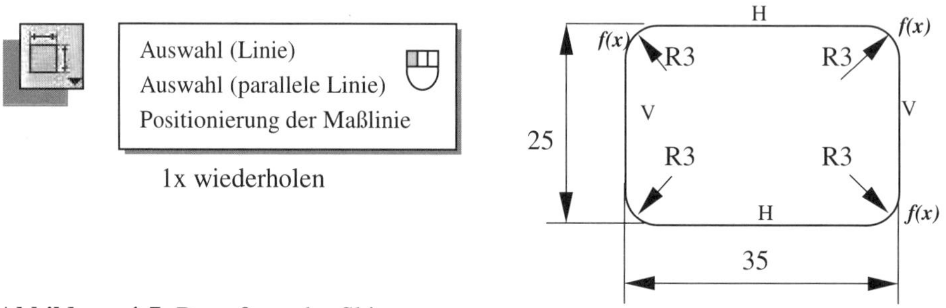

Abbildung 4-7: Bemaßung der Skizze

Nun kann die Veränderung der Geometrie über die Änderung (Doppelklick) der Maßwerte erfolgen. Wenn nicht jeder Radius der vier gleichzeitig erzeugten Bögen den gleichen Wert haben soll, sind weitere Radienbemaßungen vorzunehmen.

Darauf soll hier jedoch verzichtet werden. Genau genommen ist die Skizze noch nicht vollständig parametrisiert, da die Positionierung zu bereits vorhandenen Bezugselementen noch nicht festgelegt wurde. Im Beispiel soll die Skizze mittig auf den Koordinatenursprung gelegt werden. Das kann auf unterschiedlichste Art erreicht werden, z. B. durch zwei entsprechende Bemaßungen oder durch das Ausrichten zweier Symmetrieachsen auf die Koordinatenachsen (Abbildung 4-8). Nach der Definition der beiden Mittellinien verfärbt sich unter Umständen die Skizze violett, da das System zu viele Bedingungen übernommen hat. Wenn sowohl die horizontale bzw. vertikale Ausrichtung als auch die Ausrichtung der Mittellinien auf beide jeweiligen Linienmittelpunkte vom System übernommen wurden, ist eine dieser Bedingungen auszuwählen und mit der DEL-Taste zu löschen.

Nach Ausrichtung der Mittellinien auf die Achsen verfärbt sich die Skizze grün und ist somit vollständig parametrisiert.

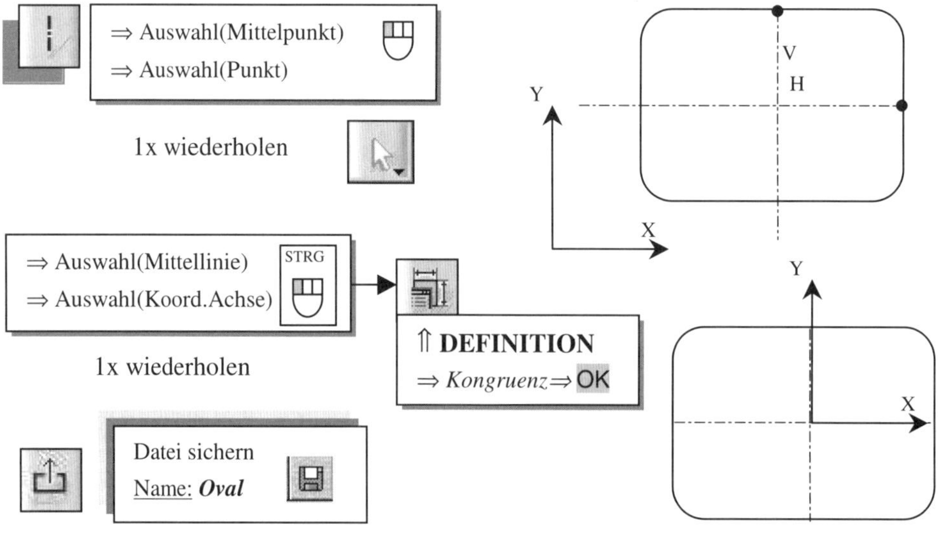

Abbildung 4-8: Skizzenpositionierung

Mit einer anderen Modellierungsstrategie soll nun ein elliptisches Oval konstruiert werden. Zunächst wird wieder auf der xy-Ebene ein Rechteck gezeichnet, in dem dann tangential zwei elliptische Bögen konstruiert werden. Die Orientierung der Ellipsenbogen wird über den Winkel im Definitionsfenster gesteuert. Neben Bedingungsdefinitionen werden auch Trimmfunktionen genutzt, um eine variable, anpassungsfähige Profilskizze zu erhalten.

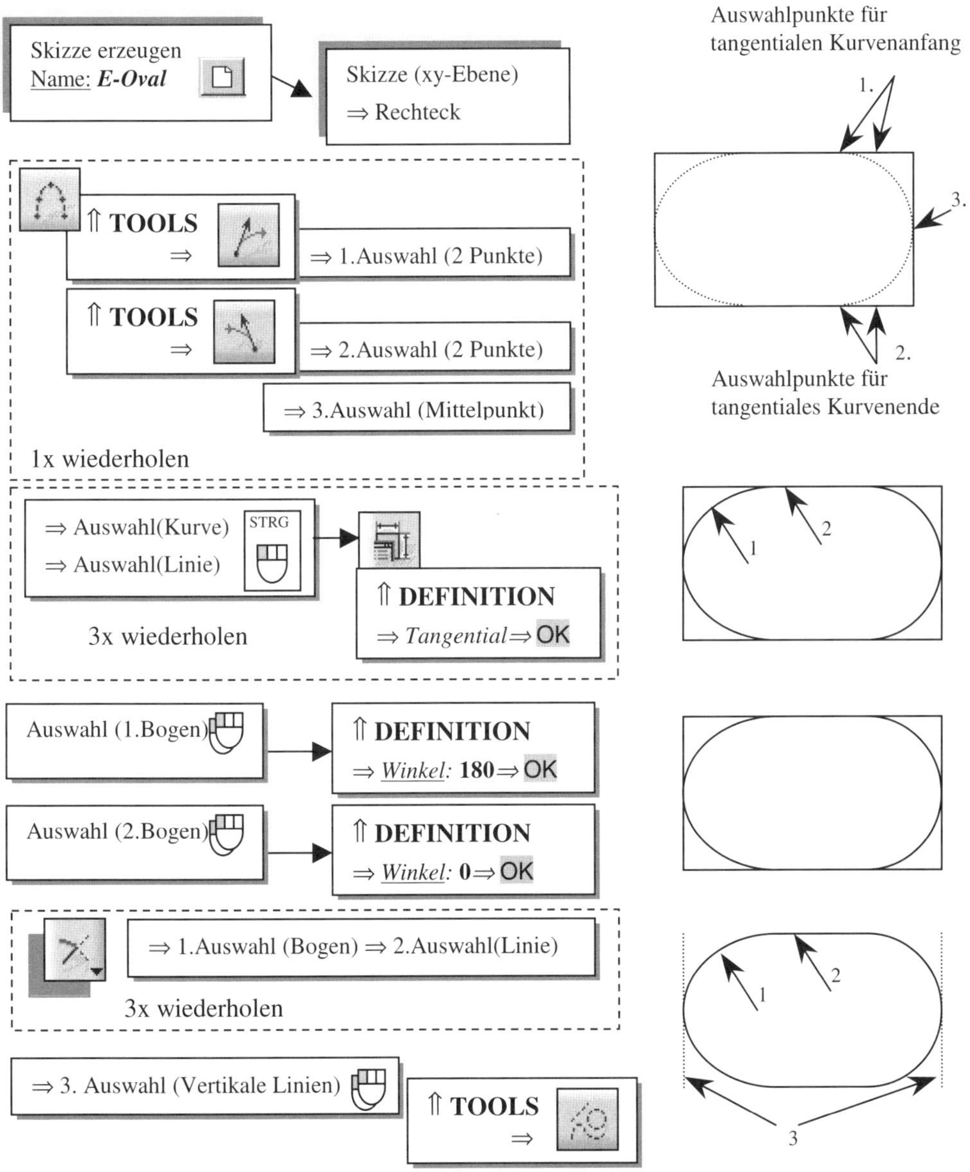

Abbildung 4-9: Elliptische Verrundung

Die beiden vertikalen Linien könnten zwar gelöscht werden, sie wurden jedoch zu Konstruktionshilfselementen umgewandelt und können so noch für die Bemaßung genutzt werden. Dafür wird noch eine weitere Hilfslinie erzeugt. Die Ellipsenbögen könnten zwar auch über die jeweiligen Halbachsen bemaßt werden, im Beispiel wurden jedoch (bis auf das Längenmaß 10) ausschließlich Abstandsmaße zwischen zwei Linien generiert.

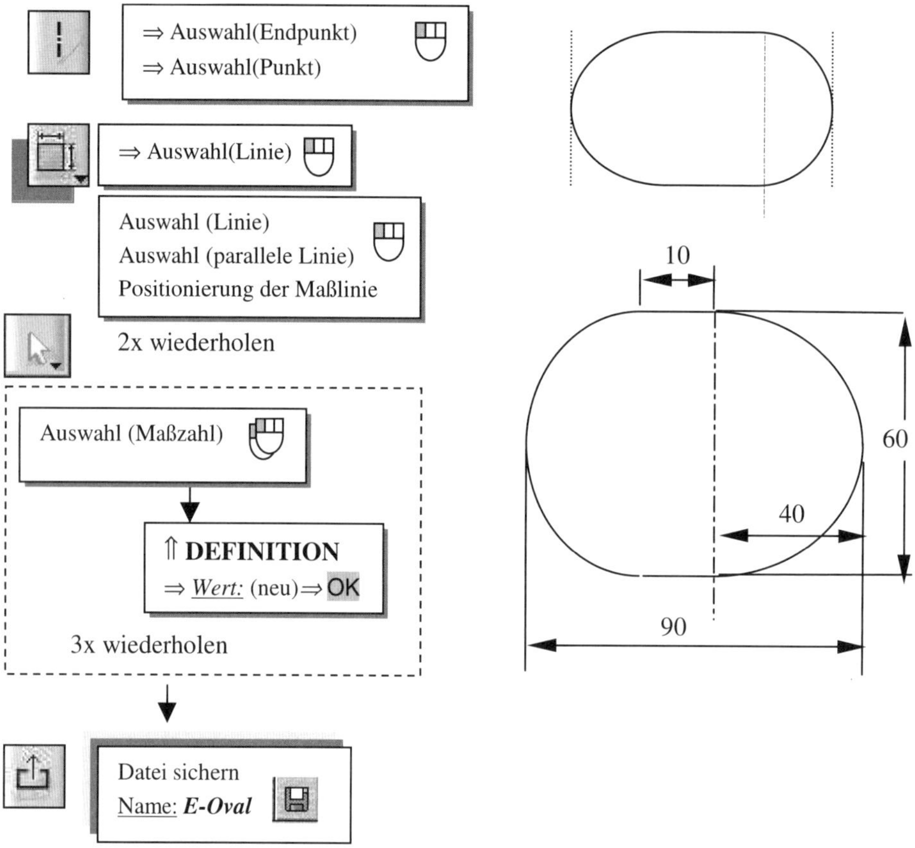

Abbildung 4-10: Elliptisches Oval

4.4.2 Symmetrische Skizzen

Im Folgenden geht es zunächst darum, ein regelmäßiges 5-Eck mit verrundeten Ecken so zu konstruieren, dass es einen Kreis tangiert. Das beschriebene Vorgehen eignet sich für beliebige regelmäßige N-Ecke. Begonnen wird mit einem Hilfskreis und der Konstruktion zweier Mittellinien, die im Kreismittelpunkt beginnen. Die Schnittpunkte der Geraden mit dem Kreis werden durch eine Kante verbunden. Durch einige Spiegelungen von Kanten und Hilfslinien kann die gewünschte Eckenanzahl erzeugt werden.

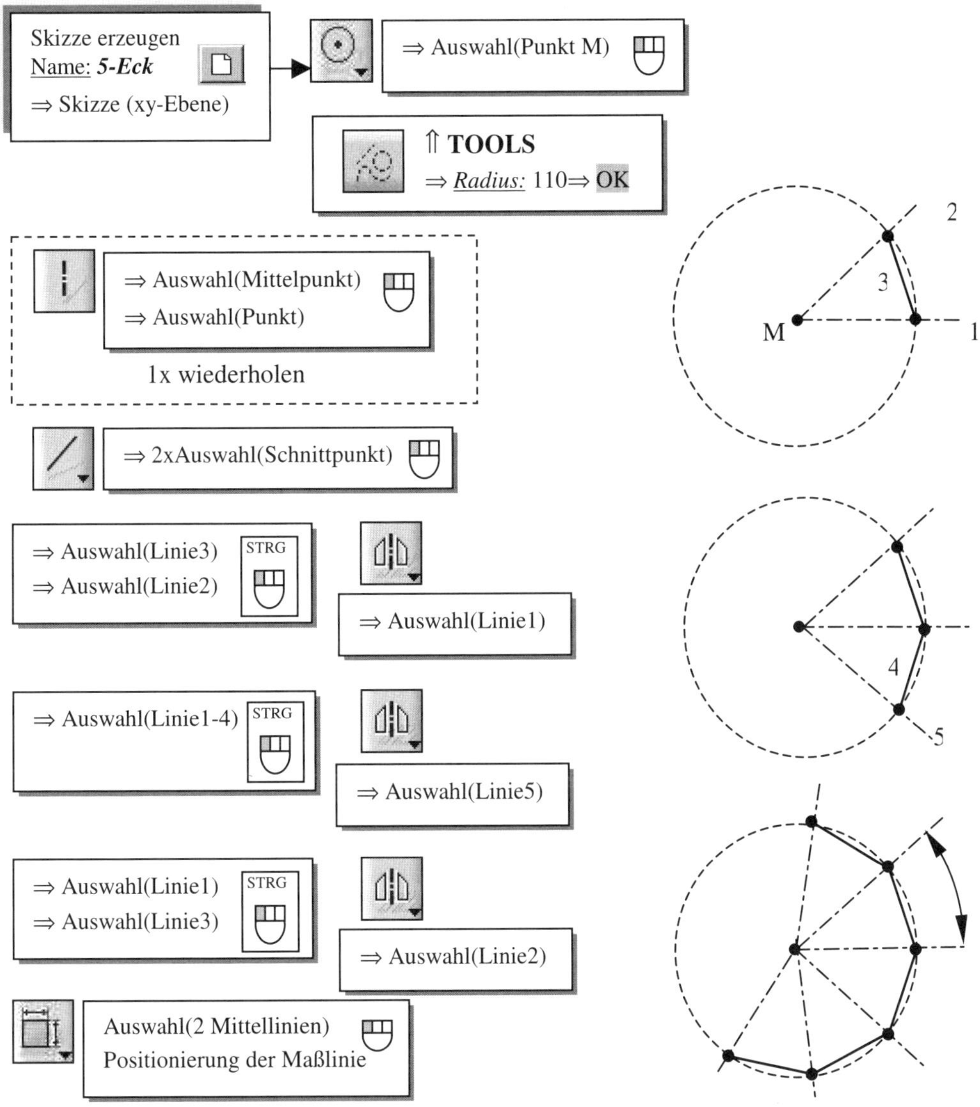

Abbildung 4-11: Hilfskonstruktion

Die Abbildung 4-11 zeigt den Ablauf notwendiger vorbereitender Konstruktionsschritte. Sie sind unabhängig davon, welches regelmäßige N-Eck erzeugt werden soll. Über den bemaßten Winkel kann das Profil den Erfordernissen angepasst werden. Der entsprechende Wert wird als Quotient (hier z. B. 360/5) eingegeben. Nun erfolgt noch die Eckenverrundung (Abbildung 4-12). Anschließend wird ein tangentialer Hilfskreis erzeugt und bemaßt, wobei davor darauf zu achten ist, dass die automatische Erkennung geometrischer Bedingungen in der Tools-Box aktiviert ist. Durch eine Durchmesseränderung ergibt sich dann das gewünschte Profil.

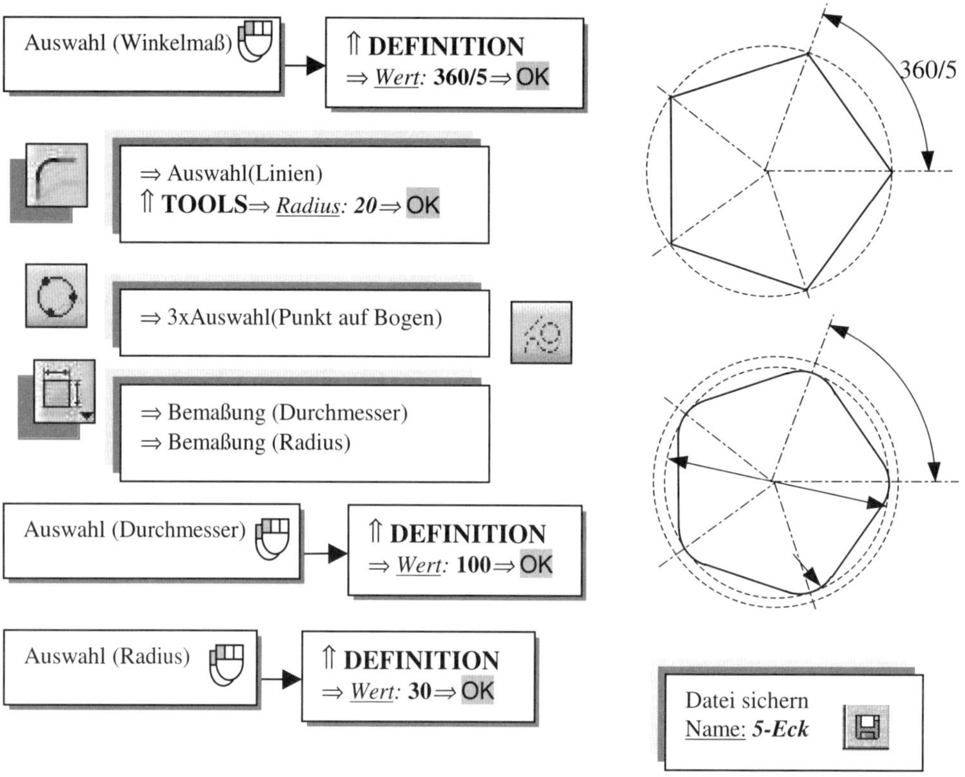

Abbildung 4-12: Regelmäßiges 5-Eck

Die sicherste Methode, symmetrische Elemente zu erzeugen, ist das Spiegeln der entsprechenden Konturen. Bereits bei den Spiegelungen der Profilskizzen wurde am Bildschirm das entsprechende Grafiksymbol der Zwangsbedingung an den symmetrischen Punkten angezeigt. Mit der folgenden Übung soll verdeutlicht werden, dass vom System die Symmetrieeigenschaften auch nachträglich erkannt bzw. festgelegt werden können.

Zunächst wird der Umriss grob skizziert. Hier sollte extra etwas schief gezeichnet werden, damit das System nicht zu viele Bedingungen bereits festlegt. Letzteres kann auch durch den entsprechenden Schalter der Tools-Box erreicht werden. Danach ist eine Mittellinie zu erzeugen, die als Symmetrieachse fungieren soll. Anschließend werden die gewünschten Symmetrien und Bemaßungen festgelegt (Abbildung 4-13).

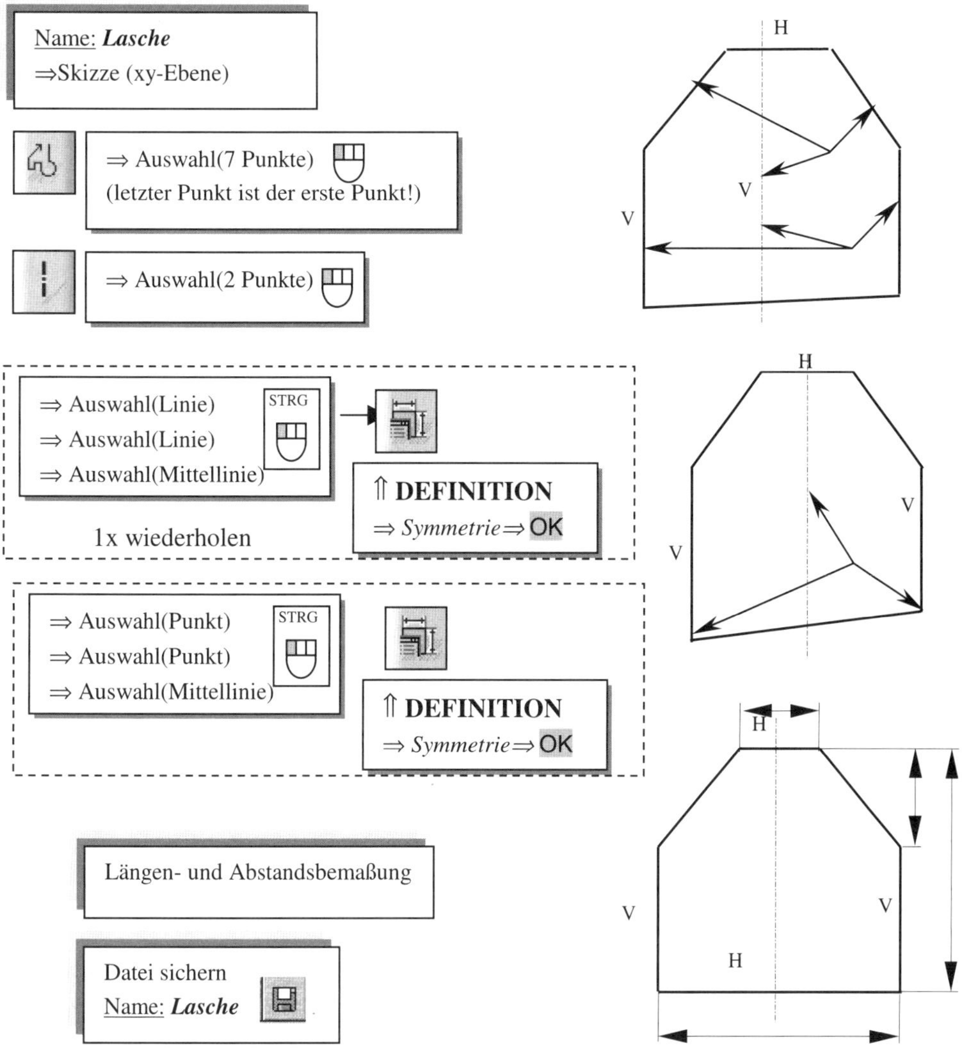

Abbildung 4-13: Symmetrisches Skizzieren

4.4.3 Rotationsskizze

Die Querschnittsskizze eines Rotationskörpers unterscheidet sich nicht von der eines Profilkörpers. Zweckmäßig ist es allerdings, schon in der Skizze die Rotationsachse unterzubringen und gegebenenfalls Abstandsmaße bereits als Durchmesser zu bemaßen.

Als Aufgabenstellung dient die Abbildung 4-14.

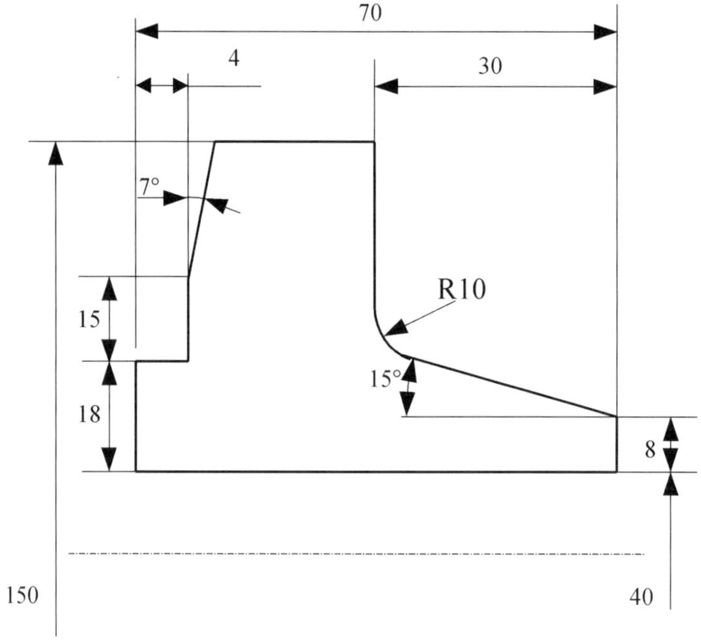

Abbildung 4-14: Rotationsschnitt

Zunächst wird ein grober Linienzug skizziert, in dem bereits einen Bogen integriert wird. Dabei sollte gesichert werden, dass die horizontalen und vertikalen Linien von dem System auch als solche erkannt werden können. Zur Orientierung kann das Rasterlinienfeld herangezogen werden.

In weiteren Schritten wird die Fase an der linken Ecke erzeugt. Prinzipiell lässt sich diese Fase bereits mit dem Linienzug herstellen. Für gleichschenklige Fasen kann das entsprechende Feature genutzt werden. Noch sinnvoller ist unter Umständen, Fasen und Rundungen erst am 3D-Modell zu erzeugen. In dieser Übung steht aber das Kennenlernen neuer Funktionen im Vordergrund. Zum Erzeugen der Fase wird eine weitere schräge Gerade skizziert. Die dann zu verwendende Trimmfunktion dient dem Verlängern und Verkürzen von Linien und Bögen bis zum Schnittpunkt mit anderen Elementen. Beachtet werden muss, dass die Linie an dem Segment angewählt wird, das erhalten bleiben soll. Ein versehentlich falsches Trimmen lässt sich durch die Option *Widerrufen* rückgängig machen.

In der Abbildung 4-15 ist das Erstellen der Linienzüge zum Erreichen der gewünschten Schnittkontur systematisch dargestellt.

Nachdem die Skizze fertiggestellt wurde, ist diese ausreichend zu bemaßen. Zur Vorlage dient die in der Abbildung 4-14 dargestellte Aufgabenstellung. Zu beachten sind hier die Hinweise in Kapitel 4.3.

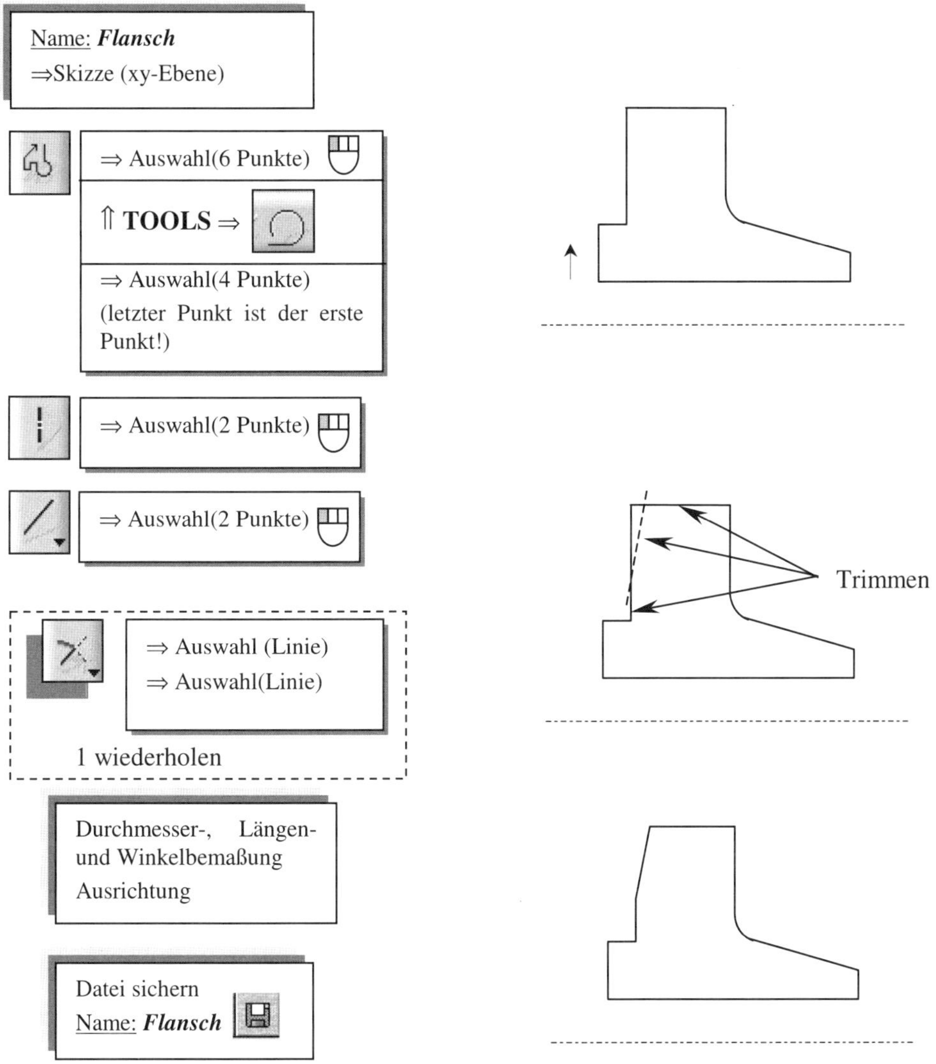

Abbildung 4-15: Skizzenentwurf

5 Bauteilmodellierung

5.1 Die Arbeitsumgebung

Die Erzeugung von Einzelteilen geschieht in CATIA V5 über das Modul Teilekonstruktion. Die Aktivierung der entsprechenden Arbeitsumgebung erfolgt für neue Teile über

⇓ *Start* ⇒ *Mechanische Konstruktion* ⇒ *Teilekonstruktio*n

oder über

⇓ *Datei* ⇒ *Neu*

bzw. das entsprechende Icon.

Das System passt nicht nur die Umgebung an die Teilekonstruktion an, sondern erstellt gleichzeitig die Standardebenen eines kartesischen Koordinatensystems sowie einen leeren Hauptkörper.

Von Interesse sind bei der professionellen Konstruktion die Schaffung bzw. Integration problemabhängiger Bezugssysteme, um die Möglichkeiten der Austauschbarkeit (der Teile selbst und auch der Bearbeiter) zu sichern. In solchen Ausgangsmodellen werden Namenskonventionen für Element- und Parameterbezeichnungen und weitere produktabhängige Bezugselemente umgesetzt bzw. bereitgestellt. Derartige Startmodelle können über die Option

⇓ *Datei* ⇒ *Neu aus...*

aufgerufen werden. In den Übungen wird darauf verzichtet. Stattdessen werden diese Anpassungen beispielhaft in ausgewählten Übungen erläutert.

Erforderliche Koordinatensysteme können über das Symbol oder über

⇓ *Einfügen* ⇒ *Achsensystem*

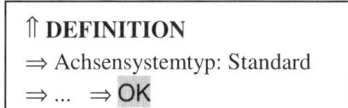

⇑ **DEFINITION**
⇒ Achsensystemtyp: Standard
⇒ ... ⇒ OK

erzeugt werden. Durch einfaches Bestätigen des Dialoges wird ein Standard-Achsensystem eingefügt.

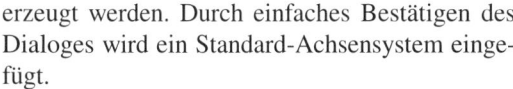

Die Generierung zusätzlicher Bezugspunkte, Bezugslinien und Ebenen wird über die nebenstehenden Symbole initiiert.

Eine Anpassung der Voreinstellungen kann über die Tools-Option der Pull-down-Menüleiste erfolgen. Hier kann unter anderem das System veranlasst werden, für jedes neue Teil sofort ein Koordinatensystem zu erzeugen:

⇓ *Tools* ⇒ *Optionen*

⇑ **OPTIONEN** ⇒ *Mech. Konstruktion* ⇒ *Part Design*

⇓ *Teiledokument* ⇒ ☑... *Achsensystem erzeugen.*

Ebenso kann festgelegt werden, ob bei Änderungen das Modell automatisch oder erst auf Veranlassung des Benutzers regeneriert wird. Zunächst soll für die Übungen die „Automatik“ aktiviert sein (Abbildung 5-1).

Im Abschnitt 5.6 werden beide Varianten genutzt.

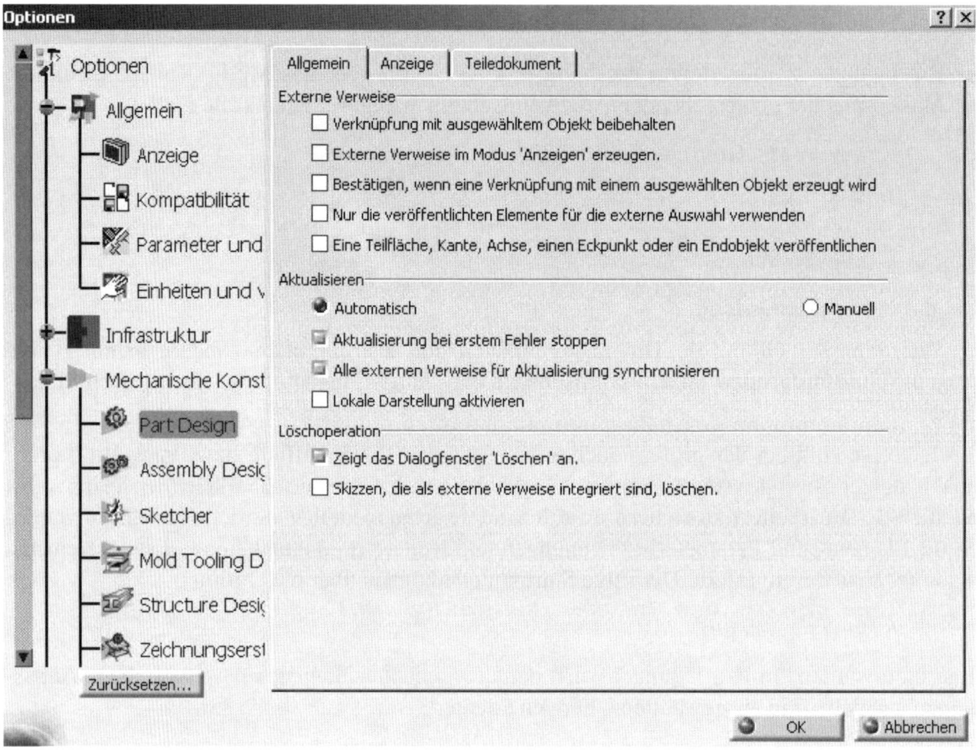

Abbildung 5-1: Voreinstellungen und Optionen

Die teilespezifische Arbeitsumgebung bietet vor allem die in Tabelle 5-1 bis 5-4 aufgeführten Symbole. Nicht alle der aufgelisteten Optionen sind sofort beim Start des Teilemoduls verfügbar. Die Funktionen zur Bearbeitung, wie z. B. *Taschen, Nuten, Bohrungen* werden erst aktiviert, wenn bereits ein Körper erstellt wurde.

Der Modellbaum visualisiert die hierarchischen Abhängigkeiten der Geometrie- und Semantikdaten. In seiner Baumstruktur kann der Benutzer interaktiv auf diese Daten zugreifen, zur Auswahl (einfacher Klick auf Element) und zur Manipulation (Doppelklick auf Element).

Bei der Teilemodellierung sind noch weitere Menüoptionen bzw. Symbolleisten von Interesse. Dazu gehören unter anderem die bereits im zweiten Kapitel erläuterten Darstellungsoptionen und die Möglichkeiten zur Materialspezifikation.

Tabelle 5-1: Symbolleisten der auf Skizzen basierenden Komponenten

Symbol	Symboloptionen	Bemerkungen
		Profile (Block, Block mit Auszugsschräge und Mehrfachblock)
		Taschen (Tasche, Tasche mit Auszugsschräge, Mehrfachtasche)
		Rotationskörper (Wellen)
		Nut als Rotationsschnitt
		Bohrung
		Profil entlang Leitkurve (Rippe)
		Nut entlang Leitkurve (Rille)
		Versteifung
		Loft über mehrere Querschnitte
		Loft als Materialschnitt (Entfernter Loft)

Tabelle 5-2: Symbolleisten der Aufbereitungskomponenten

Symbol	Symboloptionen	Bemerkungen
		Verrundungen (Kanten, variabel, zu zwei Teilflächen, aus Tangenten)
		Fase
		Auszugschrägen (Winkel, Reflexionslinie, variabel)
		Schalenelement
		Fertigungszugabe (Aufmaß)
		Gewinde

Tabelle 5-3: Symbolleiste der auf Flächen basierenden Komponenten

Symbol	Symboloptionen	Bemerkungen
		Trennen von Körpern über Flächen, Erzeugung von Aufmaßflächen, Schließen und Integrieren von Flächen

Tabelle 5-4: Symbolleisten der Umwandlungskomponenten

Symbol	Symboloptionen	Bemerkungen
		Verschieben, Drehen und Spiegeln von Elementen
		Spiegeln und gleichzeitiges Kopieren
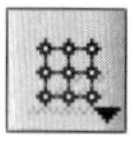		Rechteckmuster, Kreismuster und benutzdefiniertes Muster
		Skalieren von Elementen

Innerhalb der Teilemodellierung können durchaus auch mehrere Körper unabhängig voneinander modelliert werden. Dies kann über das Icon oder die Menüleiste initiiert werden:

⇓ *Einfügen ⇒ Körper.*

Erzeugte Teilkörper können dann mit Hilfe boolescher Operatoren verknüpft werden (Abbildung 5-2). Der Aufruf erfolgt über die entsprechende Symbolbox bzw. über

⇓ *Einfügen ⇒ Boolesche Operationen*

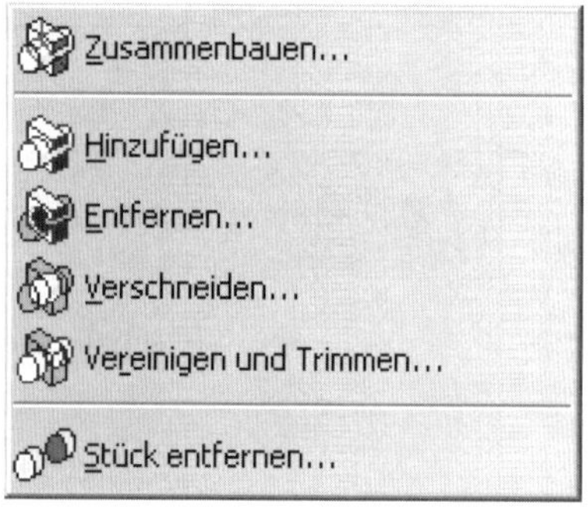

Abbildung 5-2: Boolesche Operationen

5.2 Profil- und Rotationskörper

Häufig werden Profil- oder Rotationskörper die ersten Konstruktionselemente sein, mit denen die Bauteilmodellierung in CATIA V5 fortgesetzt wird. Charakteristisch für diese Bauteile ist, dass sie einen gestaltbestimmenden Querschnitt haben. Dieser kann (wie im folgenden Beispiel) neu erstellt oder aus anderen Komponenten übernommen werden. Die einzelnen Schritte werden zunächst für ein grobes Ausgangsmodell des Bauteiles *Backe* erläutert (Abbildung 5-3).

Im Definitionsdialog wird die räumliche Ausdehnung senkrecht zum Profil festgelegt. Hier stehen neben einer Maßangabe verschiedene Optionen zur Verfügung, die sich auf vorhandene Geometrieelemente beziehen. Für das Grobmodell der Backe soll eine Ausdehnung von 20mm erzeugt werden. Da im Beispiel eine beidseitige Ausdehnung (Option *Gespiegelte Ausdehnung*) gewünscht ist, muss in der verwendeten CATIA-Version das Längenmaß halbiert werden.

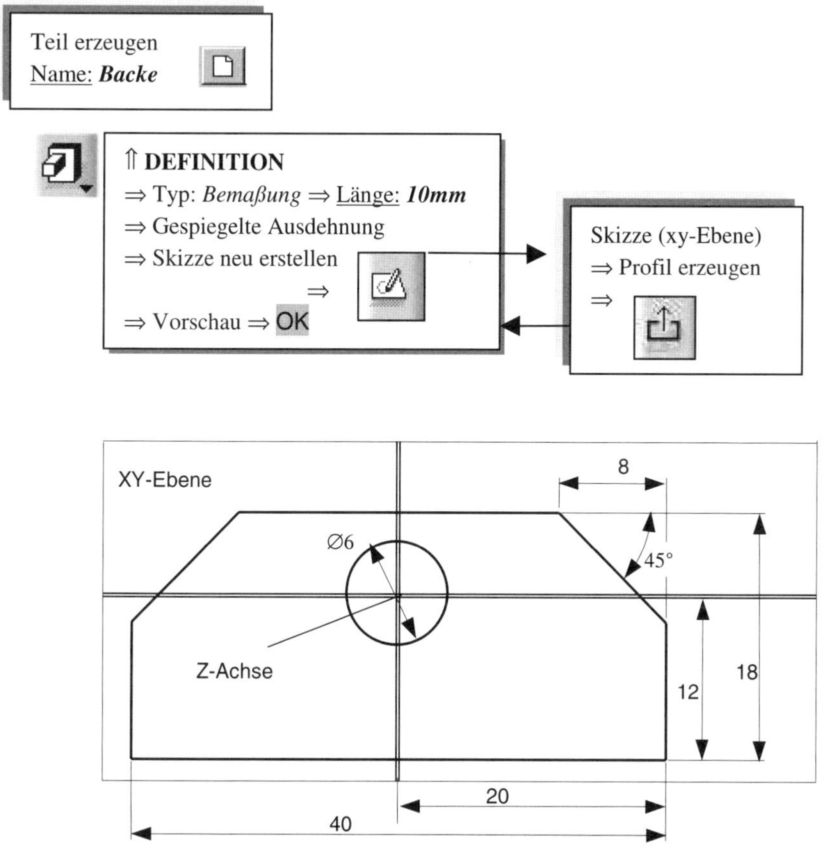

Abbildung 5-3: Profilkörperdefinition

Zur Querschnittsdefinition wird das Skizzierer-Symbol im Definitionsfenster aktiviert und anschließend die xy-Ebene als Skizzierebene festgelegt. Bei vorhandener Geometrie ist auch die Auswahl beliebiger planarer Bauteilflächen als Skizzierebene zulässig.

Nach der Auswahl der Ebene wird automatisch der Skizziermodus aufgerufen und die Querschnittskonstruktion geschieht wie bereits im Abschnitt 4 beschrieben. Der Mittelpunkt der Bohrung ist dabei in den Koordinatenursprung zu legen. Darüber hinaus ist der Abstand der Unterkante zur horizontalen Achse (H-Achse) zu bemaßen.

Für die Profilskizze der Backe kann auch die „Lasche" aus der Skizzierübung verwendet und angepasst werden. Auf derartige „Kopiertechniken" soll jedoch später erst eingegangen werden.

Nach der erfolgreichen Querschnittsdefinition, kann die Umgebung verlassen werden.

Anschließend kann im Definitionsfenster über den Knopf *Voranzeige* das Teil in der gewünschten Ansicht betrachtet werden. Bei Bedarf können die einzelnen Definitionsschritte nochmals wiederholt bzw. korrigiert werden. Wenn das Bauteil der gewünschten Geometrie entspricht, ist der Definitionsdialog abzuschließen.

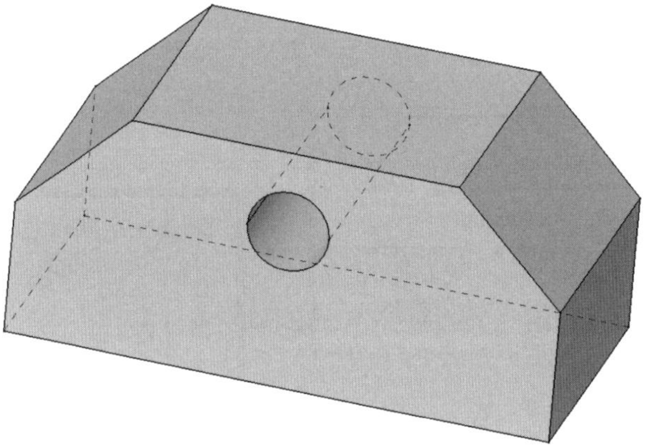

Abbildung 5-4: Rohteil Backe

Üblicherweise werden Bohrungen über entsprechende Feature in das 3D-Modell integriert. Die gewählte Vorgehensweise sollte jedoch zeigen, dass die Profilquerschnitte nicht nur durch eine Außenkontur definiert sind, sondern auch Innenformen haben können.

Zur weiteren Bearbeitung der Backe wird nun das U-Profil mit Hilfe des Konstruktionselementes *Tasche* ausgearbeitet. Es wird deutlich werden, dass hier ähnliche Optionen ausgewählt werden können, wie für den Profilkörper. In einem Fall wird Material hinzugefügt und im anderen abgezogen.

Als Skizzierebene sollte eine der beiden Stirnflächen der Backe gewählt werden. Als Schnittwerkzeug wird ein Rechteck gezeichnet, dessen Überstand zum vorhandenen Körperumriss in vertikaler Richtung beliebig festgelegt werden kann. Im Beispiel wurde er mit 4mm festgelegt. Auch der Wert Null ist natürlich möglich, aber insbesondere bei komplexeren Geometrien nicht immer sinnvoll, da sonst störende „Materialreste" aufgrund der systeminternen Toleranzen entstehen könnten.

Die Festlegung der Schnitttiefe über den Typ *Bis zum letzten* sichert, dass die Nut auch bei Änderungen das ganze Bauteil erfasst (Abbildung 5-5).

Bevor nach der Vorschau das Dialogfenster mit OK verlassen wird, sind auch hier wieder eventuelle Korrekturen möglich.

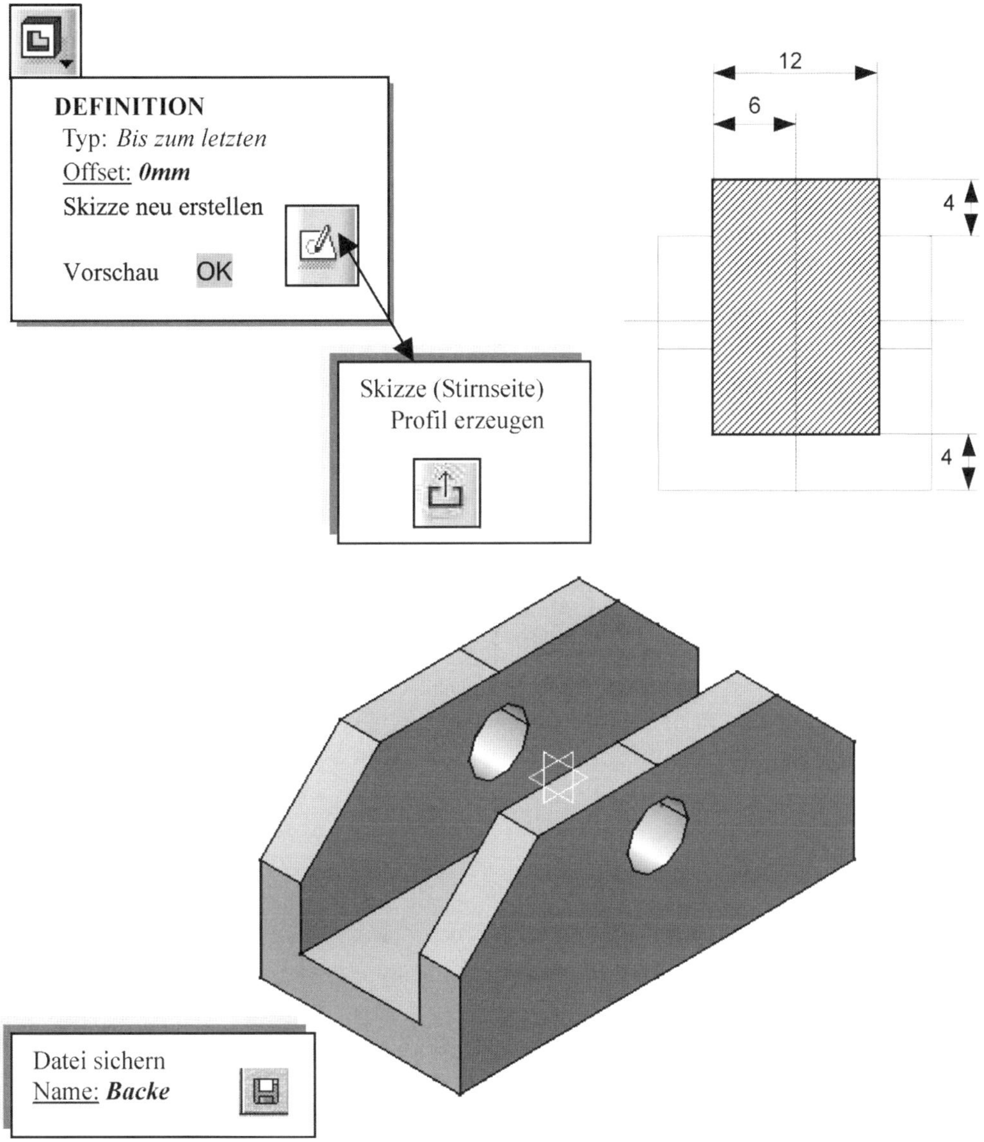

Abbildung 5-5: Materialschnitt

Die Backe wird später noch mit Hilfe einiger Feature weiter bearbeitet. Zunächst ist sie zu speichern.

Analog zur erläuterten Vorgehensweise wird das Rotationsteil *Stift* modelliert. Auch hier soll zunächst ein neues Teil mit dem Namen Stift erzeugt werden. Im Teilemodus ist nun statt *Block* die Option *Welle* zu wählen.

Im Definitionsdialog eines Rotationsteils sind die Winkelbegrenzungen festzulegen (0 bis 360°). Als Skizzierebene wird hier die xz-Ebene ausgewählt. Beim Skizzieren ist die Rotationsachse mit Hilfe des Skizzenelementes *Achse* zu erzeugen und mit der z-Achse auszurichten. Der Stift soll vertikal symmetrisch skizziert werden (Abbildung 5-6). Das wird durch das waagerechte Abstandsmaß erreicht. Zu beachten ist, dass bei Rotationskörpern der Querschnitt geschlossen sein muss. Dies kann auch über die Achse erfolgen.

Als Rotationsachse übernimmt CATIA die skizzierte Achse aus dem Profil. Sollte eine andere Achse gewünscht sein, kann sie über den Dialog separat ausgewählt werden.

Nach erfolgreicher Generierung des Konstruktionselementes ist der aktuelle Bearbeitungsstand des Bauteiles zu sichern.

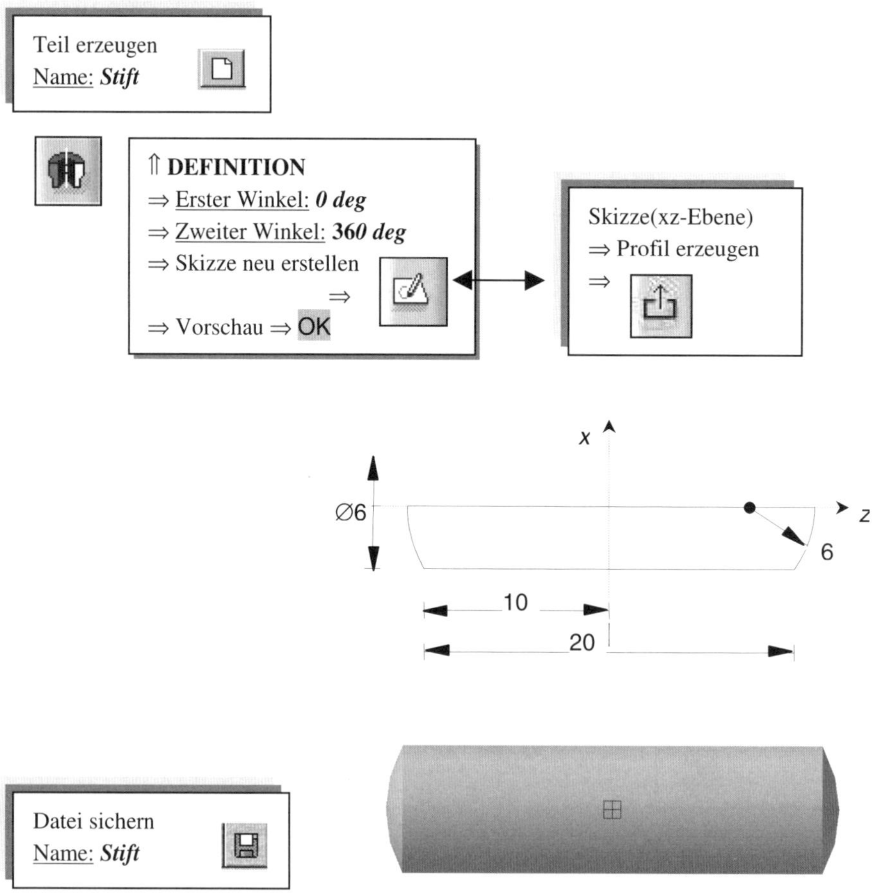

Abbildung 5-6: Erzeugen eines Rotationsteils

Der Gehäusemantel kann sowohl durch die Option *Block* als auch durch *Welle* erzeugt werden. Im Folgenden wird die Modellierung als Profilkörper (mit einem Kreisring als Profil) beschrieben. Die z-Achse soll zugleich Achse des Hohlzylinders sein, der auf der xy-Ebene steht. In der Abbildung 5-7 ist zu erkennen, dass auch zuerst die Skizze erzeugt werden kann und anschließend das Volumen definiert wird.

Teil erzeugen
Name: ***Gehaeusemantel***

Skizze(xy-Ebene)
⇒ Kreisring erzeugen
⇒

⇑ **DEFINITION**
⇒ Typ: *Bemaßung*
⇒ Länge: ***105mm***
⇒ Auswahl(Skizze)
⇒ OK

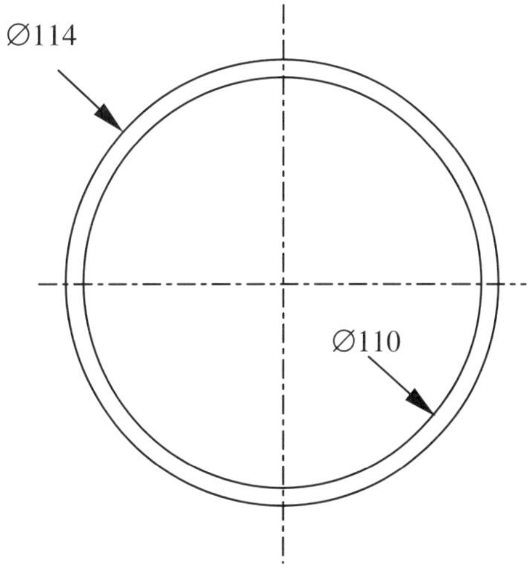

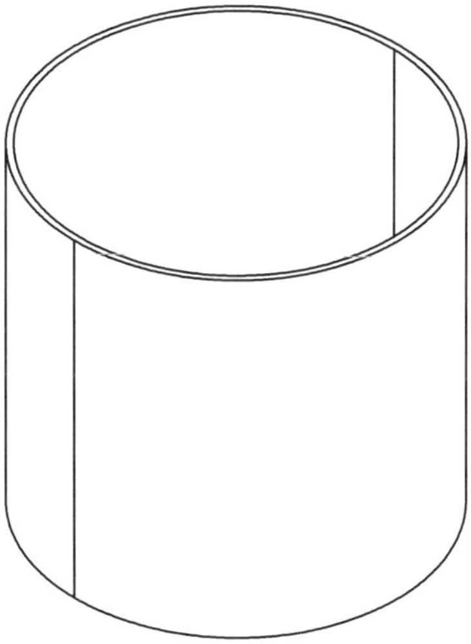

Datei sichern
Name: ***Gehaeusemantel***

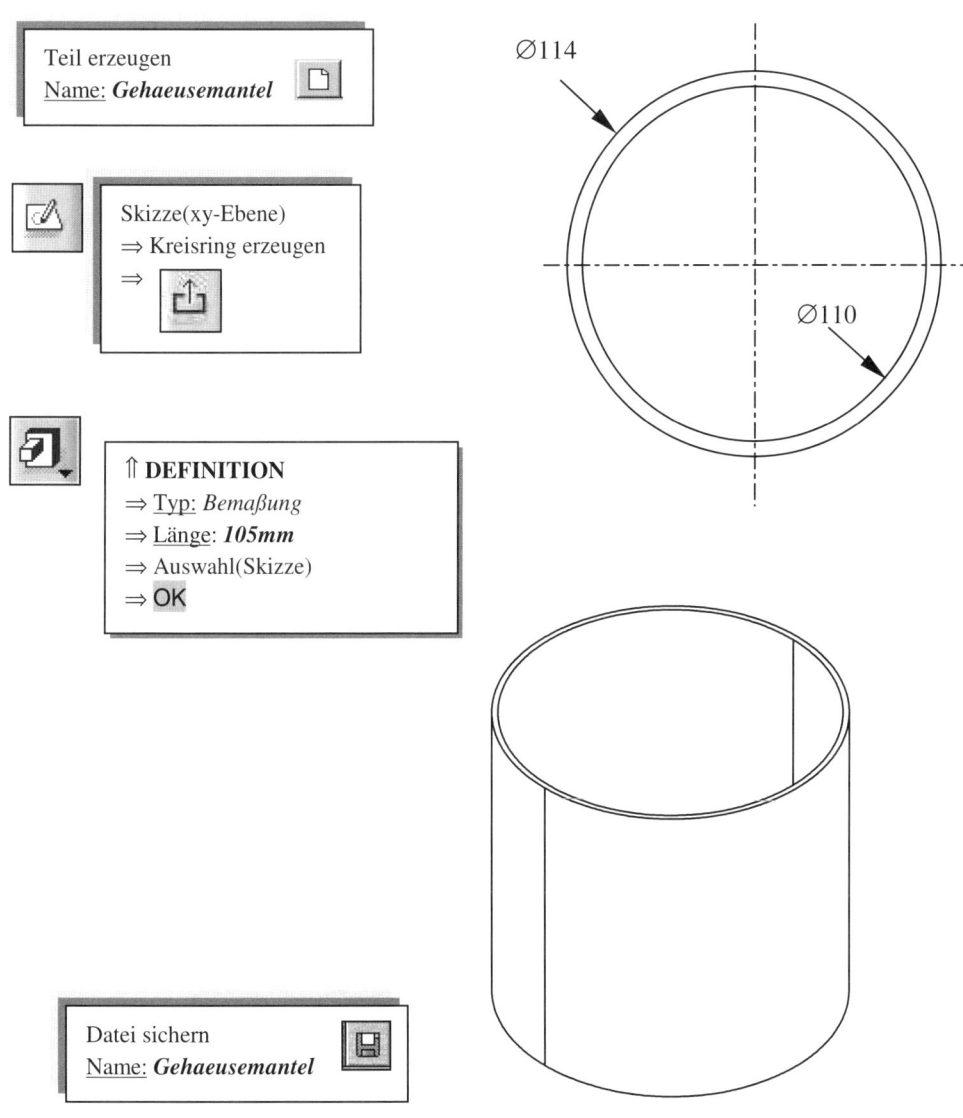

Abbildung 5-7: Gehäusemantel

Beide Gehäusedeckel der Baugruppe „Greifer“ haben die gleiche Grobgestalt (Abbildung 5-8). Das Ausgangsmodell ist selbständig zu modellieren und unter dem Namen Deckel zu speichern.

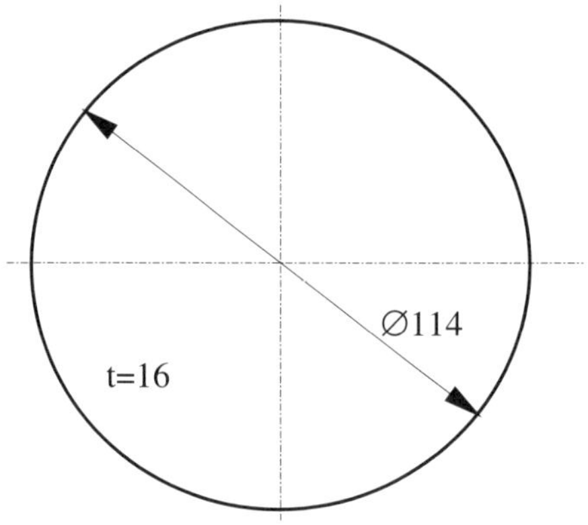

Abbildung 5-8: Grobgestalt des Deckels

Im Folgenden soll noch das Grobmodell eines Flansches erzeugt werden, dessen Querschnittsskizze bereits im Rahmen der Skizzierübungen erzeugt wurde. Falls nach dem Aufruf der Datei noch die Arbeitsumgebung des Skizzierers aktiv ist, ist diese zu schließen.

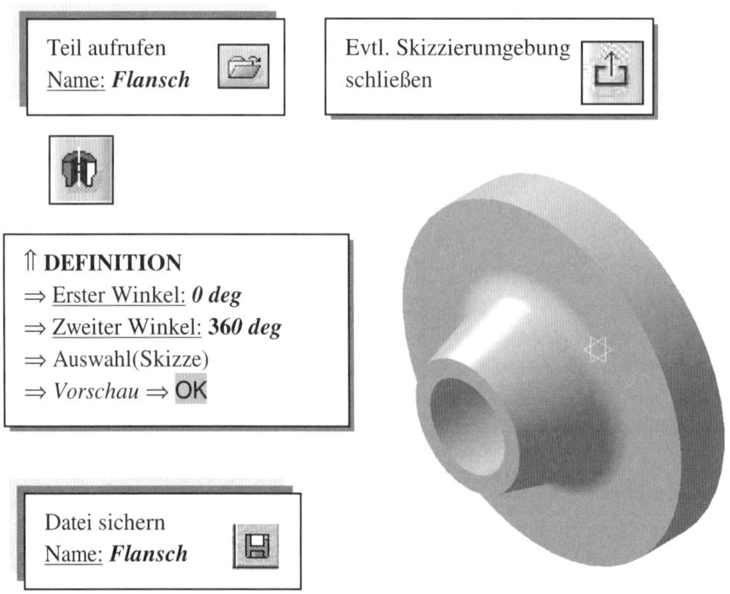

Abbildung 5-9: Grobgestalt des Flansches

5.3 Gezogene Teile (Trajektion)

Wenn ein Querschnitt entlang einer Kurve so bewegt wird, dass die Kurventangente im Schnittpunkt mit der Querschnittsebene stets senkrecht steht, so wird von einer Trajektion gesprochen. Die bereits behandelten Profil- und Rotationskörper entstehen demnach auch durch Trajektionen.

Ein gezogenes Konstruktionselement (Option *Rippe*) wird durch die Definition zweier Kurven erzeugt. Hier ist neben dem Querschnittsprofil eine Leitkurve festzulegen.
Das Bauteil „Finger" soll über eine Trajektion erzeugt werden. Eine Gerade der Leitkurve wird mit der xz-Ebene (x-Achse) ausgerichtet. Der Anfangspunkt dieser Geraden soll einen Abstand von 20 mm von der yz-Ebene (y-Achse) haben.

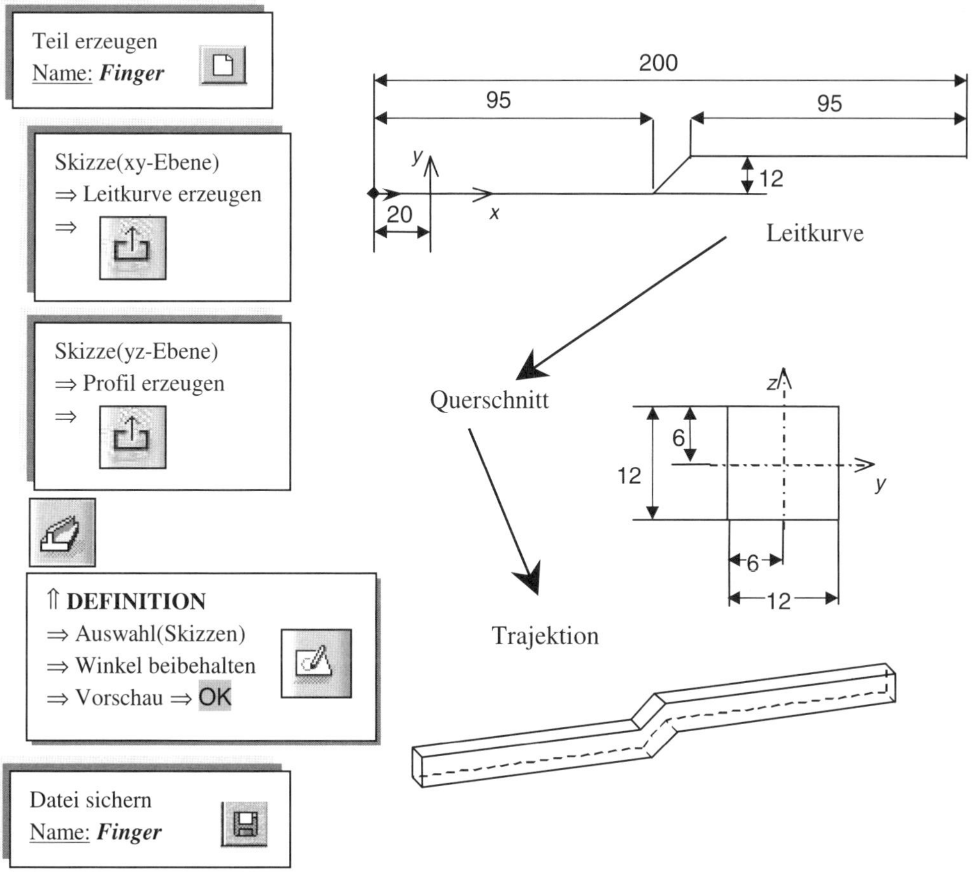

Abbildung 5-10: Trajektion

Der Finger wird ebenfalls später durch weitere Konstruktionselemente detailliert und ist daher zunächst zu sichern.

Alternativ soll nun noch ein zweiter Finger modelliert werden. Dazu wird der bereits vorhandene Finger genutzt. Durch *Datei* ⇒ *Sichern unter...* und dem anschließendem Aktivieren der Check-Box ⇒ *Als neues Dokument sichern* wird eine unabhängige Kopie der Datei erstellt und kann entsprechend gewünschter Alternativen manipuliert werden.

Das Umdefinieren der Leitkurve erfolgt durch einen Doppelklick auf das entsprechende Element im Modellbaum.

Die Leitkurve soll in den Knickpunkten abgerundet werden. Das ist vor allem dann notwendig, wenn der Finger durch Biegen eines Vierkantprofils gefertigt werden soll. Dabei ist darauf zu achten, dass der Rundungsradius mindestens so groß ist wie der kleinste Abstand der Querschnittskanten zum Startpunkt. Im Beispiel sind dies 6 mm. Ansonsten würden Selbstüberschneidungen auftreten, die das System nicht zulässt. Für den Finger werden die Radien der Leitkurve gleich der Seitenlänge des Querschnittsprofils gesetzt.

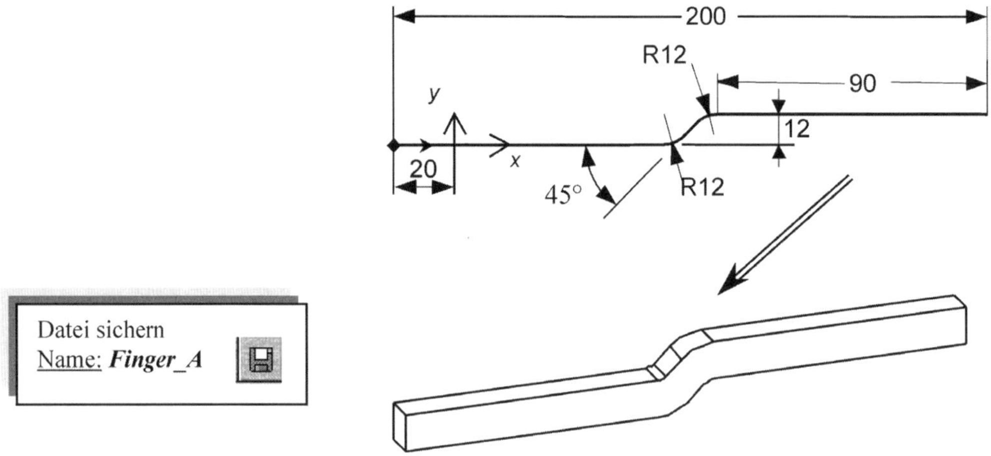

Abbildung 5-11: Umdefinieren der Leitkurve

5.4 Verbundkörper

Konstruktionselemente mit veränderlichem Querschnittsprofil werden durch Verbinden von zwei oder mehreren Querschnitten erzeugt. Dabei können zusätzlich spezielle Führungselemente angegeben werden, wie z. B. Linien, die auf der zu erzeugenden Oberfläche liegen sollen. Die Führungselemente müssen, wie die Querschnitte, vor Aufruf der Loft-Funktion definiert sein. Alternativ bzw. zusätzlich können statt der Führungselemente im Loft-Dialog Verbindungen erzeugt werden. Die Angabe bzw. Auswahl einer Leitkurve im Dialog ist ebenfalls optional. Durch sie kann die Krümmung der Verbindungskurven beeinflusst werden. Nach der Auswahl der zu verbindenden Querschnitte sollten in jedem Fall die vom System vorgeschlagenen Startpunkte überprüft und gegebenenfalls neu definiert werden. Jeder Konturkette wird ein Punkt zugewiesen, der Ausgangspunkt für die zu erzeugenden Oberflächen ist.

5.4.1 Übergangsstücke

Zunächst soll ein Verbundkörper zwischen zwei parallelen Querschnitten erzeugt werden. Dazu wird die bereits in der Skizzierübung erstellte Skizze „Oval“ geöffnet und gemäß Abbildung 5-12 neu positioniert und in den Abmaßen verändert. Da die Skizze ursprünglich auf das Koordinatensystem ausgerichtet wurde, sind diese beiden Bedingungen zu löschen. Dies kann auch durch das Löschen der Mittellinien erreicht werden. Anschließend werden die beiden Abstandsbemaßungen hinzugefügt und die Maße geändert.

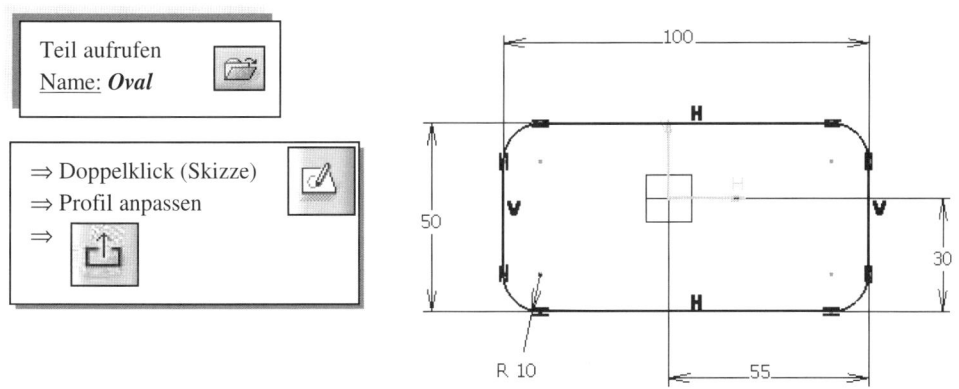

Teil aufrufen
Name: ***Oval***

⇒ Doppelklick (Skizze)
⇒ Profil anpassen
⇒

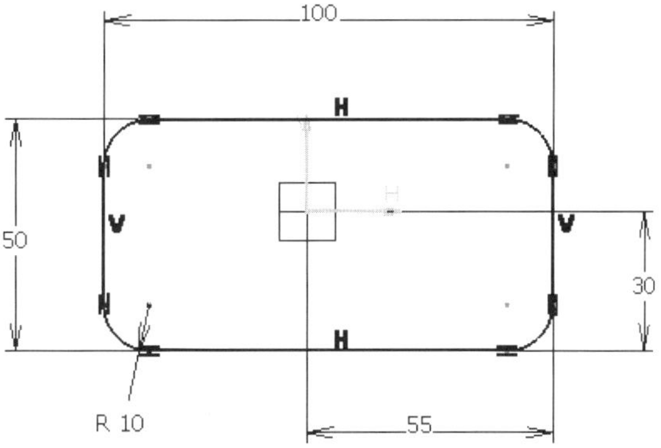

Abbildung 5-12: Querschnittsanpassung

Für den zweiten Querschnitt muss zunächst eine neue Skizzierebene im parallelen Abstand von 150 mm von der Ebene des ersten Querschnittes erzeugt werden.

⇑ **DEFINITION** ⇒ Ebenentyp: Offset von Ebene ⇒ Referenz: Auswahl (xy-Ebene)
⇒ Offset: ***150mm*** ⇒ Anwenden ⇒ OK

Da im gewählten Beispiel auch der zweite Querschnitt ein Oval sein soll, kann die bereits vorhandene erste Skizze in die neue Ebene kopiert und anschließend verändert werden.

Auswahl (Skizze1) ⇒

⇑ Kontextmenü ⇒ Kopieren

Auswahl (Offsetebene) ⇒

⇑ Kontextmenü ⇒ Einfügen

⇒ Werte ändern

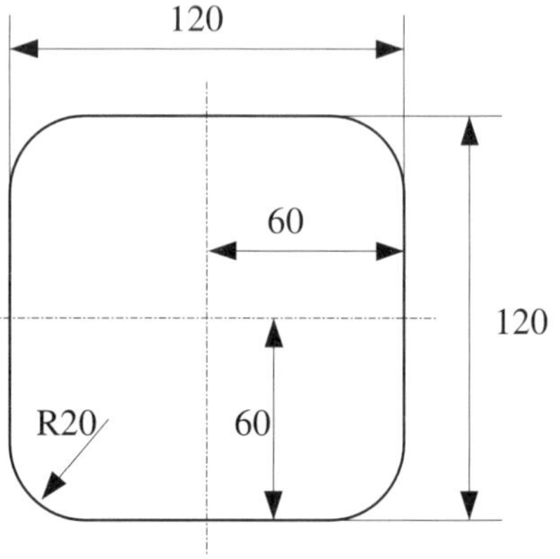

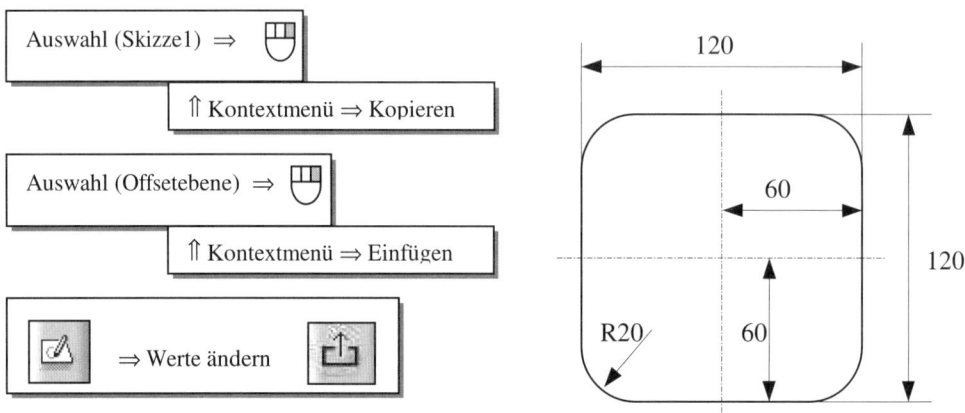

Abbildung 5-13: Kopierter Querschnitt

Nun kann die Loft-Funktion aufgerufen werden. Hier sind zunächst der Reihe nach die zu verbindenden Querschnitte zu wählen. Bei zwei zu verbindenden Profilen spielt allerdings die Reihenfolge keine Rolle. Die vom System vorgeschlagenen Start- bzw. Endpunkte sind zu überprüfen. Diese für die Flächenerzeugung relevanten Startpunkte sollten sich gegenüber einer der gewünschten Verbindungsgeraden befinden. Die Erzeugungsrichtungen (angedeutet durch Pfeile an den Start-/Endpunkten) müssen den gleichen Richtungssinn haben (Abbildung 5-14). Im Kontextmenü des jeweiligen Start-/Endpunktes lässt sich der Punkt ersetzen. Die Richtungsumkehr erfolgt durch einen Mausklick auf den zugehörigen Pfeil. Im Loft-Definitionsfenster ist unter „Verbindungen“ die Abschnittverbindung auf „Scheitelpunkte“ zu stellen. Die Wirkungen anderer Optionen können selbständig erprobt werden, da über den Schalter „Anwenden“ eine Vorschau auf das Loftergebnis möglich ist.

⇑ **DEFINITION**
→ Auswahl(Skizze 1)
→ Auswahl(Skizze 2)
→ Auswahl(Endpunkt)
⇑ Kontextmenü ⇒ Ersetzen
→ Auswahl(Punkt)
⇒ Verbindung
⇒ Abschnittsverbindung
⇒ Scheitelpunkte
⇒ Anwenden ⇒ OK

Datei sichern unter
Name: ***Oval-Oval***

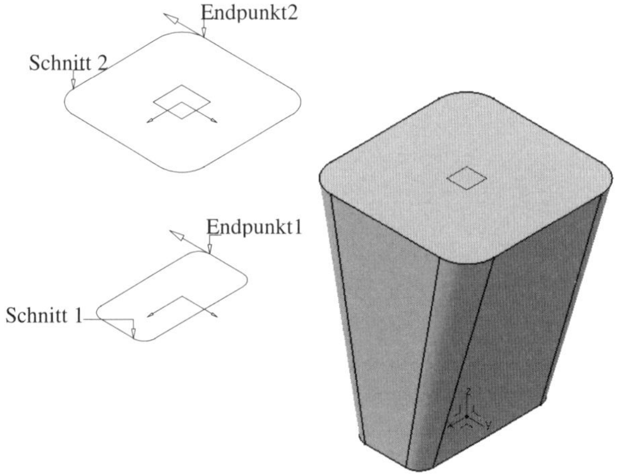

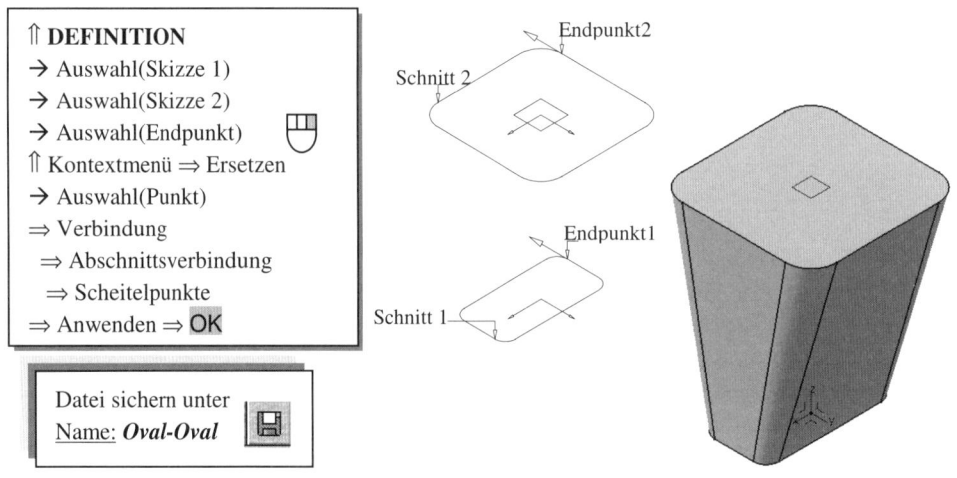

Abbildung 5-14: Übergang Oval-Oval

Die Datei sollte nun nochmals als Kopie unter dem Namen *Oval-Kreis* gespeichert werden, da darauf aufbauend ein weiteres Übergangsstück modelliert werden soll. Der Loftkörper und die 2. Querschnittsskizze sind in dieser Kopie zu löschen. Auf der noch vorhandenen Offset-Ebene wird stattdessen ein Kreis skizziert. Um irgend einen Verbund zwischen dem noch vorhandenen Oval und dem Kreis zu generieren, könnte auf zusätzliche Hilfspunkte und andere Steuerelemente verzichtet werden. Dann ergeben sich allerdings „wellige" Bauteiloberflächen. Im Beispiel sollen daher zugleich Techniken verdeutlicht werden, die der anforderungsgerechten Oberflächengenerierung bei Verbundkörpern dienen. Zielstellung für das Beispiel ist es, möglichst eine konvexe Regeloberfläche zu erhalten. Da die Querschnitte verschiedenartig sind und darüber hinaus aus einer unterschiedlichen Anzahl von Elementen bestehen, werden mehrere Hilfsgeraden benötigt. Dafür werden auf dem Kreis 8 Punkte erzeugt, ausgerichtet und bemaßt (Abbildung 5-15). Diese Punkte werden in nachfolgenden Schritten mit den entsprechenden Punkten des ersten Querschnittes durch Linien verbunden. Diese Linien dienen bei der Loft-Erzeugung als Führungslinien. Für den ersten Querschnitt brauchen keine Punkte erzeugt zu werden, da hier die Berührungspunkte der einzelnen Kurvenstücke der Skizze ausgewählt werden können.

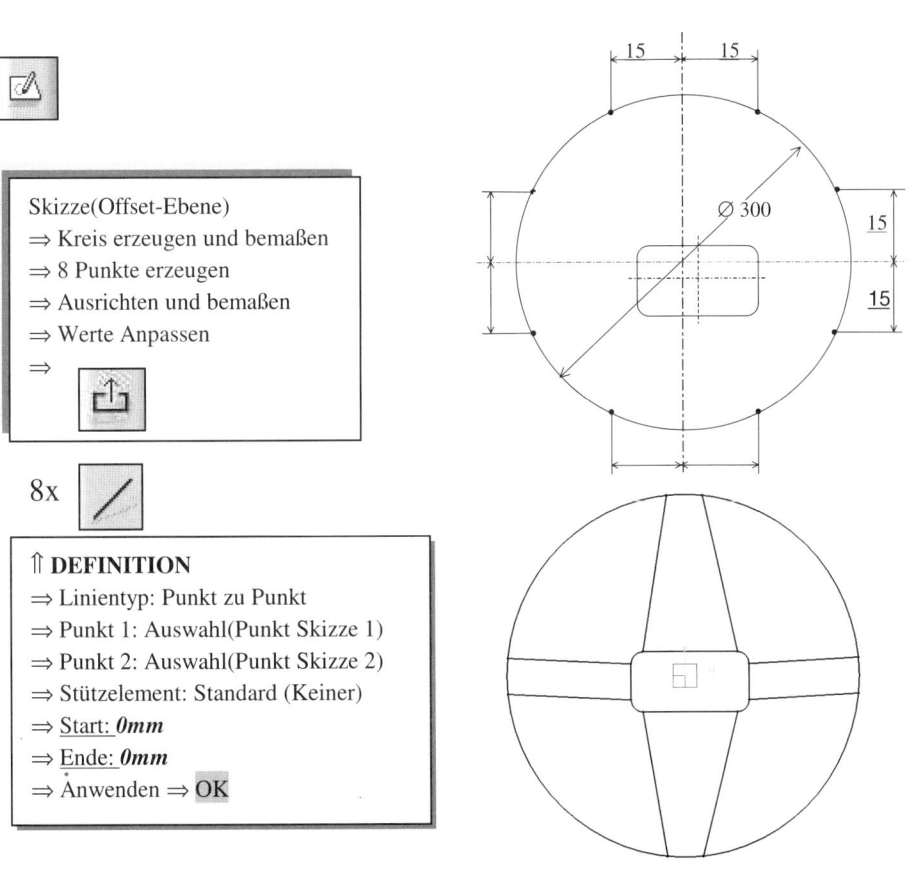

Skizze(Offset-Ebene)
⇒ Kreis erzeugen und bemaßen
⇒ 8 Punkte erzeugen
⇒ Ausrichten und bemaßen
⇒ Werte Anpassen
⇒ 

8x 

⇑ **DEFINITION**
⇒ Linientyp: Punkt zu Punkt
⇒ Punkt 1: Auswahl(Punkt Skizze 1)
⇒ Punkt 2: Auswahl(Punkt Skizze 2)
⇒ Stützelement: Standard (Keiner)
⇒ Start: ***0mm***
⇒ Ende: ***0mm***
⇒ Anwenden ⇒ OK

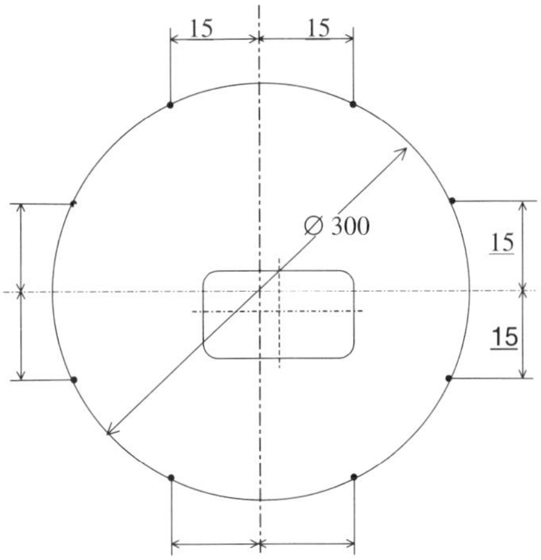

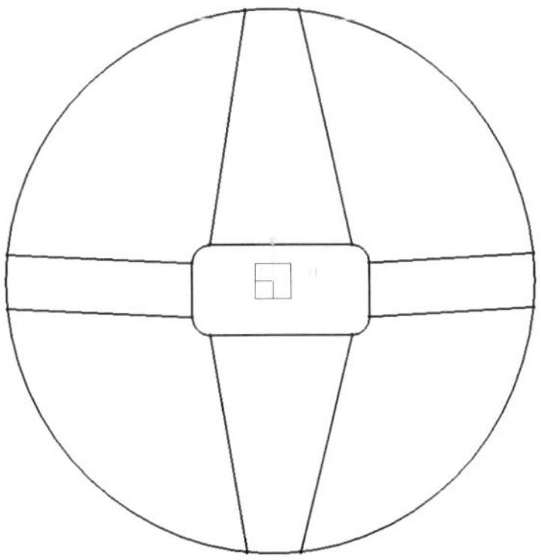

Abbildung 5-15: Loftvorbereitung

Der Aufruf der Loftfunktion und die Auswahl der Verbundquerschnitte erfolgt wie bereits beschrieben. Die beiden Startpunkte sollten sich an einundderselben Verbindungsgeraden befinden (Abbildung 5-16).

Die acht erzeugten Linien zwischen den Querschnitten werden als Führungselemente ausgewählt und gegebenenfalls unter dem Register „Verbindungen" die Abschnittverbindung auf „Faktor" eingestellt. Die erzeugten Führungslinien bestimmen letztendlich die Gestalt der erzeugten Regeloberfläche, da das System gezwungen wird, die zu erzeugende Mantelfläche über diese Linien zu legen. In einem weiteren Schritt wird der erzeugte Verbundkörper noch zu einem Schalenelement umgewandelt. Die gleichnamige Funktion verwendet die Oberflächen eines Körpers und dickt diese dann auf. Die Funktion erlaubt auch das Entfernen einzelner Teilflächen.

Bei dem erzeugten Verbundkörper sollen die beiden Bodenflächen entfernt und die verbleibende Mantelfläche um *1,5 mm* nach außen aufgedickt werden (Abbildung 5-16).

⇑ **DEFINITION**
→ Auswahl (Skizze 1)
→ Auswahl (Skizze 2)
→ Auswahl(Endpunkt)
⇑ Kontextmenü ⇒ Ersetzen
→ Auswahl (Punkt)
⇒ Führungselemente
→8x Auswahl (Linien)
⇒ Verbindung
⇒ Abschnittsverbindung
⇒ Faktor
⇒ Anwenden ⇒ OK

⇑ **DEFINITION**
⇒ <u>Standardstärke innen:</u> *0mm*
⇒ <u>Standardstärke außen:</u> 1,5*mm*
⇒ Zu entfernende Teilflächen
→ Auswahl(Deckfläche 1)
→ Auswahl(Deckfläche 2)
⇒ OK

Datei sichern unter
<u>Name:</u> ***Oval-Kreis***

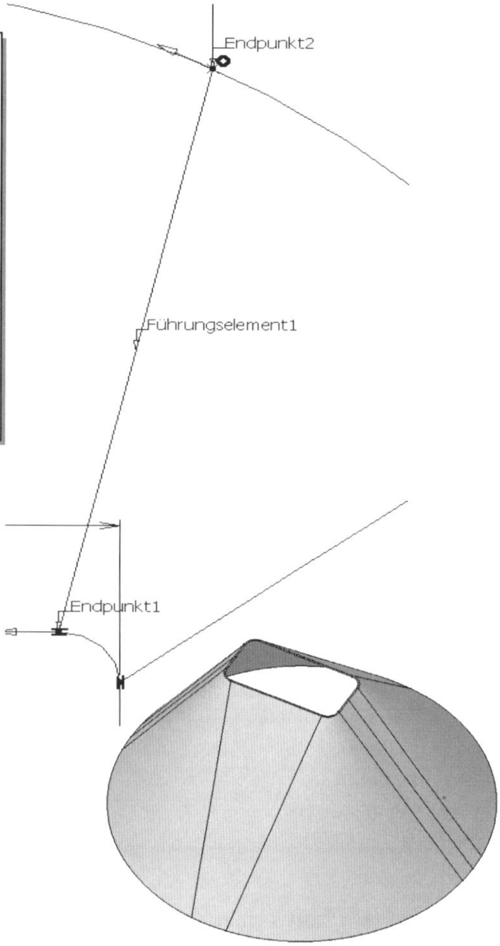

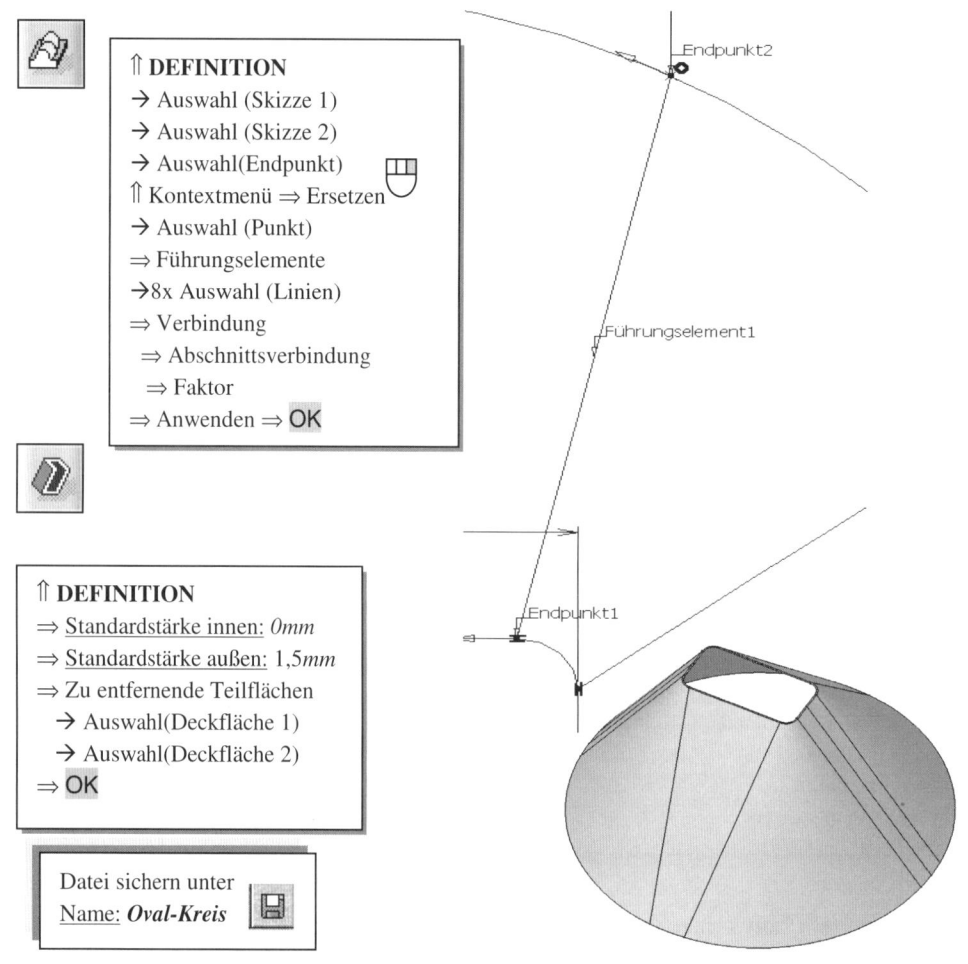

Abbildung 5-16: Verbundhohlkörper

Abschließend wird noch ein Übergangsstück zwischen zwei nicht parallelen Kreisen erzeugt. Dazu wird eine neue Datei geöffnet (Part). Die erste Skizze soll auf der xy-Ebene liegen, die zweite in einer neu zu definierenden Ebene. Dafür wird zunächst auf der xy-Ebene eine Gerade (*Linie.1*) erzeugt, die dann als Achse zur Definition der schräg liegenden Ebene dient. Da noch keine geeigneten Punkte vorhanden sind, werden diese während der Liniendefinition erzeugt.

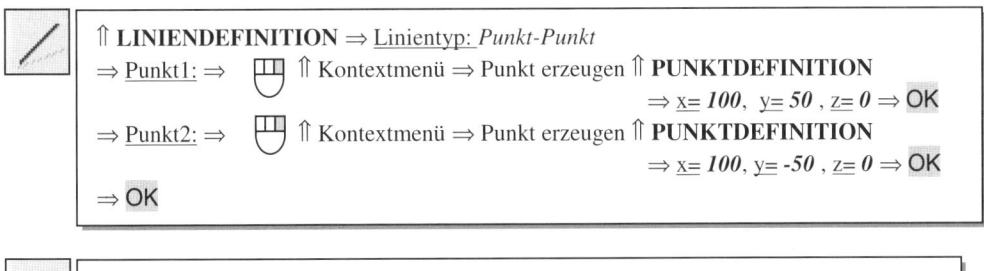

⇑ **LINIENDEFINITION** ⇒ Linientyp: *Punkt-Punkt*
⇒ Punkt1: ⇒ ⇑ Kontextmenü ⇒ Punkt erzeugen ⇑ **PUNKTDEFINITION**
⇒ x= ***100***, y= ***50*** , z= ***0*** ⇒ OK
⇒ Punkt2: ⇒ ⇑ Kontextmenü ⇒ Punkt erzeugen ⇑ **PUNKTDEFINITION**
⇒ x= ***100***, y= ***-50*** , z= ***0*** ⇒ OK
⇒ OK

⇑ **EBENENDEFINITION** ⇒ Ebenentyp: *Winkel/rechtwinklig zur Ebene*
⇒ Rotationsachse: Auswahl(Linie) ⇒ Referenz: Auswahl(xy-Ebene)
⇒ Winkel: ***135°*** ⇒ Anwenden ⇒ OK

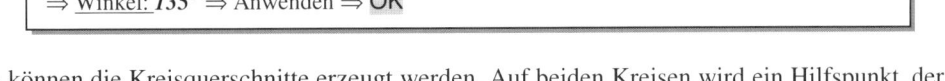

Nun können die Kreisquerschnitte erzeugt werden. Auf beiden Kreisen wird ein Hilfspunkt, der als Start-/Endpunkt der Flächengenerierung dienen wird, gesetzt und ausgerichtet.

Skizze(xy-Ebene)
⇒ Kreis erzeugen und bemaßen
⇒ Punkt erzeugen und ausrichten
⇒

Skizze(Ebene.1)
⇒ Kreis erzeugen und bemaßen
⇒ Punkt erzeugen und ausrichten
⇒

⇑ **DEFINITION**⇒ Linientyp: *Punkt-Punkt*
⇒ Punkt1: Auswahl(Punkt auf Skizze1)
⇒ Punkt2: Auswahl(Punkt auf Skizze2)
⇒ OK

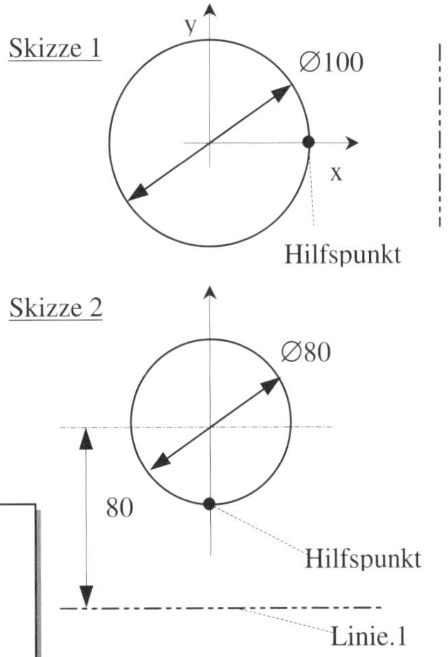

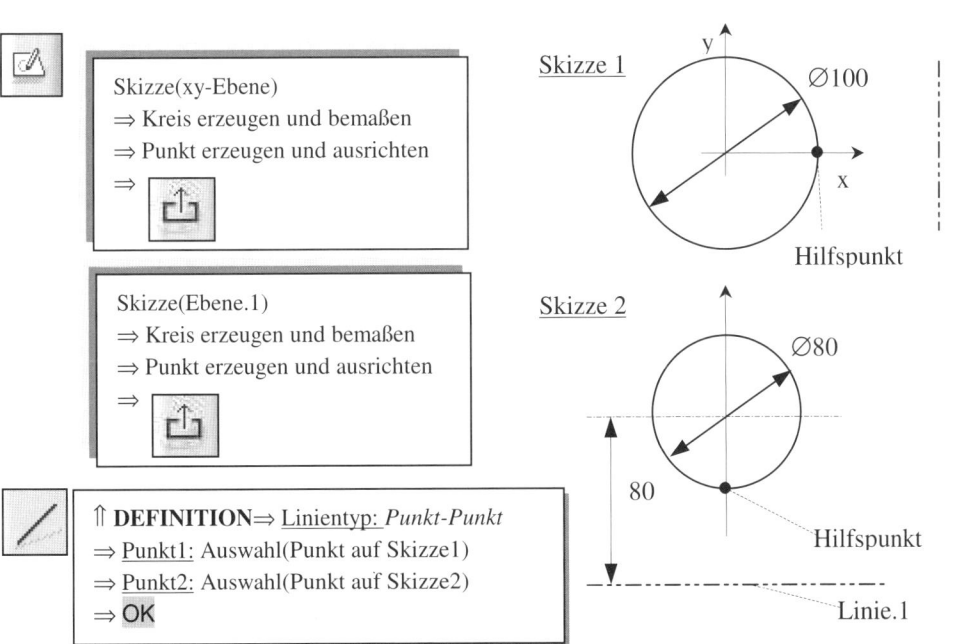

Abbildung 5-17: Bezugselemente für Kreisübergang

Da dem System auch mitgeteilt werden muss, wie der Übergang zu gestalten ist, wird noch eine Leitkurve benötigt. Im gewählten Beispiel ist dies eine Gerade (*Linie.2*). Sie kann mit Hilfe der beiden Hilfspunkte, die auf den Kreisen liegen, definiert werden. Dies ist sowohl vor dem Aufruf des Loftgenerators möglich als auch über das Kontextmenü während des Definitionsdialogs. Im Beispiel werden alle notwendigen Bezugselemente vorher definiert (Abbildung 5-17). Die weiteren Schritte sind in Abbildung 5-18 zusammengefasst.

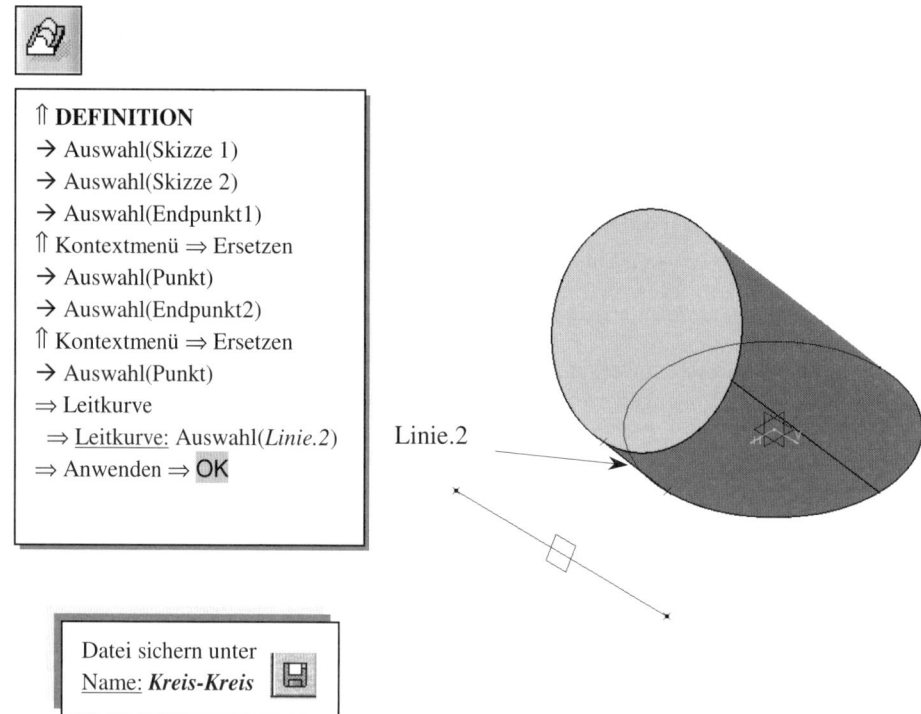

⇑ **DEFINITION**
→ Auswahl(Skizze 1)
→ Auswahl(Skizze 2)
→ Auswahl(Endpunkt1)
⇑ Kontextmenü ⇒ Ersetzen
→ Auswahl(Punkt)
→ Auswahl(Endpunkt2)
⇑ Kontextmenü ⇒ Ersetzen
→ Auswahl(Punkt)
⇒ Leitkurve
⇒ Leitkurve: Auswahl(*Linie.2*)
⇒ Anwenden ⇒ OK

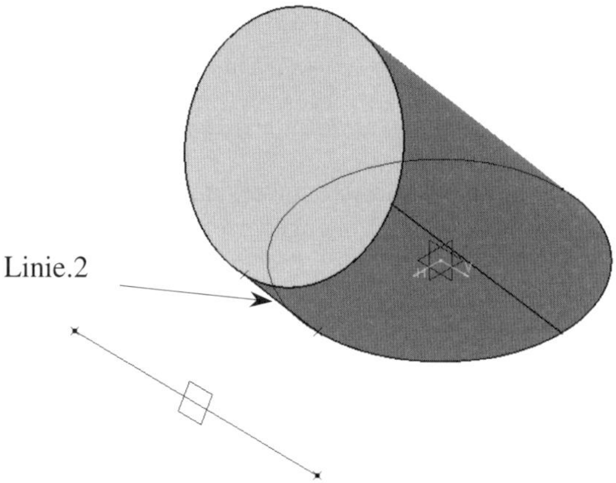

Datei sichern unter
Name: ***Kreis-Kreis***

Abbildung 5-18: Schiefer Kreisübergang

5.4.2 Krümmer

Krümmer mit einem konstanten Querschnitt werden als Rotationsteile generiert. Ein einfacher Verbundkrümmer kann bereits über die Auswahl bzw. das Weglassen entsprechender Optionen aus dem schrägen Kreis-Kreis-Übergang abgeleitet werden. Abbildung 5-19 zeigt einen Übergangskrümmer, der aus den gleichen Elementen wie der schiefe Kreisübergang (Abbildung 5-18) erzeugt wurde. Lediglich die Auswahl einer Leitkurve wurde im Definitionsdialog wieder entfernt. Zusätzlich wurde daraus ein Hohlkörper erzeugt.

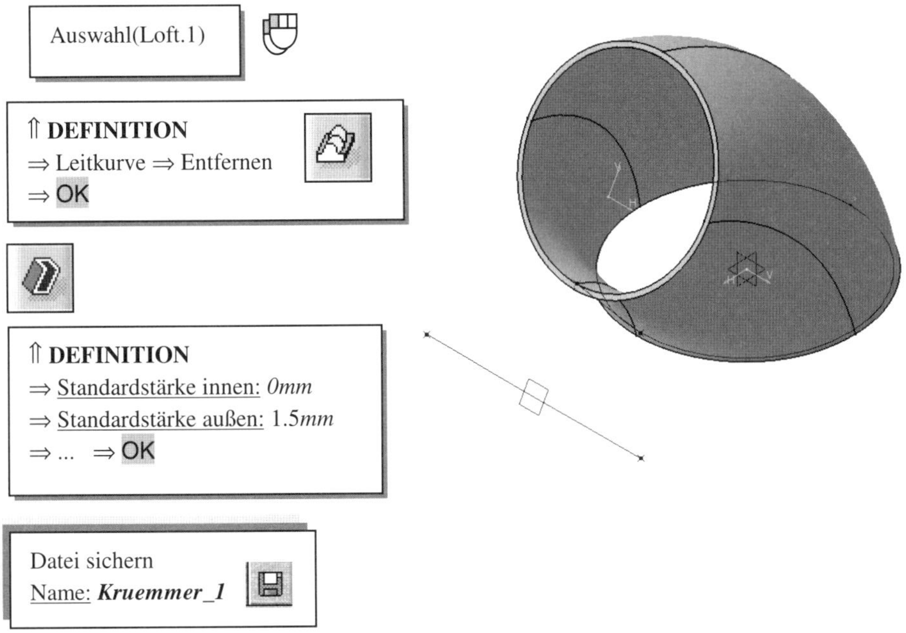

Abbildung 5-19: Übergangskrümmer

In der folgenden Übung soll ein Krümmer aus drei Querschnitten erzeugt werden (Abbildung 5-20). Der Krümmer dient der Verbindung zweier Rohre mit den Innendurchmessern 30 mm und 20 mm, über einen Winkel von 90°. Im mittleren Krümmerbereich soll der um 5 mm seitlich versetzte Querschnitt ebenfalls einen Durchmesser von 20 mm haben.

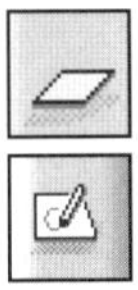

Alle drei Ebenen, auf denen die Querschnitte liegen, haben eine gemeinsame Achse. Die Abstände der Kreismittelpunkte zur dieser Achse sind Abbildung 5-20 zu entnehmen.

In die Querschnittsskizzen sind zusätzlich wieder Punkte einzufügen, die dann als Start/Endpunkte genutzt werden.

Zur Lösung dieser Aufgabe gibt es mehrere Möglichkeiten, die in dieser Übung selbstständig erarbeitet werden sollen. In der Abbildung wird daher davon ausgegangen, dass die Querschnittsskizzen bereits auf geeigneten Ebenen erzeugt wurden.

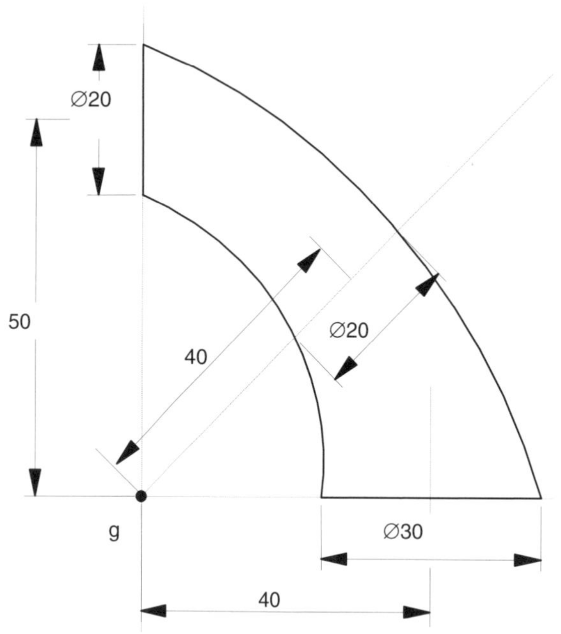

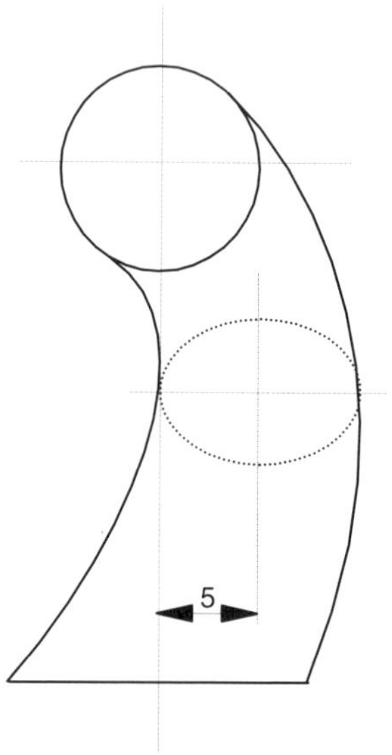

⇑ **DEFINITION**
⇒.....⇒ OK

⇑ **DEFINITION**
⇒ Standardstärke innen: *0mm*
⇒ Standardstärke außen: *2mm*
⇒ ...
⇒ OK

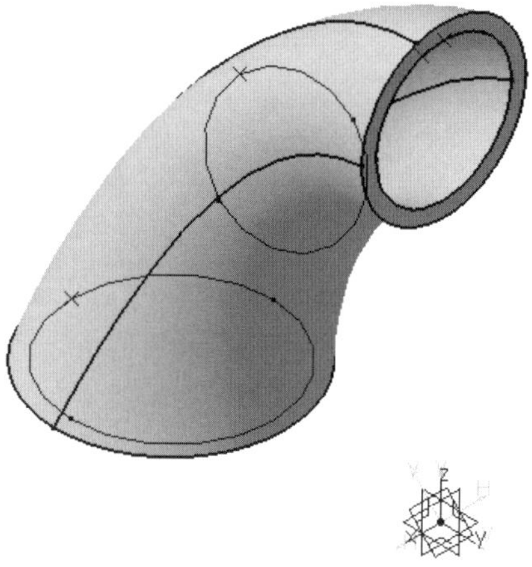

Datei sichern
Name: ***Kruemmer_2***

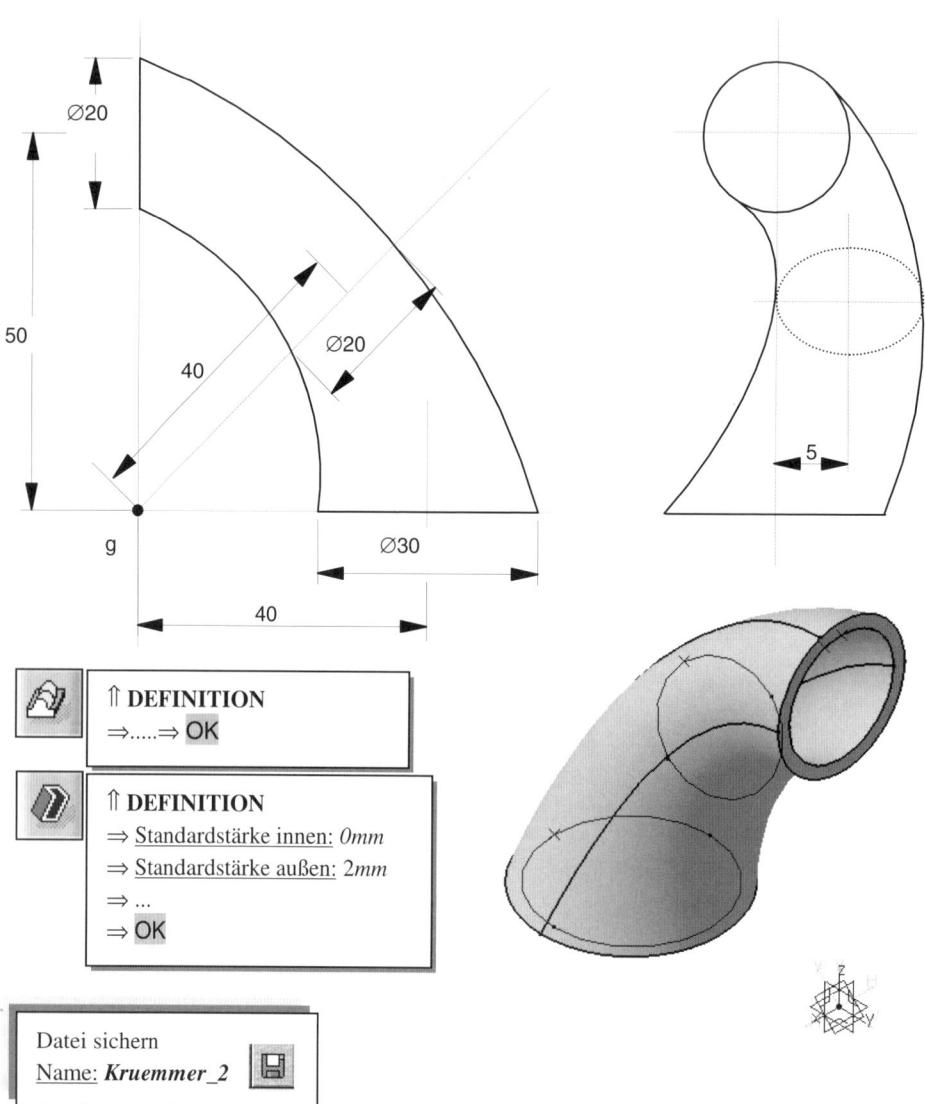

Abbildung 5-20: Verbundkrümmer

5.5 Konstruktionsfeature

In CATIA V5 sind, wie auch in anderen leistungsfähigen CAD-Systemen, häufig benötigte geometrische Details und Operationen in sogenannten Features zusammengefasst. Es stehen unter anderem Bohrungen, Nuten, Rundungen und Fasen zur Verfügung. Der Modellbearbeitung dienen ebenso die bereits genutzten Materialschnitte.

Im Folgenden sollen die bereits erstellten Einzelteile weiter bearbeitet werden. Hier sollte man allerdings nicht übertreiben, denn auch bei der Nutzung von 3D-Systemen wird es ausreichend sein, z. B. die Bearbeitung von Werkstückkanten erst durch entsprechende Symbolik beispielsweise nach DIN 6784, bei der Zeichnungserstellung festzulegen.

5.5.1 Fasen und Rundungen

Fasen und Kantenverrundungen gehören zu den Standardfunktionen jedes CAD-Systems. An den ausgewählten Kanten fügt das System selbständig die notwendigen Generierungs- und Trimmaktionen durch.

Für die Backe sind Fasen (45°x0.5) zu erzeugen, damit das Einpassen des Stiftes unterstützt wird. Durch die gewählte Größe der Fasen ist gesichert, dass auch ein Bolzen mit Kopf nach DIN EN 22341 nicht unmittelbar auf scharfe Kanten stößt.

Teil aufrufen
Name: ***Backe***

⇑ **DEFINITION**
⇒ Modus: *Länge1/Winkel*
⇒ Länge1: *0.5mm*
⇒ Winkel: *45deg*
⇒ Objekte (→Auswahl(Kanten))
⇒ Fortführung: *Tangentenstetigkeit*
⇒ Vorschau ⇒ OK

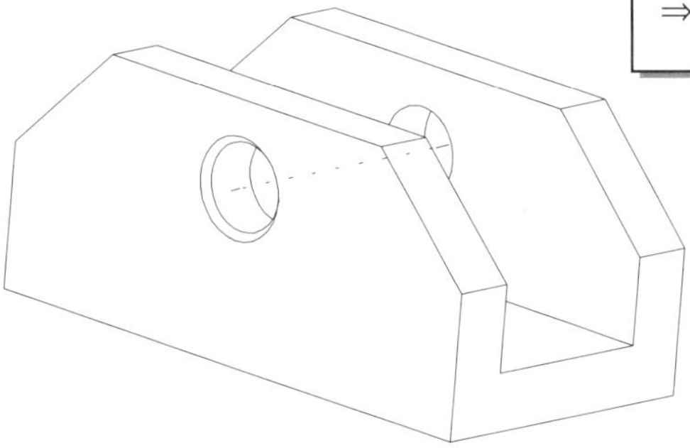

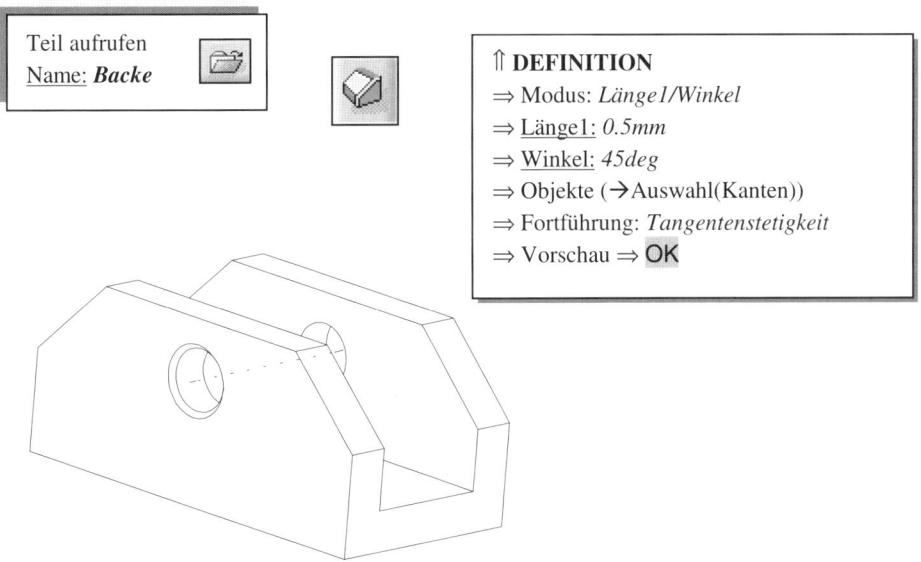

Abbildung 5-21: Fasen der Backe

Nach dem die geometrischen Parameter der Fase festgelegt sind, können die beiden außen liegenden Kanten der Durchgangsbohrung nacheinander mit der Maus ausgewählt werden. Wenn es notwendig ist, kann das Teil auch zwischendurch gedreht und verschoben werden. Dies ist nicht erforderlich, wenn vorher die Standardprojektion in einer Drahtmodelldarstellung gewählt wurde. Hierbei kann es auch hilfreich sein, die bildliche Darstellung durch Ausblenden der Bezugselemente zu vereinfachen. Die beiden innenliegenden Kanten werden nicht mit der Fase versehen, da sie in der Fertigung nur mit größerem Aufwand bearbeitet werden könnten.

Am Bauteil *Finger* sind in gleicher Weise die in den Abbildungen dargestellten drei Fasen anzubringen. Nachdem deren Erzeugung erfolgreich beendet wurde, sind in ähnlicher Weise die vier Verrundungen (Option *Kantenverrundung*) durchzuführen. Alle Rundungsradien wurden gleich gewählt, um den Zuschnitt in der Fertigung zu vereinfachen.

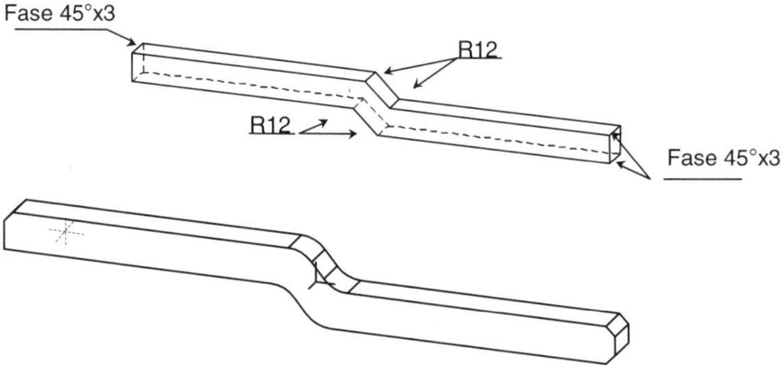

Abbildung 5-22: Fasen und Rundungen

Da der *Finger* gerade in Bearbeitung ist, soll noch am doppelt gefasten Ende ein Materialschnitt erfolgen. Die Verwendung dieses Konstruktionselementes „Nut" wurde bereits in Abschnitt 5.2 für das Bauteil *Backe* erläutert. Analog dazu ist die Nut im *Finger* zu erzeugen.

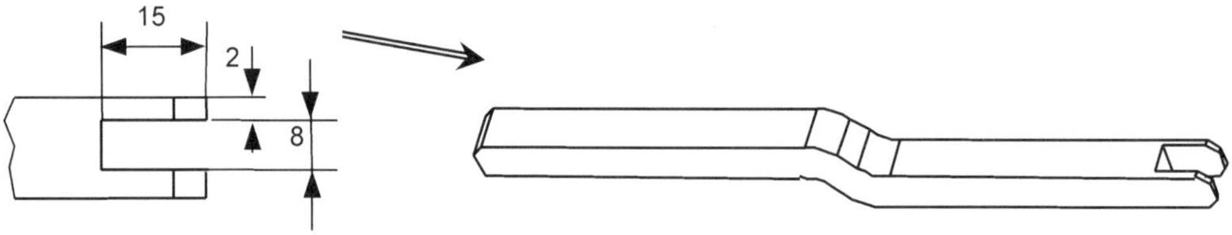

Abbildung 5-23: Bauteilnut

5.5.2 Bohrungen und Gewinde

Das Feature Bohrung lässt eine Vielzahl von verschiedenen Bohrungstypen zu. Die Ausdehnung bestimmt die Tiefe der Bohrung (Sackloch oder Durchgangsbohrung) und der Typ die geometrische Form (zylindrisch, konisch, usw.). Außerdem bietet dieser Dialog zusätzlich die Möglichkeit, ein Gewinde zu definieren. Die Lage der Bohrung wird über eine Positionierungsskizze bestimmt.

Das Bauteil *Finger* ist mit drei Bohrungen zu versehen, deren Maße und Positionen der Abbildung 5-24 zu entnehmen sind. Eine der Bohrungen ∅6 ist *koaxial* mit der z-Achse auszurichten. Als Platzierungsebene ist die seitliche Bauteilfläche zu wählen. Der Mausklick bei der Auswahl dieser Fläche legt gleichzeitig grob die Position der Bohrung fest. Das gilt auch für die beiden anderen Bohrungen, die dann durch Abstände von den Außenkanten exakt positioniert werden. Durch die Ausdehnung *Bis zur letzten* wird gesichert, dass in jedem Fall die gewünschten Durchgangsbohrungen entstehen.

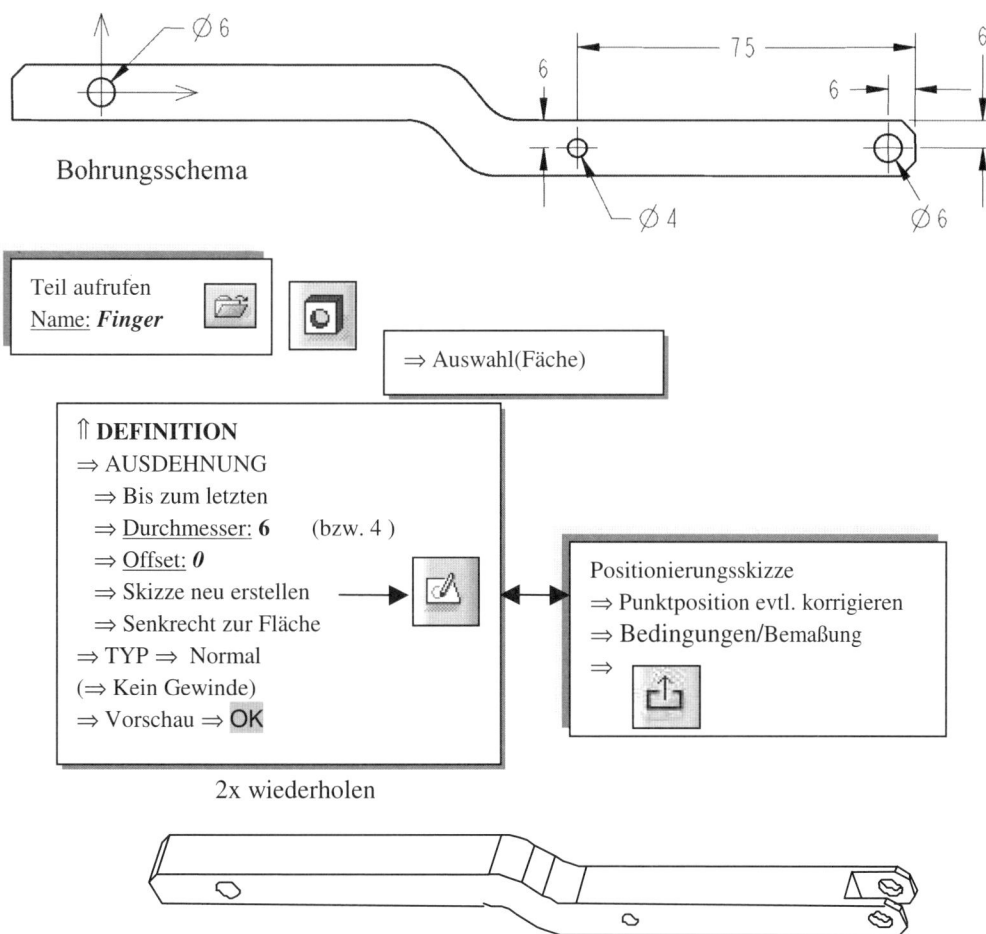

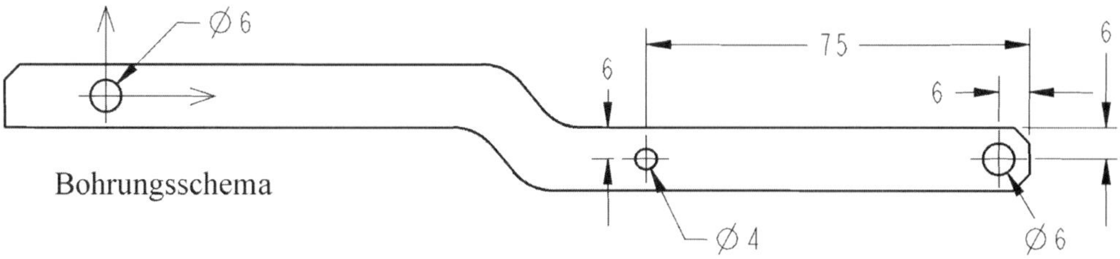

Teil aufrufen
Name: ***Finger***

⇒ Auswahl(Fäche)

⇑ **DEFINITION**
⇒ AUSDEHNUNG
⇒ Bis zum letzten
⇒ Durchmesser: **6** (bzw. 4)
⇒ Offset: ***0***
⇒ Skizze neu erstellen
⇒ Senkrecht zur Fläche
⇒ TYP ⇒ Normal
(⇒ Kein Gewinde)
⇒ Vorschau ⇒ OK

Positionierungsskizze
⇒ Punktposition evtl. korrigieren
⇒ Bedingungen/Bemaßung
⇒

2x wiederholen

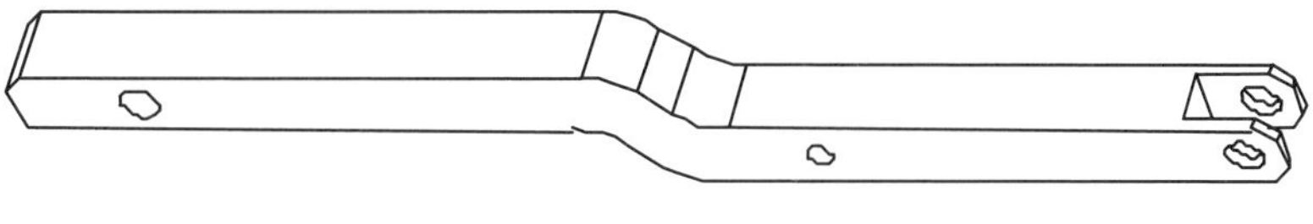

Abbildung 5-24: Durchgangsbohrungen

Nachfolgend werden Hinweise gegeben, wie verschiedene Bohrungstypen erstellt werden können. Dazu wird das Bauteil *Flansch* verwendet. Am Flanschrand ist ein Sackloch mit einer Senkung anzubringen. Im Dialogfenster zur Bohrungsdefinition können nun als Bohrungstyp die planeingesenkte Bohrung ausgewählt und die entsprechenden Parameter festgelegt werden (Abbildung 5-25). Die Bohrung soll mittig auf der Mantelfläche liegen und auf die Achse ausgerichtet sein.

Teil aufrufen
Name: ***Flansch***

⇒ Auswahl (Mantelfläche)

⇑ **DEFINITION**
⇒ AUSDEHNUNG
⇒ Sackloch
⇒ Durchmesser: ***6***
⇒ Tiefe: ***20***
⇒ Skizze neu erstellen
⇒ Senkrecht zur Fläche
⇒ Boden ⇒ spitz
⇒ Winkel: ***120***
⇒ TYP
⇒ Planeingesenkt
⇒ Durchmesser: ***9***
⇒ Tiefe: ***6***
⇒ Bezugspunkt außen
(⇒ Kein Gewinde)
⇒ Vorschau ⇒ OK

Positionierungsskizze
⇒ Mittelpunkt platzieren
⇒ Bedingungen/Bemaßung
⇒

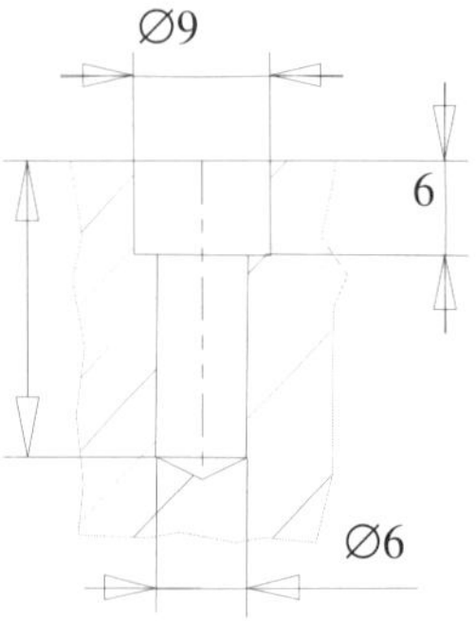

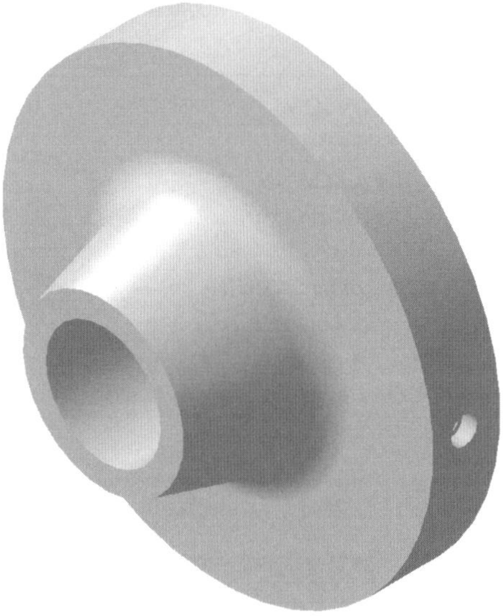

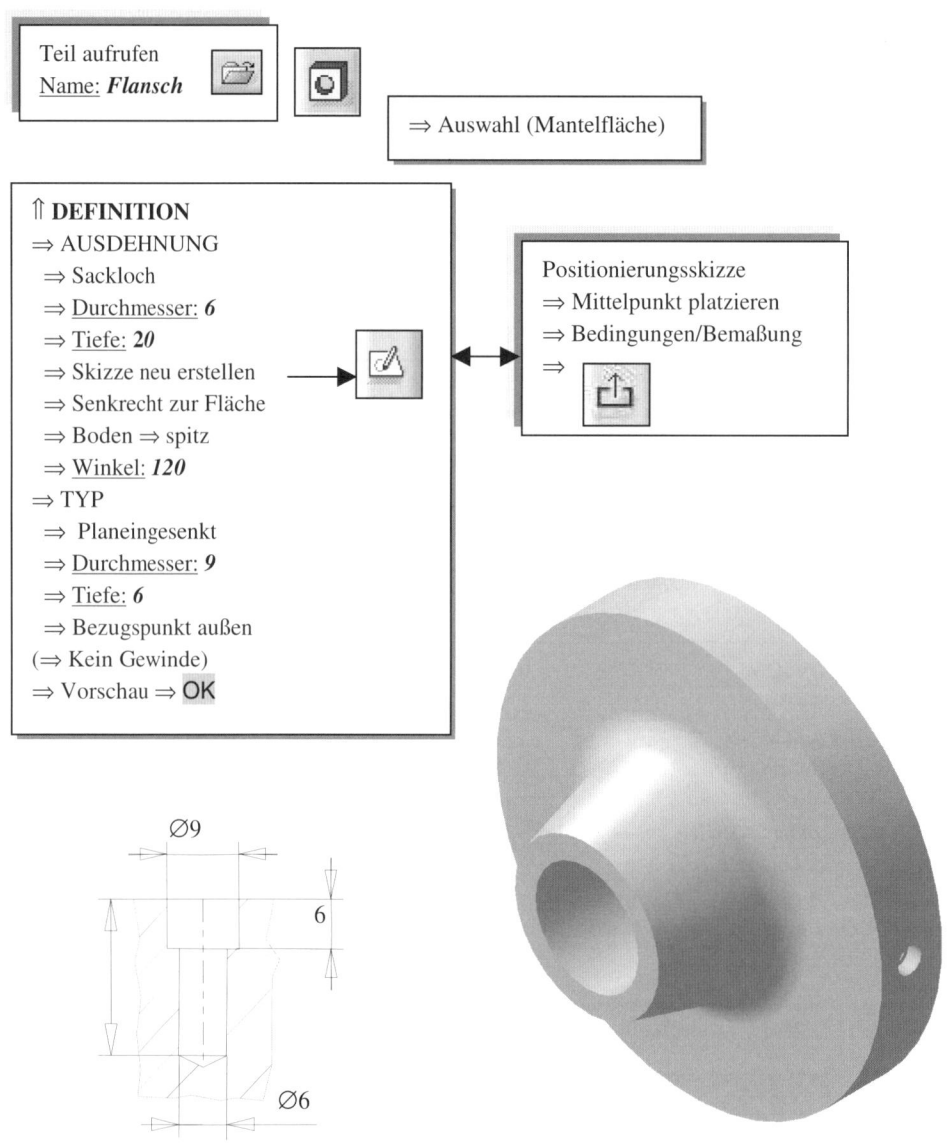

Abbildung 5-25: Gestufte Bohrung

Nun soll noch ein Gewinde erzeugt werden. Dies hätte auch in den gerade beendeten Dialog integriert werden können. Ein Doppelklick auf die Bohrung öffnet wieder das Definitionsfenster. Um eine Gewindebohrung zu generieren, ist unter dem Punkt „Gewindedefinition“ das Kontrollkästchen „Gewinde“ zu aktivieren. Hinter der Option „Standardgewinde“ verbirgt sich ein metrisches Gewinde. Dafür stehen unter dem Parameter „Gewindedurchmesser“ alle genormten metrischen Gewindegrößen von M1 bis M90 zur Auswahl. Die Wahl der Gewindegröße ist direkt mit dem benötigten Bohrungsdurchmesser gekoppelt, so dass automatisch der Bohrungsdurchmesser angepasst wird. Nach Eingabe der Gewindetiefe, der Steigung und dem Drehsinn kann der Bohrungsdialog bestätigt werden.

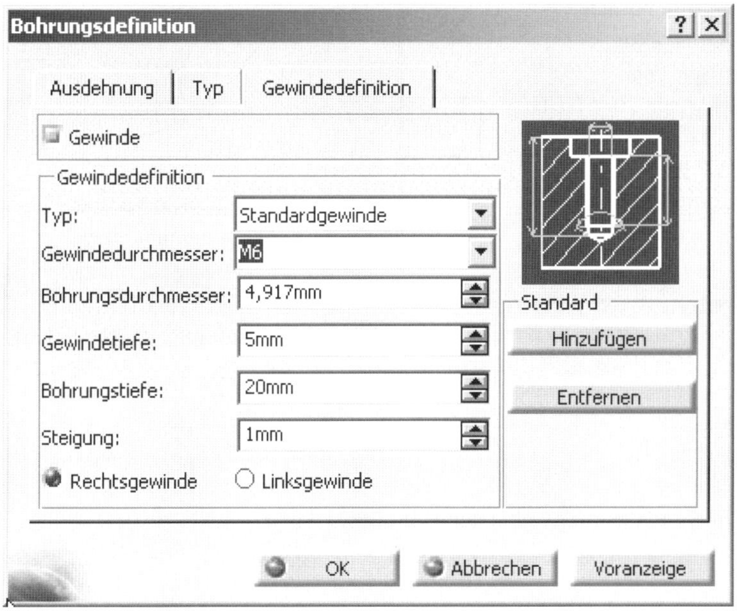

Abbildung 5-26: Gewindedefinition

Man wird feststellen, dass sich die Geometrie für ein Gewinde nicht von der einer entsprechenden Bohrung unterscheidet. Allein die Symbolik für die Bohrung im Modellbaum lässt erkennen, dass ein Gewinde erzeugt worden ist. Solche Konstruktionselemente werden häufig als „kosmetisch“ bezeichnet, da sie keine Auswirkungen auf die Geometrie haben, sondern nur auf die Semantik entsprechender Elemente, die z. B. bei der Zeichnungsableitung vom System ausgewertet werden kann.

Abschließend soll noch eine Bohrung im Bauteil Deckel erzeugt werden, die dann Grundlage für ein Bohrungsmuster sein wird. Wir werden diese Bohrung radial, d. h. durch Winkel und Lochkreisdurchmesser festlegen. Der Winkel wird bezogen auf die horizontale Achse bemaßt.

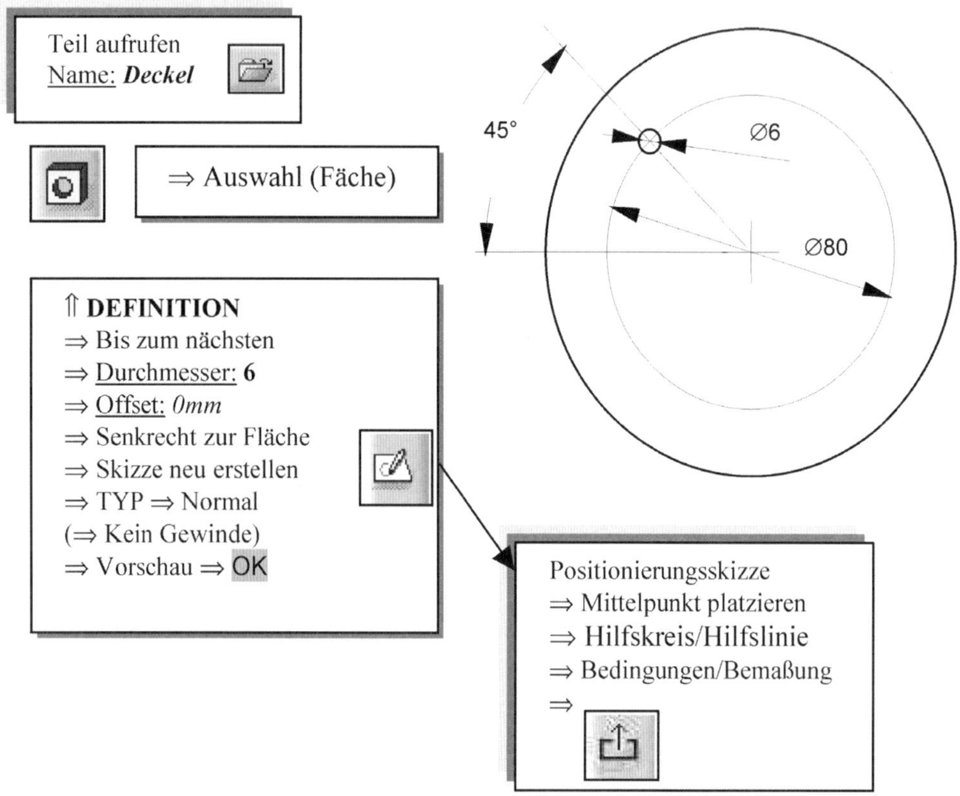

Abbildung 5-27: Platzierung der ersten Bohrung

Im Skizziermodus werden zur Positionierung einer Bohrung sämtliche Geometrieelemente als Bezugselemente generiert (gestrichelte Darstellung).

5.5.3 Mustererzeugung

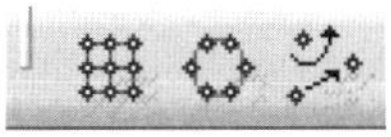

Im Folgenden wird die bisherige Grobgestalt des Ausgangsteiles für die Gehäusedeckel weiter verfeinert. Die nachfolgend beschriebene Vorgehensweise zur Erzeugung eines Musters ist nicht an das Konstruktionselement *Bohrung* gebunden. Jedes in der Teilestruktur (Modellbaum) bereits vorhandene Element kann gemustert werden. Dies kann über ein Rechteck-, Kreis- oder auch benutzerdefiniertes Muster geschehen. Einfache Muster können bereits durch Kopieren und Spiegeln erzeugt werden.

Für das zu realisierende radiale Bohrungsmuster wird die Positionierung der Bohrungen über Polarkoordinaten gesteuert. Da alle Bohrungen auf dem gleichen Lochkreisdurchmesser liegen, ist nur die Winkeleingabe erforderlich.

⇓ Einfügen
⇒ Umwandlungskomponenten
⇒ Kreismuster

⇑ **DEFINITION**
⇒ Parameter: *Exemplare und Winkel*
⇒ Exemplare: ***4***
⇒ Winkelabstand: ***90***
⇒ Referenzelement (Skizzenebene)
⇒ Objekt (Bohrung)
⇒ Vorschau ⇒ OK

Datei sichern
Name: ***Deckel_1***

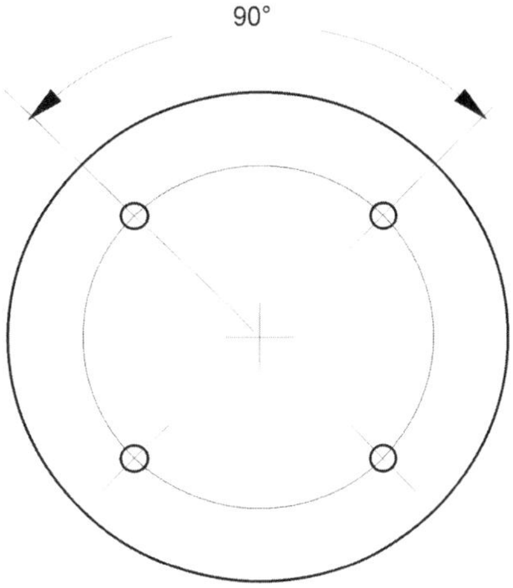

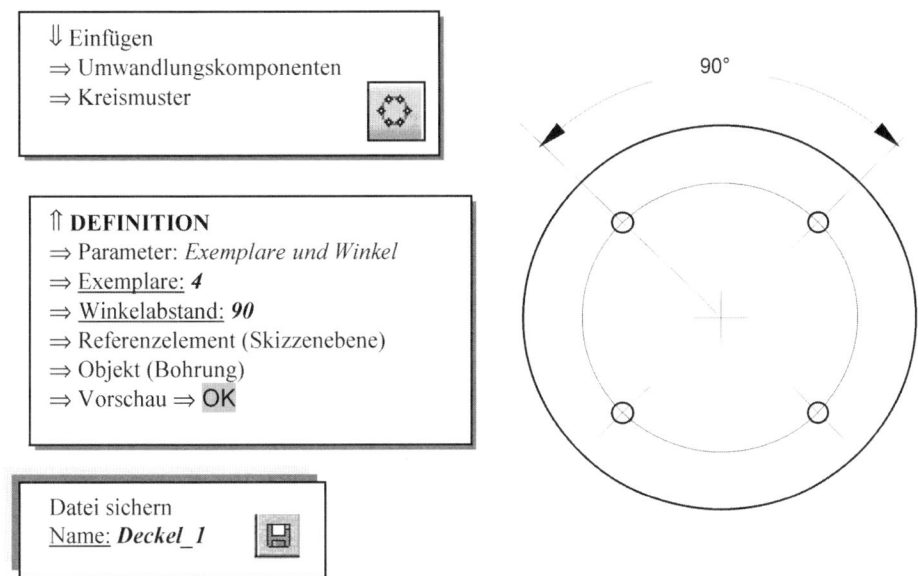

Abbildung 5-28: Bohrungsmuster

Nachdem das Bohrungsmuster erfolgreich in den Deckel eingebracht wurde, ist das Teil zu speichern.

Zur Erzeugung des hinteren Deckels kann der bereits erzeugte (vordere) Deckel verwendet werden. Er ist als unabhängige Kopie unter dem Namen *Deckel_2* zu sichern. Dieser Deckel besitzt zur Montage statt der radialen Bohrungen entsprechende Gewinde M6, um den Mantel zwischen den beiden Deckeln mit 4 Innensechskant-Schrauben zu verspannen.

Der einfachste Weg ist, das bereits vorhandene radiale Bohrmuster weiter zu verwenden und nur die generische Bohrung zu einem Gewinde M6 umzudefinieren.

Nachfolgend soll noch die benutzerdefinierte Mustererzeugung erläutert werden. Dazu wird der Deckel mit der Option *Als neues Dokument sichern* abgespeichert (Name: ***Deckel_A***.). Das bereits vorhandene Bohrungsmuster wird wieder entfernt.

Die benutzerdefinierte Mustererzeugung basiert auf der Angabe bereits vordefinierter Positionen und dem zu musternden Element. Zunächst wird daher der Skizzierer aufgerufen, um die gewünschten Punkte wie in Abbildung 5-29 über Hilfspunkte festzulegen. Als Skizzierebene dient die Ebene, die auch zur Erzeugung der Bohrungen genutzt wurde. Nach Verlassen des Skizzierers wird das benutzerdefinierte Muster erzeugt, indem die Positionierungspunkte und die Bohrung als Objekt ausgewählt werden.

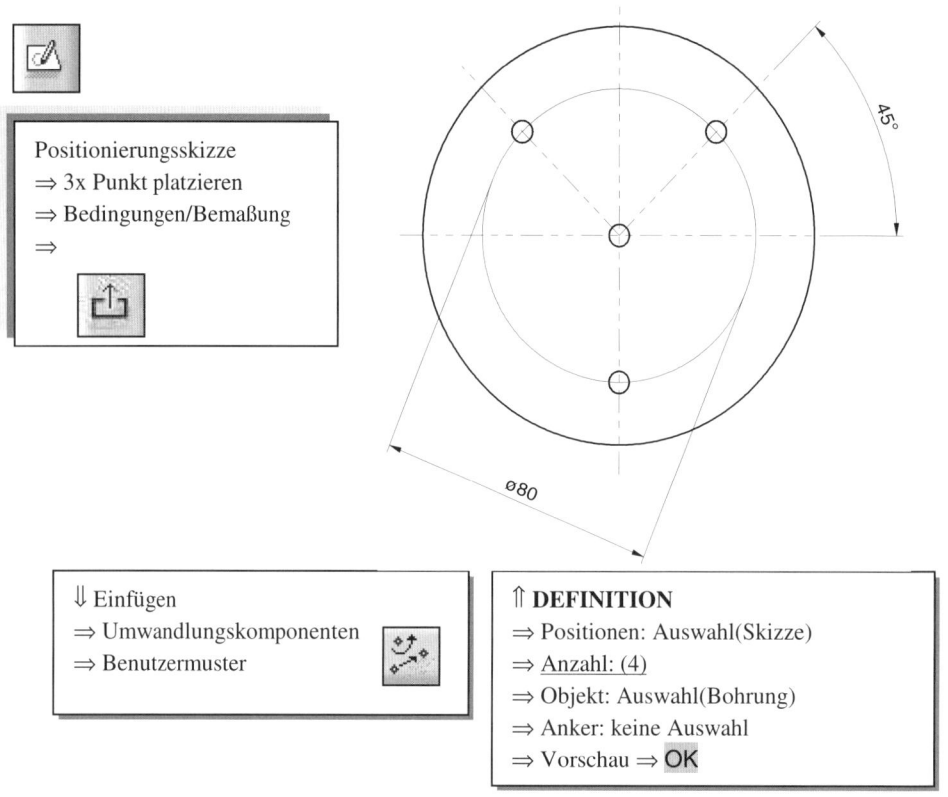

Positionierungsskizze
⇒ 3x Punkt platzieren
⇒ Bedingungen/Bemaßung
⇒

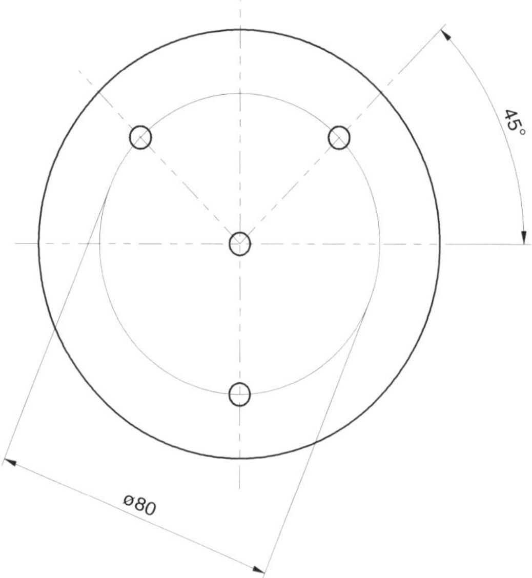

⇓ Einfügen
⇒ Umwandlungskomponenten
⇒ Benutzermuster

⇑ **DEFINITION**
⇒ Positionen: Auswahl(Skizze)
⇒ Anzahl: (4)
⇒ Objekt: Auswahl(Bohrung)
⇒ Anker: keine Auswahl
⇒ Vorschau ⇒ OK

Abbildung 5-29: Benutzerdefiniertes Bohrungsmuster

5.5.4 Fertigungsbedingte Anpassungen

Vor allem aus fertigungstechnischer Sicht ergeben sich häufig noch besondere Anforderungen, die der Konstrukteur bei der Modellierung beachten muss.

Für den Flansch soll im Bereich der Dichtfläche noch eine Materialzugabe für die Fertigung (Drehbearbeitung) angebracht werden. Ebenso wird der Flanschtellerrand mit einer Einformschräge versehen, da es sich hierbei um ein Gussteil handelt. Die Materialzugabe kann für dieses Beispiel über zwei verschiedene Optionen realisiert werden. Die Auswirkungen der Optionen kann jeder durch selbstständiges Probieren mit anderen Flächen testen.

Die Option *Aufmaß* nutzt gestaltbestimmende Parameter der gewählten Flächen. Die Option *Aufmassfläche* erzeugt einen Flächenversatz in Normalenrichtung. In Abbildung 5-30 wurde diese Möglichkeit umgesetzt.

Im gewählten Beispiel liefert jedoch der folgende Dialog das gleiche Ergebnis:

⇓ *Einfügen ⇒ Aufbereitungskomponenten ⇒ Aufmaß*

⇑ ***DEFINITION*** *⇒ Standardaufmaß:* ***4*** *⇒ Teilflächen ⇒ Auswahl(Fläche) ⇒* OK

Bei der Auszugsschräge wird im Beispiel Material hinzugefügt.

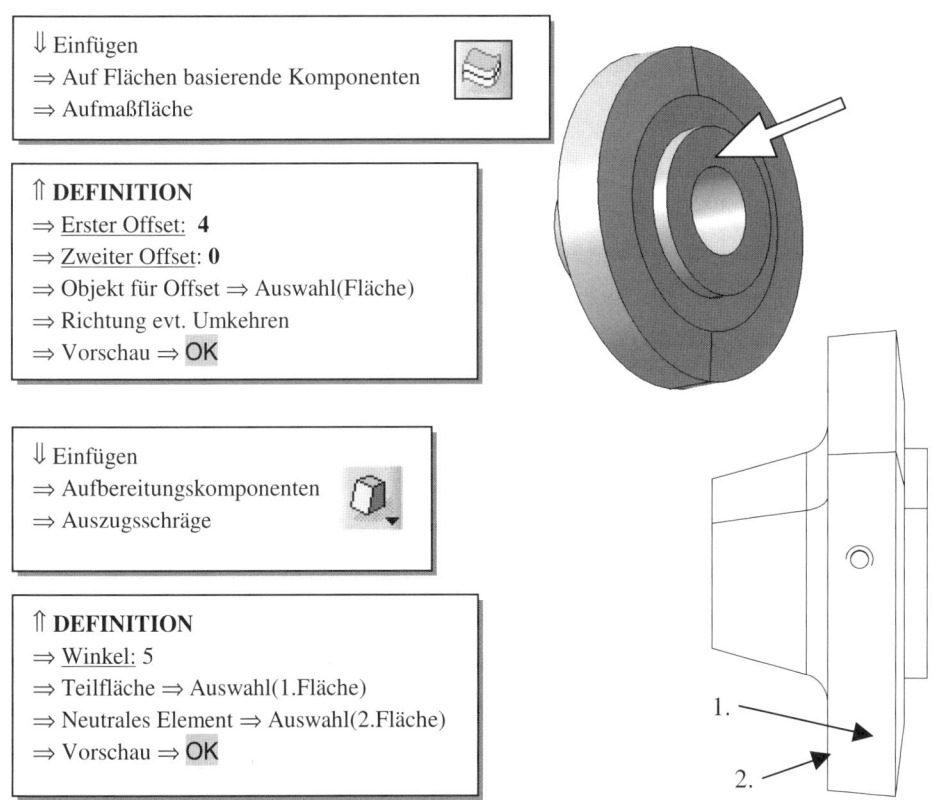

⇓ Einfügen
⇒ Auf Flächen basierende Komponenten
⇒ Aufmaßfläche

⇑ **DEFINITION**
⇒ Erster Offset: **4**
⇒ Zweiter Offset: **0**
⇒ Objekt für Offset ⇒ Auswahl(Fläche)
⇒ Richtung evt. Umkehren
⇒ Vorschau ⇒ OK

⇓ Einfügen
⇒ Aufbereitungskomponenten
⇒ Auszugsschräge

⇑ **DEFINITION**
⇒ Winkel: 5
⇒ Teilfläche ⇒ Auswahl(1.Fläche)
⇒ Neutrales Element ⇒ Auswahl(2.Fläche)
⇒ Vorschau ⇒ OK

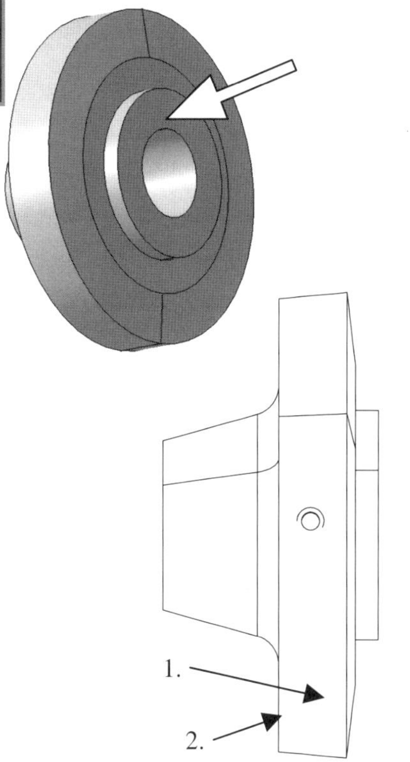

Abbildung 5-30: Flanschbearbeitung

5.6 Modellanpassungen

Bei Konstruktionsänderungen und Anpassungen werden Vorteile parametrischer CAD-Systeme deutlich. Es ist sicher auch nicht davon auszugehen, dass bei der Modellierung keine Fehler gemacht werden, so dass die Möglichkeiten zur Bauteilmanipulierung von allgemeinem Interesse sind. Dabei geht es sowohl um geometrische als auch um topologische bzw. semantische Anpassungen.

Die Modellregenerierung, bei der das System jeden von der Änderung betroffenen Bearbeitungsschritt wiederholt, kann allerdings auch fehlschlagen. Dies ist in der Regel dann der Fall, wenn bei einer Änderung in der Konstruktionskette eine Referenz für einen nachfolgenden Konstruktionsschritt verlorengeht bzw. nicht mehr aufgelöst werden kann oder die Geometrie nicht mehr sinnvoll generierbar ist. Leistungsfähige Systeme bieten dem Benutzer in einem solchen Fall an, eine alternative Referenz zu wählen bzw. die Geometrie zu korrigieren.

In CATIA V5 lassen sich einfache Änderungen durch einen Doppelklick auf das entsprechende Konstruktionselement durchführen. Die entsprechenden Dialoge, Masken oder Skizzen werden geöffnet, so dass die notwendigen Anpassungen vorgenommen werden können. Ein Bearbeitungsdialog kann auch über die Hauptmenüleiste begonnen werden.

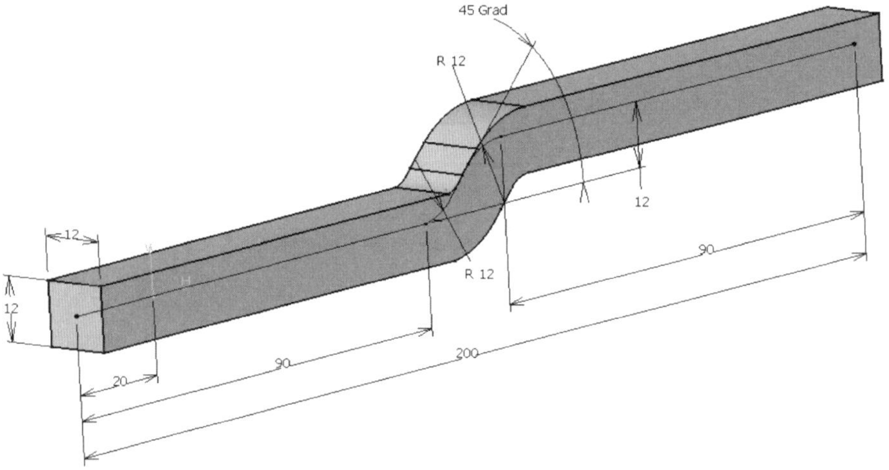

Abbildung 5-31: Maßänderung am 3D-Modell

5.6.1 Maßänderungen

Im Abschnitt 5.3 wurde z. B. das Bauteil *Finger_A* bereits durch Umdefinieren der Leitkurve aus dem Bauteil *Finger* erzeugt. Nun soll am Bauteil *Finger_A* noch die Länge der Leitkurve gemäß Abbildung 5-31 geändert werden. Hierzu wird allerdings nicht die Skizze durch einen Doppelklick ausgewählt, sondern das Bauteil. Dadurch werden die durchgeführten Bemaßungen sichtbar, so dass das entsprechende Längenmaß ebenfalls für die Wertkorrektur durch einen Doppelklick ausgewählt werden kann. Die Auswahl des Elemente kann auch im Modellbaumfenster erfolgen.

Im Sinne einer Anpassungskonstruktion soll der Übergangskrümmer aus Abbildung 5-19 noch in den Abmessungen komplett verändert werden. Ein Doppelklick auf das Volumenmodell würde auch hier dazu führen, dass die Maße der beiden Skizzen am 3D-Modell angezeigt und verändert werden können. Eine Veränderung des Krümmerwinkels und des Abstandes der Drehachse zum Koordinatenursprung ist so jedoch nicht möglich. Es werden daher mehrere Elemente zu verändern sein, so dass es sinnvoll ist, die automatische Modellaktualisierung auszuschalten. Dies geschieht über das Optionsmenü

⇓ *Tools* ⇒ *Optionen*

⇑ ***OPTIONEN*** ⇒ *Mech. Konstruktion* ⇒ *Part Design*

⇓ *Allgemein* ⇒ *Aktualisieren* ⇒ *Manuell.*

Wenn alle notwendigen Änderungen durchgeführt sind, ist eine Regenerierung des Modells über

⇓ *Bearbeiten* ⇒ *Aktualisieren*

oder durch das nebenstehende Symbol zu veranlassen.

Falls diese Option in der verwendeten Version nicht nutzbar ist, sollte die Bearbeitung mit den Querschnittsanpassungen begonnen werden. So kann gesichert werden, dass sich auch bei der automatischen Regenerierung nach jeder Änderung ein sinnvolles Modell ergibt.

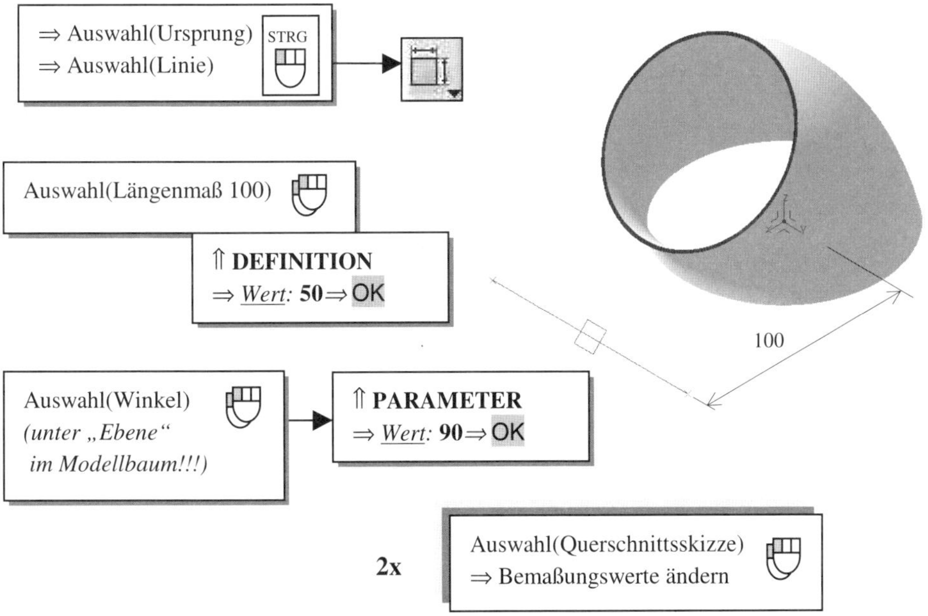

Abbildung 5-32: Krümmeranpassung

Bevor in der Kopie des Übergangskrümmers notwendige Änderungen vorgenommen werden, ist am 3D-Modell noch der Abstand der Drehachse zum Koordinatenursprung zu bemaßen (Abbildung 5-32). Anschließend sind die Maße und der Winkel der gedrehten Ebenen zu verändern. Die entsprechenden Maße können auch im Modellbaum ausgewählt werden.

Der Krümmer dient der Verbindung zweier Rohre mit den Innendurchmessern 30mm bzw. 50mm über einen Winkel von 90° und einem Radius von 50 mm.

Im oberen Bild der Abbildung 5-33 wird deutlich, dass vom System vor der manuellen Regenerierung die bereits vom System aktualisierten Querschnittsskizzen angezeigt werden.

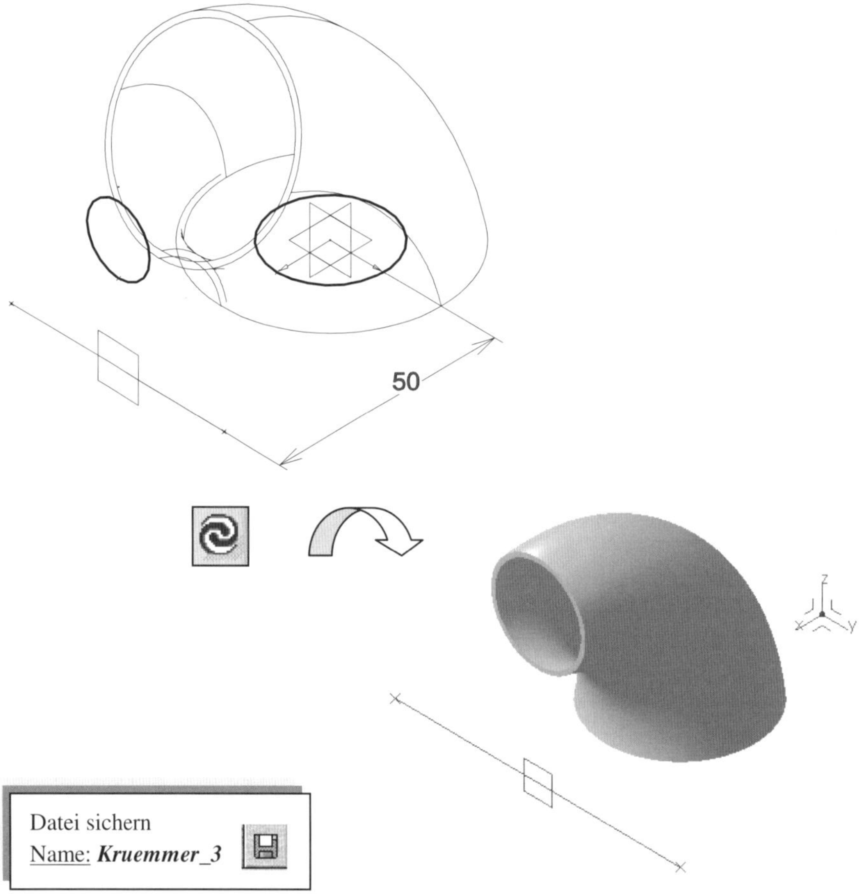

Abbildung 5-33: Krümmer

5.6.2 Modellveränderungen

In den vorangegangenen Abschnitten wurden bereits Bohrungen, Gewindeeinstellungen und Musterungsoptionen veränderten Anforderungen über entsprechende Optionen im Definitionsfenster angepasst.
Möglichkeiten zur Veränderungen von Bezeichnungen und zur Definition von Maßbeziehungen werden im Abschnitt 5.7 besprochen.
Anhand des Bauteiles *Krümmer_3* soll aufgezeigt werden, wie ein Modell auch noch stärker manipuliert werden kann, um veränderten Aufgabenstellungen gerecht zu werden.

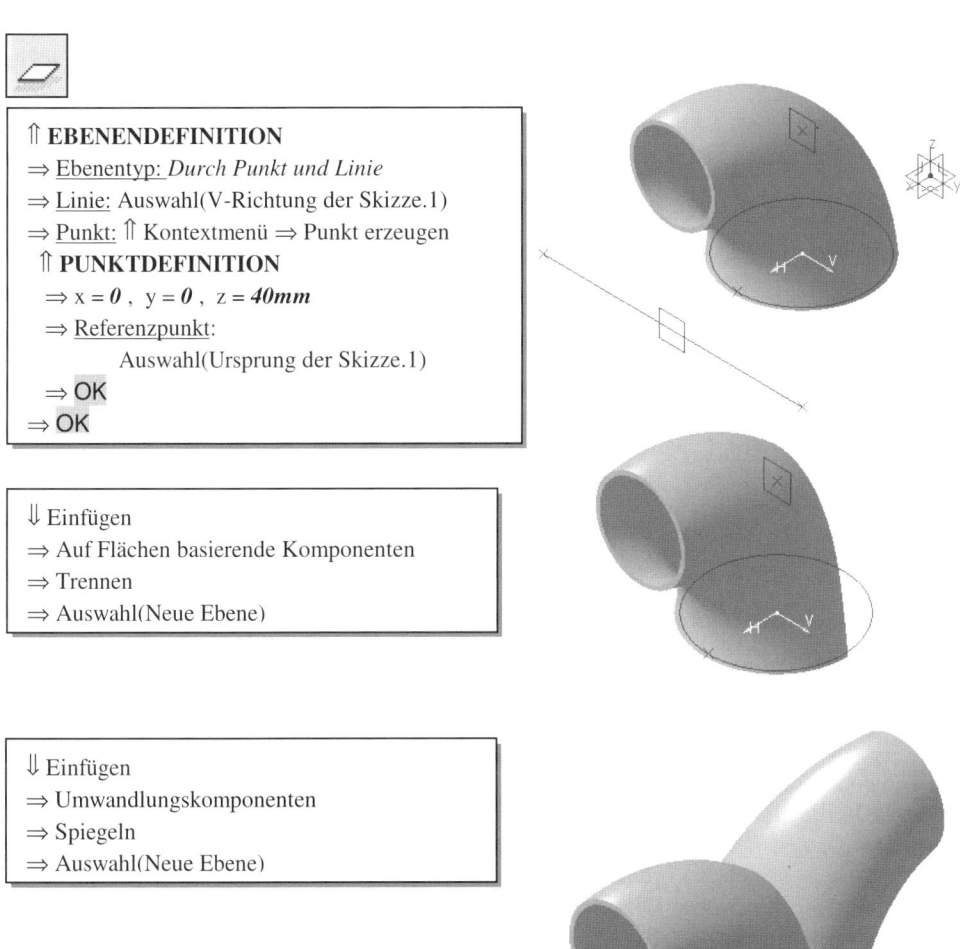

⇑ **EBENENDEFINITION**
⇒ Ebenentyp: *Durch Punkt und Linie*
⇒ Linie: Auswahl(V-Richtung der Skizze.1)
⇒ Punkt: ⇑ Kontextmenü ⇒ Punkt erzeugen
⇑ **PUNKTDEFINITION**
⇒ x = ***0*** , y = ***0*** , z = ***40mm***
⇒ Referenzpunkt:
Auswahl(Ursprung der Skizze.1)
⇒ OK
⇒ OK

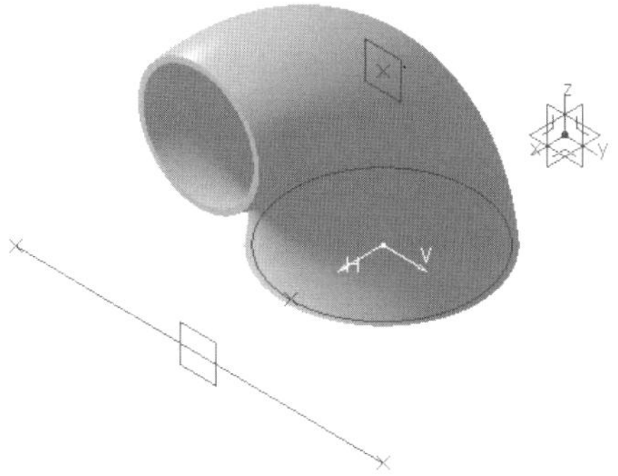

⇓ Einfügen
⇒ Auf Flächen basierende Komponenten
⇒ Trennen
⇒ Auswahl(Neue Ebene)

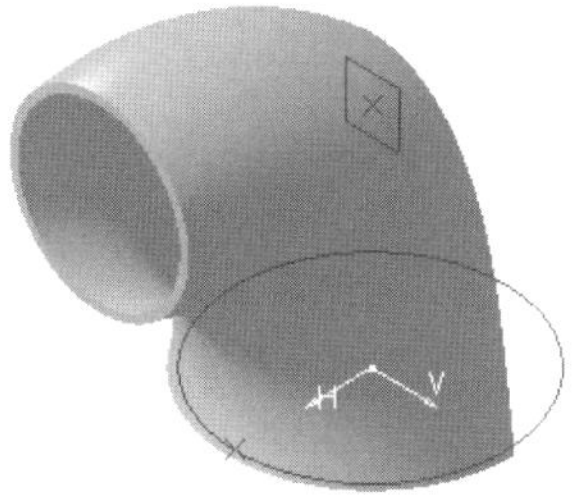

⇓ Einfügen
⇒ Umwandlungskomponenten
⇒ Spiegeln
⇒ Auswahl(Neue Ebene)

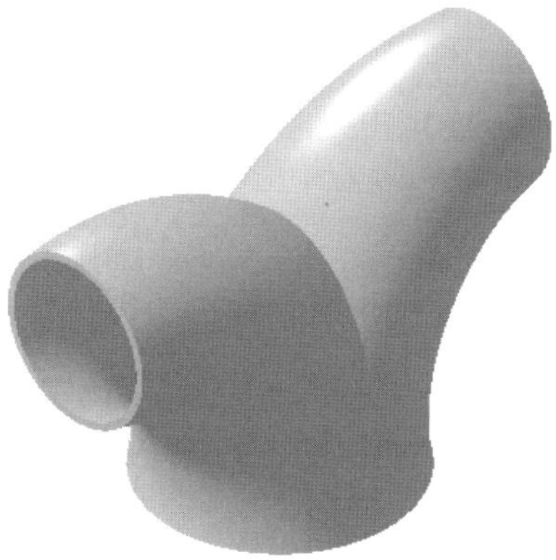

Datei sichern
Name: ***Hosenrohr***

Abbildung 5-34: Spiegeln von Komponenten

Im gewählten Beispiel soll der Krümmer der Erzeugung eines „Hosenrohres" dienen. Dafür wird die Option „Spiegelung" verwendet. Da noch keine geeignete Spiegelungsebene vorhanden ist, wird eine neue Bezugsebene mittels eines Punktes und einer Linie hinzugefügt. Als Linie wird die V-Richtung der Skizze1 mit der Maus ausgewählt. Der Punkt wird durch Koordinaten relativ zum Ursprung der Skizze1 mit einem z-Wert (z. B. 40 mm) festgelegt (Abbildung 5-34). Im Beispiel könnte die gewünschte Ebene auch durch einen Versatz zur Ebene.1 generiert werden, wenn sicher ist, dass die 90°-Krümmung nicht verändert wird. Vor der Spiegelung ist der Krümmer zu beschneiden.

Auf das Abtrennen kann verzichtet werden, wenn die Komponente *Schalenelement* vor dem Spiegeln inaktiviert wird.

Das Aktivieren und Inaktivieren lässt sich über das Kontextmenü des jeweiligen Konstruktionselementes unter dem Eintrag *Objekt X* steuern, wobei *X* für den Namen des jeweiligen Elementes steht (Abbildung 5-35).

Der Krümmer wird so als Vollkörper gespiegelt. Damit sich die Schalung auf das neu entstandene „Hosenrohr" auswirkt, verschiebt man die Schalung im Modellbaum per Drag&Drop hinter die Spiegelung. Anschließend wird das *Schalenelement* wieder aktiviert. Aufgrund der neuen Topologie ist in der Definition des Schalenelementes zusätzlich die dritte zu entfernende Fläche anzugeben.

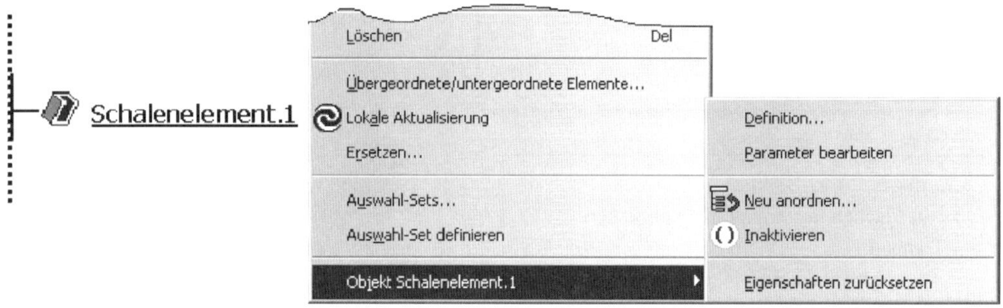

Abbildung 5-35: Unterdrücken von Modellkomponenten

Modellkomponenten können auch aus anderen Dateien in das aktuelle Modell übernommen werden. Zur Verdeutlichung dieser Möglichkeiten werden die Bauteile *Deckel_1* und *Deckel_2* geöffnet. Das Bauteil *Deckel_1* sollte dabei schon selbständig mit der Fase (*Fase.1*) und der Eindrehung (*Nut.1*) versehen worden sein. Diese beiden Details lassen sich dann bequem in den noch nicht fertig bearbeiteten Deckel_2 übernehmen. Dazu werden mehrere Möglichkeiten geboten. Der sicherste Weg ist, das entsprechende Konstruktionselement im Modellbaum über sein Kontextmenü zu kopieren und anschließend im Zielbauteil einzufügen. Das Detail wird automatisch als letztes Element im Modellbaum angehängt. Möchte man nach einem bestimmten Konstruktionsschritt einfügen, kann das jeweilige Kontextmenü genutzt werden. Eine weitere Möglichkeit bietet das Drag&Drop-Verfahren, bei dem das gewünschte Detail von einem Bauteil zum anderen mit der Maus verschoben bzw. kopiert wird (Abbildung 5-36). Dabei spielt es keine Rolle, ob aus dem Modellbaum oder die Geometrie selbst ausgewählt wird.

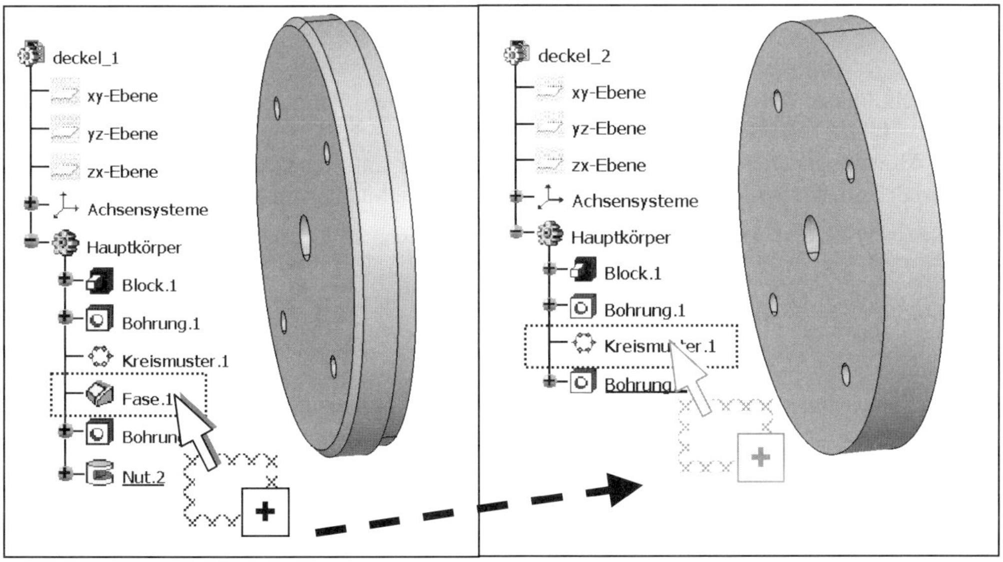

Abbildung 5-36: Komponentenübernahme per Drag&Drop

5.7 Geometrische Beziehungen

Es ist nicht immer von Vorteil, wenn aufgrund der Parametrik alles beliebig geändert werden kann. Das führt häufig auch zu unsinnigen geometrischen Ausprägungen bzw. Schwierigkeiten bei der Modellregenerierung. Die sorgfältige gedankliche Unterscheidung zwischen Grob- und Feingestalt ist daher ausgesprochen hilfreich, um sinnvolle Maßabhängigkeiten festzulegen.

Zunächst soll gezeigt werden, wie die Bezeichnungen von Maßparametern geändert werden können. Vom System werden alle Maße mit einem Wort (z. B. *Länge.*) und einer fortlaufenden Ziffer bezeichnet. Gerade für den Zusammenbau einer Baugruppe oder für die Definition von Maßbeziehungen sind markantere Maßbezeichnungen sinnvoll. Elementare Möglichkeiten dazu wurden bereits im Abschnitt 4.3 besprochen.

Für das Bauteil *Backe* sollen zunächst zwei Hauptmaße in *Länge* und *Höhe* umbenannt werden. In Abbildung 5-37 ist kurz der Dialog dargestellt, der eine Bearbeitung der Parameternamen und Parameterwerte im Formeldefinitionsfenster ermöglicht.

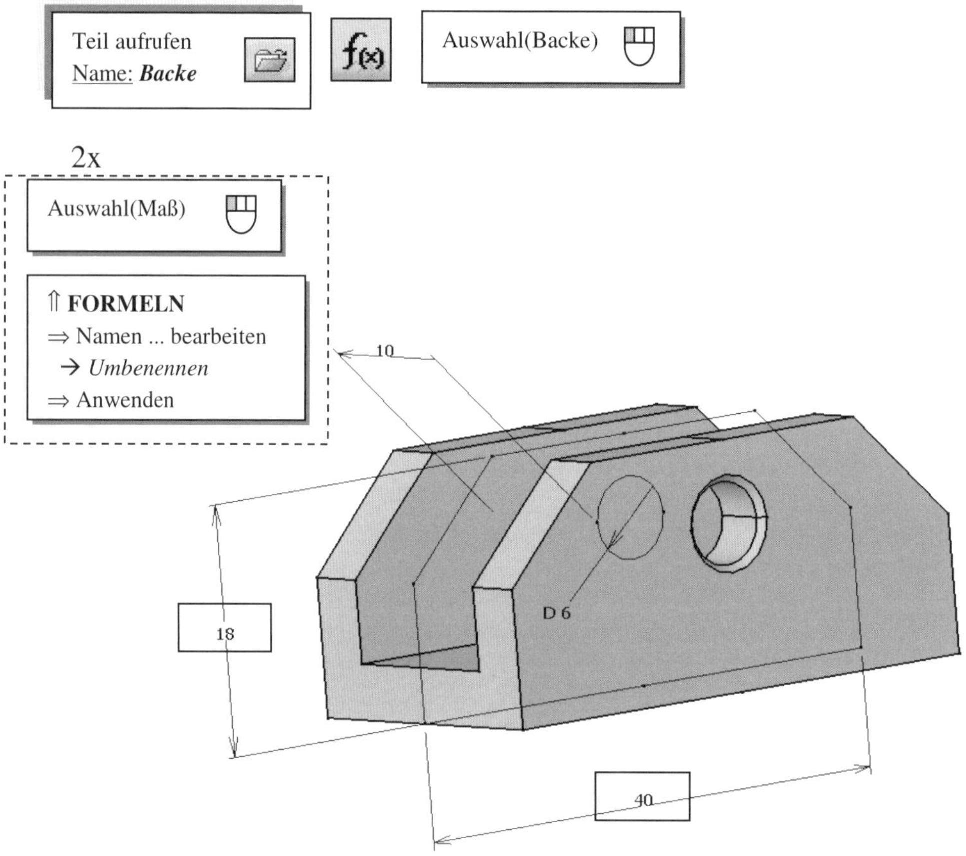

Abbildung 5-37: Parameteranpassung

Das Formel-Definitionsfenster wird über das Symbol oder über

$\Downarrow$ *Tools* $\Rightarrow$ *f(x)_ Formel*

aufgerufen. Im Modellbaum oder im Modell wird vorher oder danach das gesamte Bauteil *Backe* ausgewählt. Dann werden die Bemaßungen der ausgewählten Elemente sichtbar, die nun zur direkten Anwahl zur Verfügung stehen. Das erspart das möglicherweise aufwendige Suchen in der Parameterliste, die zwar nach bestimmten Werten, wie Länge, Winkel, usw., gefiltert werden kann, aber bei einer großen Anzahl von Parametern unübersichtlich wird. Nach Auswahl eines Maßwertes im Modell springt das System direkt an die entsprechende Stelle in der Liste. In den beiden Bearbeitungsfenstern kann dann der Name und der Wert eines Parameters geändert und über die Schaltfläche „Anwenden“ bestätigt werden. Nachdem alle relevanten Parameter umbenannt wurden, soll die Länge der Backe um 5 mm auf 45 mm erhöht werden.

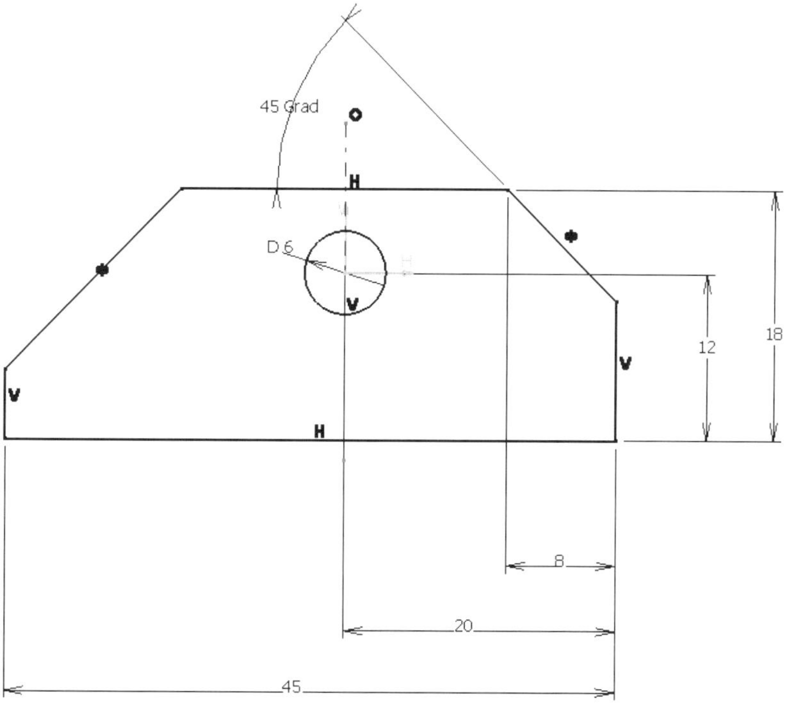

Abbildung 5-38: Veränderte Backe

Die Konsequenz, die sich für das Modell aufgrund dieser Maßänderung ergibt, zeigt Abbildung 5-38. Das grundlegende Profil ist unsymmetrisch geworden. Durch das Setzen von Maßbeziehungen im Formeldialog können solche unerwünschten Ergebnisse beseitigt werden. In diesem Fall muss zur Einhaltung der Symmetrie die Länge vom Ursprung zur Außenkante (20 mm) genau die Hälfte der Gesamtlänge (45 mm) betragen. Dieser mathematische Zusammenhang kann über sogenannte Maßbeziehungen verwirklicht werden.

Dazu wird im Formeldialog die Bemassung zur Außenkante (20 mm) ausgewählt und der Schalter „Formel hinzufügen" gedrückt. Anschließend ist durch die Kombination von Parameterauswahl, mathematischen Operatoren und Zahlenwerten die benötigte Formel zusammenzustellen. Die Parameterauswahl kann sowohl über die Liste als auch direkt am Modell erfolgen.

Im Beispiel wird lediglich die Bemaßung der Außenkante ausgewählt und „/2" (geteilt durch Zwei) hinzugefügt. Nach dem Bestätigen aktualisiert das System das entsprechende Modell, fügt dem Modellbaum unter dem Punkt „Beziehungen" die Formel hinzu und markiert das beziehungsgesteuerte Maß durch den Zusatz „f(x)". Wie jedes andere Objekt in CATIA V5 kann auch die Formel bearbeitet oder entfernt werden.

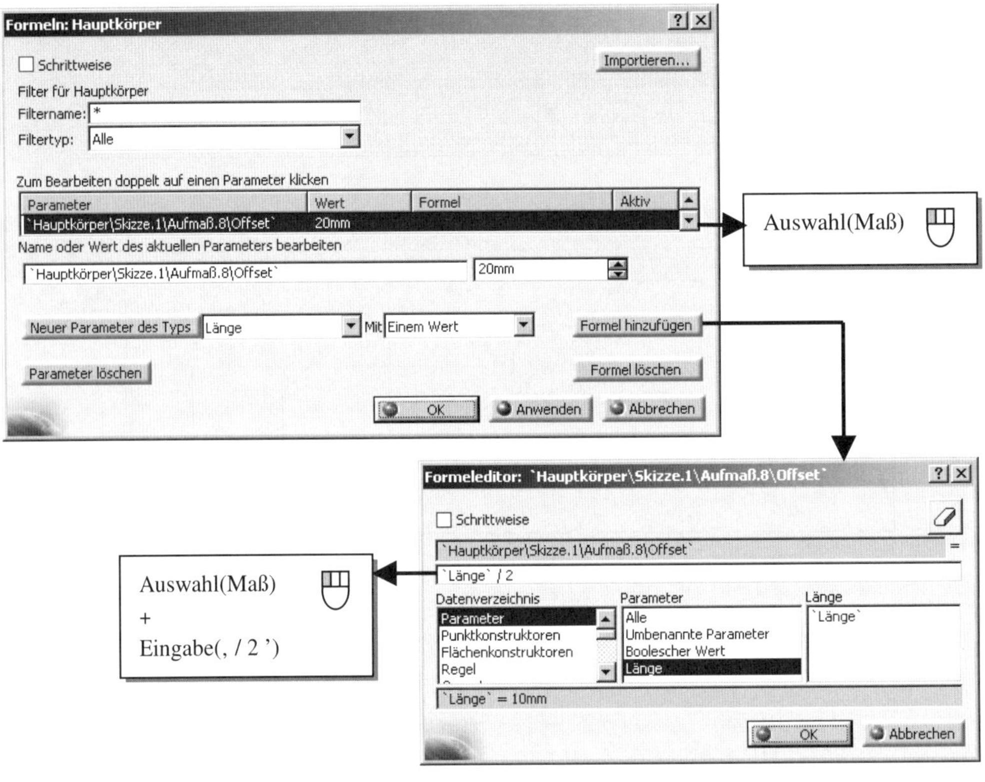

Abbildung 5-39: Erstellung von Maßbeziehungen

Die Formeln können auch wesentlich komplexer sein als im gewählten Beispiel. In CATIA stehen alle Parameter, die der Modellerzeugung dienen, und zusätzlich alle aus dem Modell ableitbaren Parameter sowie selbst definierte Werte und Formeln zur Verfügung. Dabei kann der definierte Rückgabewert der Parameter verschiedenen Kategorien zugeordnet werden, z. B. Geometrie (Länge, Winkel, Fläche, Volumen), Material (Dichte, Massenträgheit, Steifigkeit), Mechanik (Kraft, Moment, Geschwindigkeit, Frequenz), Energetik (Temperatur, Stromstärke), Mathematik (Ganzzahl, Reelle Zahl, Boolesche Variable) u. a.

Im Anschluss soll noch ein neuer Parameter vom Typ Länge mit dem Namen „Dicke“ definiert werden. Das geschieht im Formeldialog über die entsprechenden Schalter. Der Name wird zunächst vom System automatisch vergeben, z. B. „Länge.1“. Dieser Name kann dann in „Dicke“ geändert werden.

Der neuer Parameter soll die Aufgabe haben, die Wanddicke des Bauteils „Backe“ über entsprechende Bemaßungen zu steuern, und zwar auf die Weise, dass die Nut für die spätere Montage mit dem Finger in jedem Fall ihre geometrische Ausprägung beibehält. Dazu sind eigenständig die entsprechenden Formeln hinzuzufügen. Dabei ist besonders darauf zu achten, dass eventuell verwendete Zahlenwerte mit Einheiten versehen werden.

Die neue Variable „Dicke“ steht nun zur direkten Anwahl im Modellbaum unter dem Zweig „Parameter“ zur Verfügung. Ist alles korrekt verknüpft und berechnet worden, ändert sich bei Variation des Dickenwertes nur die Wanddicke (Abbildung 5-40).

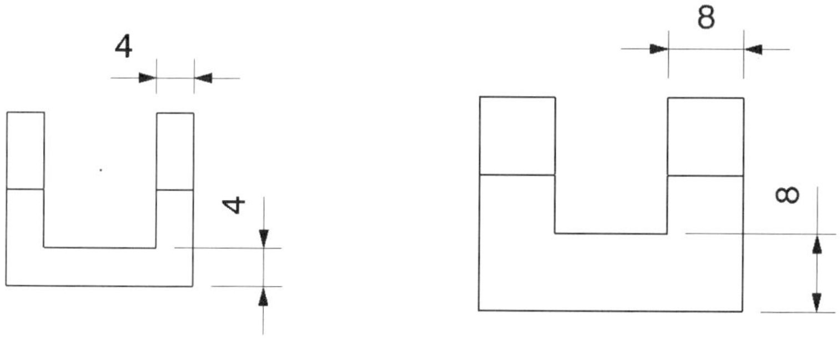

Abbildung 5-40: Steuerung der Wanddicke bei konstanten Nutabmessungen

Die Werte aller durch Beziehungen definierten Parameter können nicht mehr direkt geändert werden.

5.8 Bauteilinformationen

In modernen parametrischen CAD-Systemen gibt es vielfältige Möglichkeiten zur Beschaffung detaillierter Bauteilinformationen. Wesentliche Modellkomponenten sind im Modell vorhanden bzw. können dort auch ein- und ausgeblendet werden.

Einige generelle Informationen zeigt die Eigenschaftsseite des Bauteils. Sie wird über das Kontextmenü des Teils (oberste Modellbaumebene) aufgerufen. Dort findet man die zugeordnete Dichte, das Volumen, die Masse, die Bauteiloberfläche, die Koordinaten des Schwerpunkts und die Trägheitsmatrix.

Für detailliertere Informationen, beispielsweise den Inhalt einer einzelnen Fläche oder den Abstand zwischen Kanten, steht ein Messdialog zur Verfügung. Die beiden gebräuchlichsten Messarten sind das Messen einzelner Komponenten (Durchmesser, Kantenlänge, Flächeninhalt, Volumen, Schwerpunkt) und das Messen zwischen Elementen (Abstände, Winkel). Was im einzelnen Fall als Ergebnis zurückgegeben werden soll, kann jeweils im entsprechenden Anpassungsmenü eingestellt werden (Abbildung 5-41).

Eine Filterfunktion (*Modus für Auswahl 1* bzw. *Modus für Auswahl 2*) der zu messenden Elemente unterstützt den Anwender bei der Auswahl am Bildschirm. Soll beispielsweise der geringste Abstand zwischen einem Kreismittelpunkt und einer Fläche gemessen werden, so kann der Modus für Auswahl 1 auf „Bogenmittelpunkt“ und für Auswahl 2 auf „Nur Fläche“ eingestellt werden, um die gewünschten Messpartner gezielt auszuwählen.

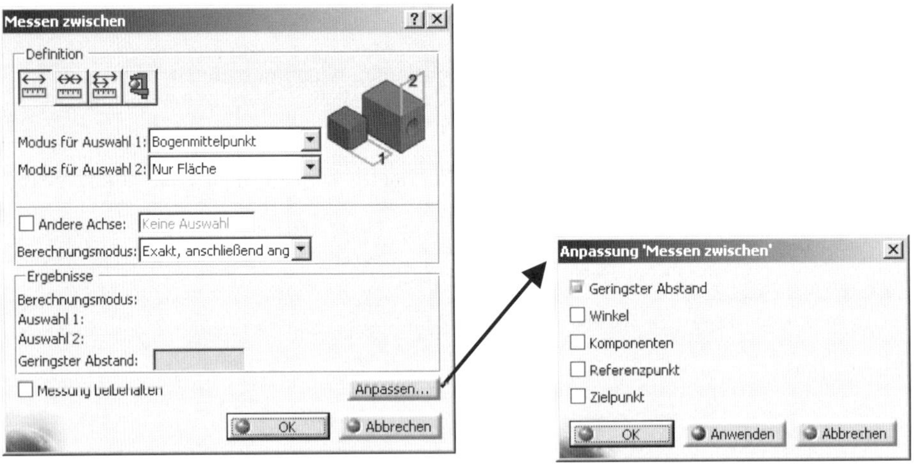

Abbildung 5-41: Messungen

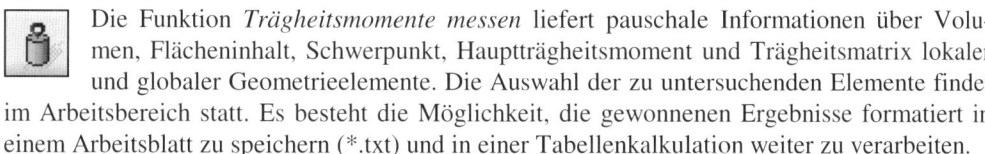

Die Funktion *Trägheitsmomente messen* liefert pauschale Informationen über Volumen, Flächeninhalt, Schwerpunkt, Hauptträgheitsmoment und Trägheitsmatrix lokaler und globaler Geometrieelemente. Die Auswahl der zu untersuchenden Elemente findet im Arbeitsbereich statt. Es besteht die Möglichkeit, die gewonnenen Ergebnisse formatiert in einem Arbeitsblatt zu speichern (*.txt) und in einer Tabellenkalkulation weiter zu verarbeiten.

Weiterhin stehen dem Anwender leistungsfähige Funktionen zur Krümmungsanalyse von Oberflächen zur Verfügung. Von besonderer Bedeutung ist für Blechformstücke die Gauß'sche Krümmung, die in allen Punkten einer Mantelfläche gleich Null sein muss, wenn Biegeverfahren zur Fertigung eingesetzt werden sollen. Dass dies für den „Krümmer" nicht der Fall ist, soll nachfolgend gezeigt werden.

Nachdem das Bauteil „Krümmer" aufgerufen wurde, aktiviert man zunächst die Modelldarstellung mit Materialien. Das ist wichtig für die grafische Darstellung der Flächenkrümmung. Nun ruft man den Dialog für die Krümmungsanalyse auf. Hier wählt man die Option „Gaußsche" und wählt im Modell die Oberfläche des Krümmers an (linker Mausklick). Danach sollte die Oberfläche in hart abgegrenzten farblichen Bereichen erscheinen. Diese Bereiche korrelieren mit den im Dialog eingestellten Intervallen, die zur genaueren Untersuchung bestimmter Krümmungsbereiche geändert werden können. Um den Krümmungsverlauf zu analysieren, stellt man eine lineare Farbskala ein (Abbildung 5-42). Einzelne Krümmungswerte können durch Abfahren der Oberfläche abgegriffen werden.

Abbildung 5-42: Gauß'sche Krümmungsanalyse

5.9 Körperbasierte Modellierung

Die folgenden Übungen haben das Ziel, die bisher behandelten Modellierungstechniken zu vertiefen und auf weitere Techniken zur Erzeugung komplexerer Geometrien hinzuweisen. In CATIA können bei der Teilemodellierung mehrere Körper unabhängig voneinander erzeugt werden. Denkbar ist ein solches Vorgehen z. B. bei komplexeren Außen- und Innenformen, deren Gestalt eventuell zunächst in einem eigenständigen Körper umgesetzt wird, um unnötige Referenzen zum Hauptkörper zu vermeiden. Anschließend werden die einzelnen Körper geeignet verknüpft. Die durchführbaren Booleschen Operationen wurden bereits in Abschnitt 5.1 aufgeführt.

5.9.1 Volumenverknüpfung

Dem bereits modellierten Verbundkörper *Oval-Kreis* (Abbildung 5-16) soll ein Zwischenboden hinzugefügt werden. Dazu ist zunächst eine weitere Bezugsebene im Abstand von 50 mm zur xy-Ebene zu definieren. Anschließend wird darauf ein beliebiges Rechteck skizziert, dass in jedem Fall größer als die Querschnitte des Verbundkörpers sein sollte. Bevor die Platte über die Option *Block* generiert wird, ist ein neuer (noch leerer) Körper einzufügen.

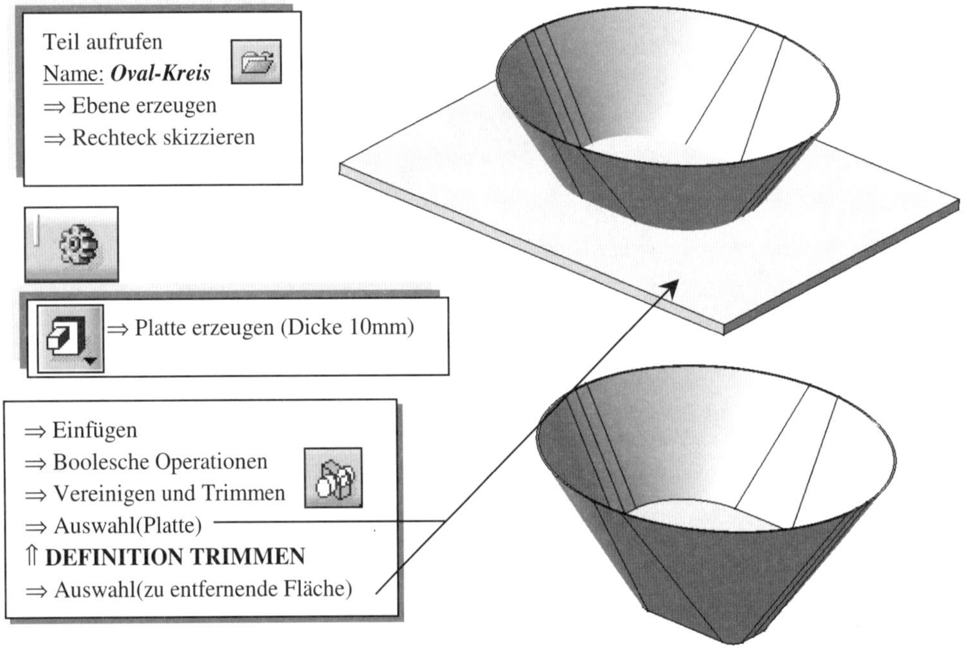

Abbildung 5-43: Verbundkörper mit Zwischenboden

Die Einpassung der Platte in den Verbundkörper erfolgt über die kombinierte Vereinigungs- und Trimmoperation. Statt der Option „Zu entfernende Fläche“ kann auch „Beizubehaltende Fläche“ genutzt werden. Dann muss allerdings die innen liegende Fläche der Platte ausgewählt werden.

Die Platte ist durch die durchgeführten Operationen fest mit dem Verbundkörper verschmolzen. Falls dies aus funktionaler oder fertigungstechnischer Sicht vermieden werden muss, ist ein anderer Boolescher Operator zu nutzen. Auch hier sind einige Vorarbeiten notwendig. Zu besseren Übersicht wird von dem Verbundkörper *Kreis-Oval* eine Kopie mit dem Namen *Platte* erstellt. Anschließend wird die bereits durchgeführte Verknüpfungsoperation wieder rückgängig gemacht. Ebenfalls zu löschen ist das Feature „Schalenelement“ des Hauptkörpers (Abbildung 5-44). Bei dieser Vorgehensweise wird der Durchschnitt beider Körper gebildet, so dass der ursprüngliche Verbundkörper vom System entfernt wird. Dem könnte begegnet werden, wenn der Hauptkörper vorher dupliziert wird.

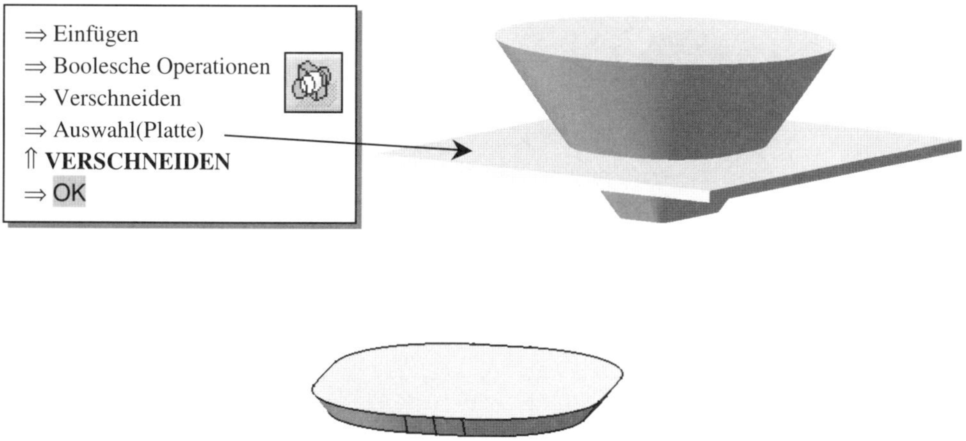

Abbildung 5-44: Zwischenboden

5.9.2 Formenbau

An dieser Stelle soll nicht auf die entsprechende branchenspezifischen Arbeitsumgebung von CATIA, die zusätzlich erworben werden kann, eingegangen werden. Stattdessen soll gezeigt werden, dass auch körperorientierte Modellierungsstrategien nutzbar sind, um den Formenbau z. B. für Guss- und Schmiedeteile zu unterstützen.

In dieser Übungsaufgabe soll eine Pleuelstange modelliert werden, die dann Ausgangspunkt für die Konstruktion einer Gesenkschmiedeform ist (Abbildung 5-45). Die Schmiedeform ist in der ersten Näherung ein Negativ des zu fertigenden Bauteils, so dass Boolesche Operatoren herangezogen werden müssen, um die gewünschte Ausgangsform ableiten zu können.

Die groben Abmessungen des Pleuels sind der Abbildung 5-46 zu entnehmen. Die übrigen Maße, die zur Modellbildung benötigt werden, können frei (jedoch technisch sinnvoll) gewählt werden. Der schrittweise Aufbau des Pleuelmodells kann auf unterschiedlichen Wegen erfolgen. Da dafür die bereits beschriebenen Arbeitstechniken genutzt werden können, werden die möglichen Teilschritte nicht vorgegeben.

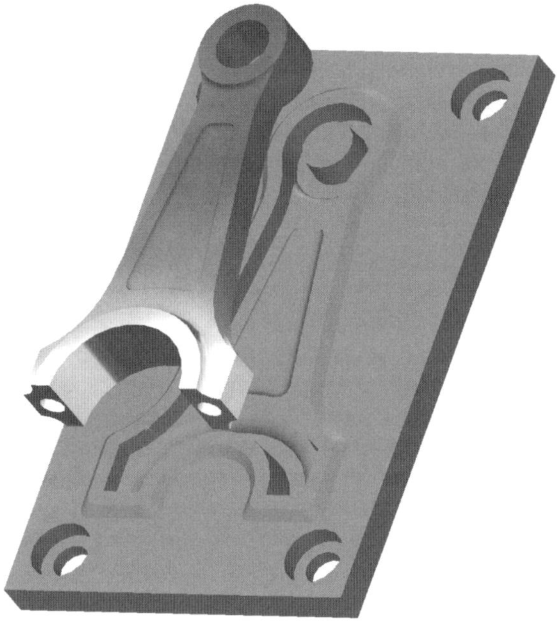

Abbildung 5-45: Pleuel mit Gesenk

Nachdem das Pleuelmodell erzeugt ist, sollte davon eine Kopie innerhalb des Bauteils als neuer Körper erstellt werden, da bei der späteren Booleschen Operation ein Pleuel gelöscht wird.

Im Modellbaum wird nun ein weiterer (zunächst leerer) Körper eingefügt und darunter ein Quader als Rohling für das Schmiedegesenk erzeugt. Hierbei ist zu beachten, dass der Quader durch die Mittelebene des Pleuels begrenzt wird und das Pleuel vollständig einbettet ist.

Unter dem Menüpunkt *Einfügen* wählt man die Boolesche Operation *Entfernen* (Abbildung 5-2) und selektiert dann die zu subtrahierende Geometrie im Modellbaum. Ein Pop-Up-Menü zeigt nun an, welche Körper beim *Entfernen* berücksichtigt werden. Als zweiten Körper wählt man den erstellten Quader aus und bestätigt das Auswahlfeld. Durch das Verdecken des originalen Pleuels (*Anzeigen/Verdecken* im Kontextmenü) wird das Gesenkschmiedewerkzeug vollständig sichtbar.

Hier kann in weiteren Arbeitsschritten noch eine Feinbearbeitung erfolgen, wie das Anbringen von Ausformschrägen, Fasen, Rundungen, Bohrungen, usw.

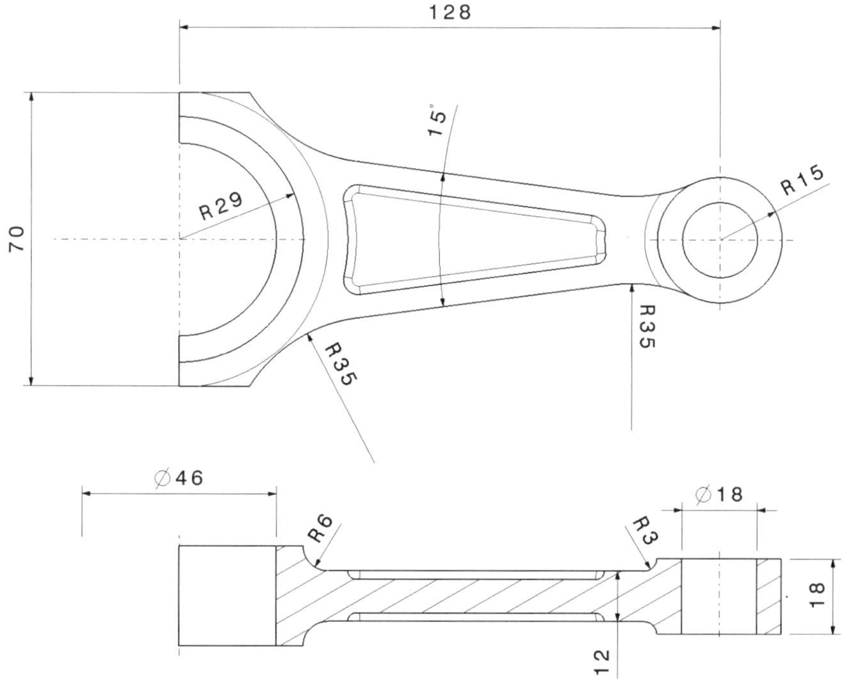

Abbildung 5-46: Abmaße der Pleuelstange

5.10 Veränderung der Darstellungsattribute

In Kapitel 2 wurden bereits einige Möglichkeiten aufgezeigt, wie Grundeinstellungen und Darstellungsattribute von Modellkomponenten verändert werden können. In der folgenden Übung soll die Pleuelstange zusammen mit dem zugehörigen Gesenk zu Präsentationszwecken farblich angepasst werden. Abbildung 5-47 zeigt die Schwarz-Weiß-Darstellung.

Zunächst wird die Platte mit dem Gesenk um 50mm nach unten verschoben. Im nächsten Schritt wird das Pleuel azur eingefärbt. Dazu wird im Modellbaum der Hauptkörper gewählt und über das Kontextmenü die Eigenschaftsseite aufgerufen. Unter dem Punkt *Grafik* wird die Füllfarbe auf „azur" gesetzt. Sie ist unter dem Eintrag „Andere Farben" im Pull-Down-Menü zu finden. Die Transparenz soll den Wert 100 erhalten und wird über den Schieberegler eingestellt. Sollten nicht alle Flächen des Bauteils die gewünschte Farbe erhalten, sind sie einzeln nachzufärben. Der Gesenk-Platte wird ein heller Braunton ohne Transparenz zugewiesen. Die schmiederelevanten Flächen sollen rot hervorgehoben werden. Hier ist es zweckmäßig, die Grafikeinstellungen der betreffenden Flächen über eine Gruppenauswahl (Auswahl bei gehaltener Steuerungstaste) durchzuführen.

Abbildung 5-47: Farbdarstellung

5.11 Tabellengesteuerter Modellaufbau

Konstruktionsstabellen dienen der Erzeugung tabellengesteuerter Varianten von Bauteilen und Baugruppen. Alle zur Verfügung stehenden Parametern wie Längen, Winkel, boolesche Operatoren usw. können so gemäß aktuellen Erfordernissen eingestellt werden. Das System speichert die erzeugten Datensätze, über die eine Variante aufgerufen werden kann.

Konstruktionstabellen sind auch für die Generierung von vereinfachten Varianten nutzbar, da sich die *Aktivität* (*true* oder *false*) von Konstruktionselementen, wie Bohrungen, Fasen usw., einstellen lässt.

Für die Komponente *Backe* soll eine Konstruktionstabelle erstellt werden, mit der die Länge, Breite und Höhe der Backe variiert wird. Ebenso soll festgelegt werden können, ob die Fasen an den Bohrungen angebracht oder unterdrückt werden.

Zu beachten ist, dass für die *Backe* noch ein weiterer Parameter in die Tabelle aufgenommen werden muss, falls die unter Kapitel 5.7 definierte Beziehung nicht mit abgespeichert wurde, da ansonsten deren Symmetrie nicht erhalten bleibt.

Der in Abbildung 5-48 gezeigte Dialog dient der Auswahl von Parametern bzw. Komponenten, die von der Konstruktionstabelle gesteuert werden sollen. Da selbst bei kleinen Bauteilen mit wenigen Konstruktionselementen schon eine Vielzahl von Parametern zur Verfügung stehen, können hier verschiedene Filter gesetzt werden. Am einfachsten ist jedoch die Selektion des Konstruktionselements, das beeinflusst werden soll, da dies den direkten Zugriff auf die Parameterwerte ermöglicht. Ein Vorauswahl anzuzeigender Parameter kann hier auch über den Modellbaum erfolgen.

Die Konstruktionstabelle (Abbildung 5-49) zeigt die Konfigurationszeilen für zwei Varianten des Bauteils *Backe*. Zeile 1 enthält die Werte für das generische Bauteil. Durch Auswahl und *Anwenden* der verschiedenen Konfigurationszeilen werden die Parameter an die Backe übergeben. Gegebenenfalls ist eine Aktualisierung der Backe nötig.

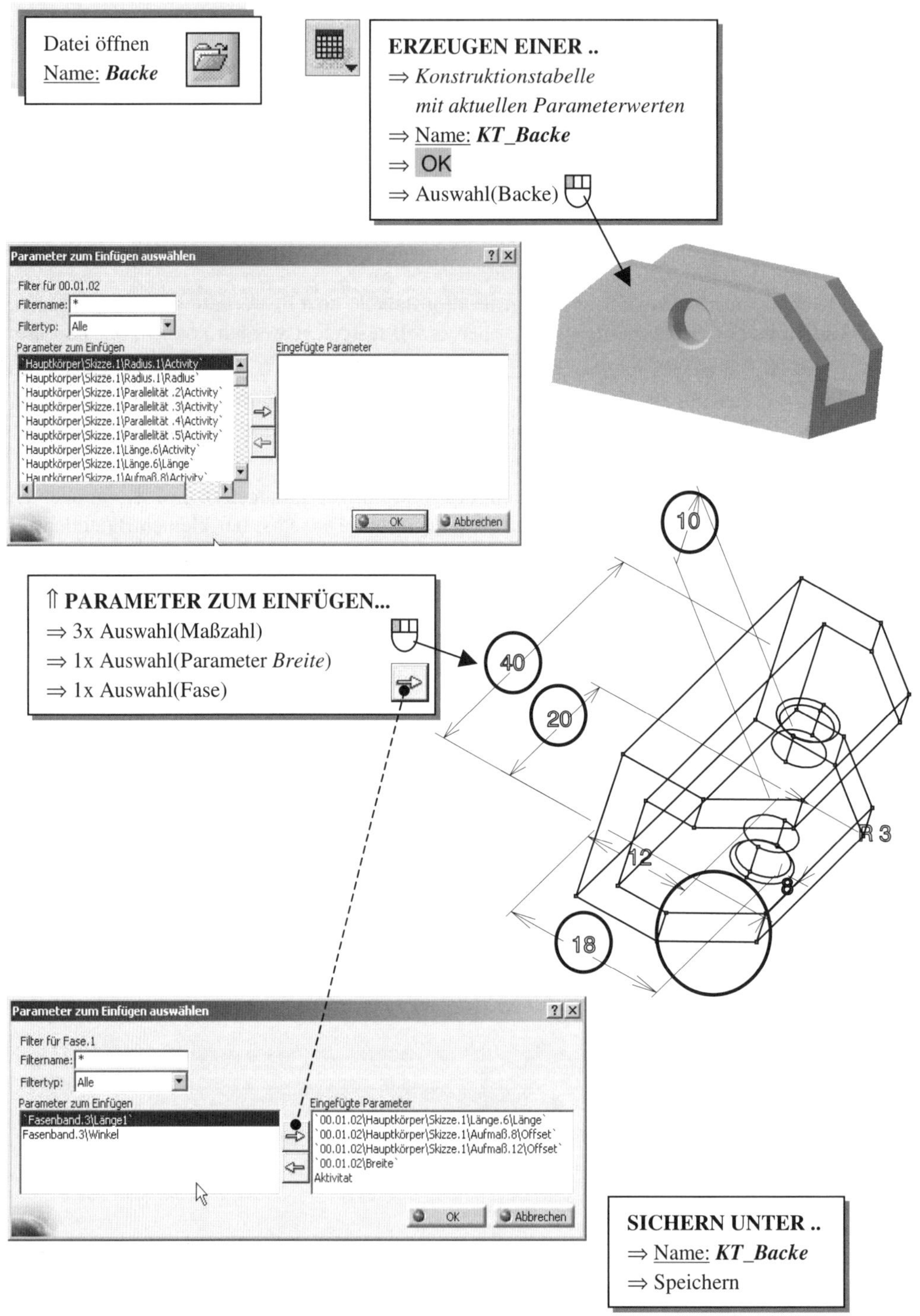

Abbildung 5-48: Definition einer Konstruktionstabelle

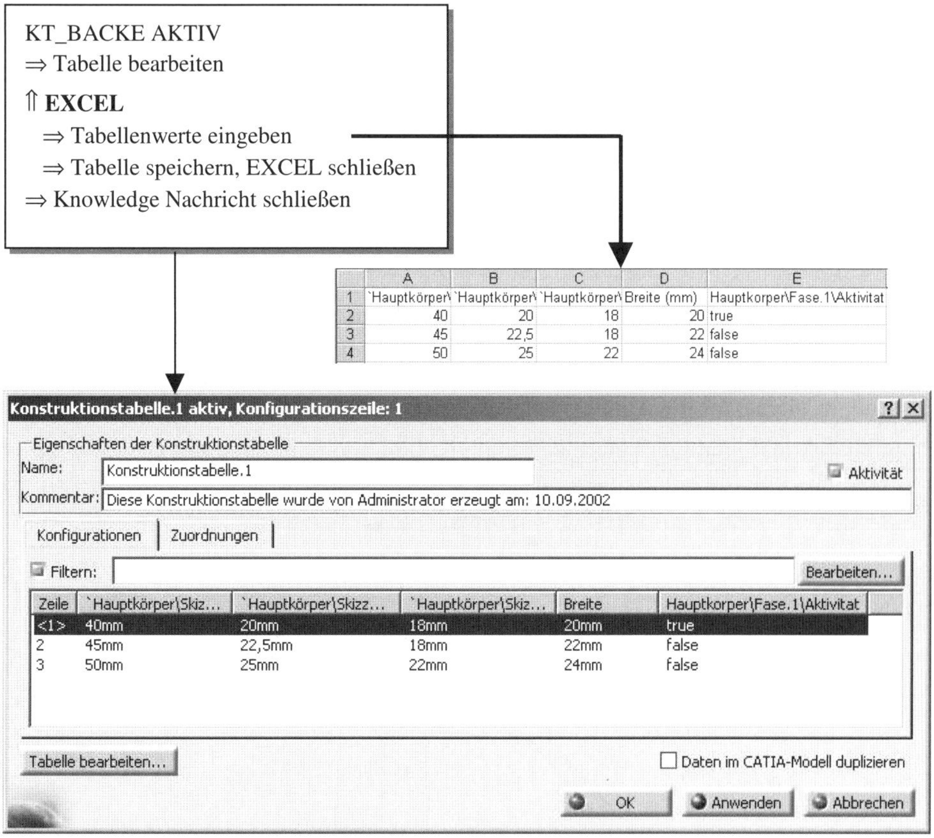

Abbildung 5-49: Wertetabellen

5.12 Zusatzaufgaben

Die folgenden Aufgabenstellungen werden nur kurz erläutert. Fehlende Maße und andere Hinweise sind unter Beachtung fertigungstechnischer und funktionaler Gesichtspunkte selbständig zu ergänzen bzw. festzulegen.

Die gewünschte Gestalt des Lagerbockes wird in Abbildung 5-50 verdeutlicht. Die rechteckige Grundplatte (120 mm x 80 mm) soll an den Ecken mit Fasen versehen werden. Selbständig sind darauf auch die 4 Bohrungen anzubringen. Die Nut soll dazu dienen, eine stabilere Auflage zu sichern. Sie kann entsprechend frei gestaltet werden. Dies gilt auch für den Rest des Lagerbockes.

Der Modellaufbau kann auf unterschiedliche Weise begonnen werden. So könnte zunächst ein Hohlzylinder modelliert werden, an dem dann die tangentiale Stützkonstruktion hinzugefügt wird usw. Zweckmäßig ist sicher, den Abstand der Zylinderachse bezogen auf die xy-Ebene festzulegen, da diese dann die Auflagefläche des Lagerbockes repräsentierten kann.

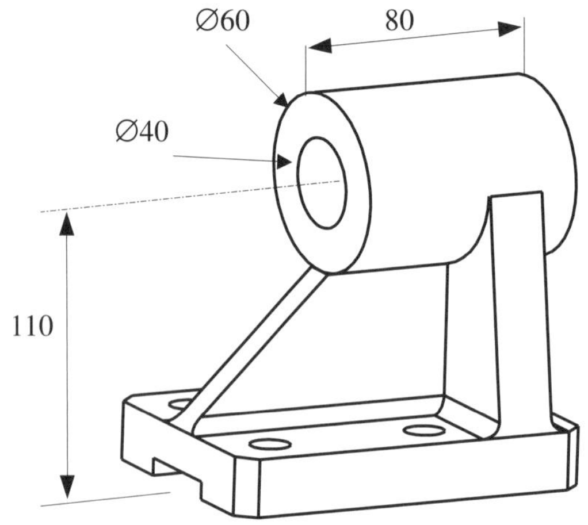

Abbildung 5-50: Lagerbock

Ebenso selbständig ist die in Abbildung 5-51 skizzierte Welle zu gestalten. Es sind nur die groben Abmessungen vorgegeben. Die Welle sollte allerdings mindestens alle in der Skizze gezeigten Bearbeitungsschritte enthalten. Die in der Abbildung angegebenen Normen kennzeichnen eine Passfeder nach DIN6885, die Freistiche nach DIN509 und die Zentrierbohrungen nach DIN332. Die Abmaße sind der entsprechenden Norm zu entnehmen. Anzumerken ist, dass in Kapitel 8 eine genormte Zentrierbohrung als benutzerdefiniertes Feature erstellt wird, das für auch für diese Welle eingesetzt werden kann.

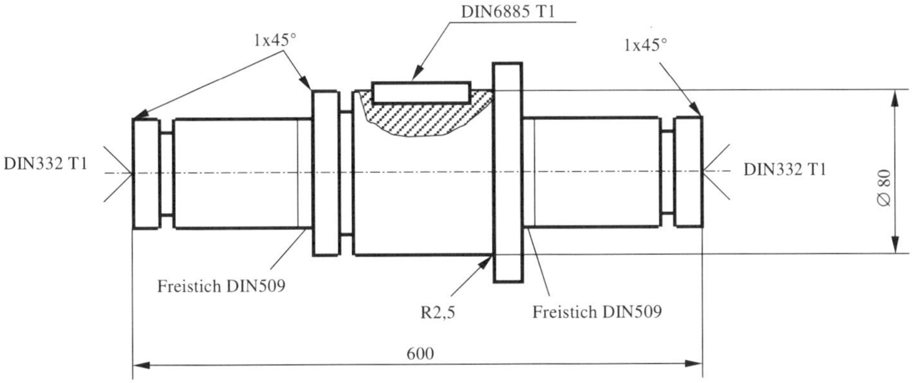

Abbildung 5-51: Welle

Zusätzlich kann passend zu der Welle ein Zahnrad modelliert werden. Es soll auf dem mittleren Wellenabsatz montierbar sein. Beide Teile sollen später zu einer Baugruppe zusammengesetzt werden. Das Zahnrad wird daher als neues Bauteil erstellt werden.

Vorüberlegungen sind hier besonders zur Erzeugung des Zahnprofils anzustellen. Hier kann zunächst mit einem einfachen Dreiecksprofil begonnen werden, das nach der Extrusion (Block) über den Teilkreis gemustert (Kreismuster) wird.

Einen größeren Schwierigkeitsgrad stellt die Modellierung eines Evolventenprofils in Bogenverzahnung dar (Abbildung 5-52).

Auch hier sind alle Maße selbst zu ermitteln bzw. festzulegen.

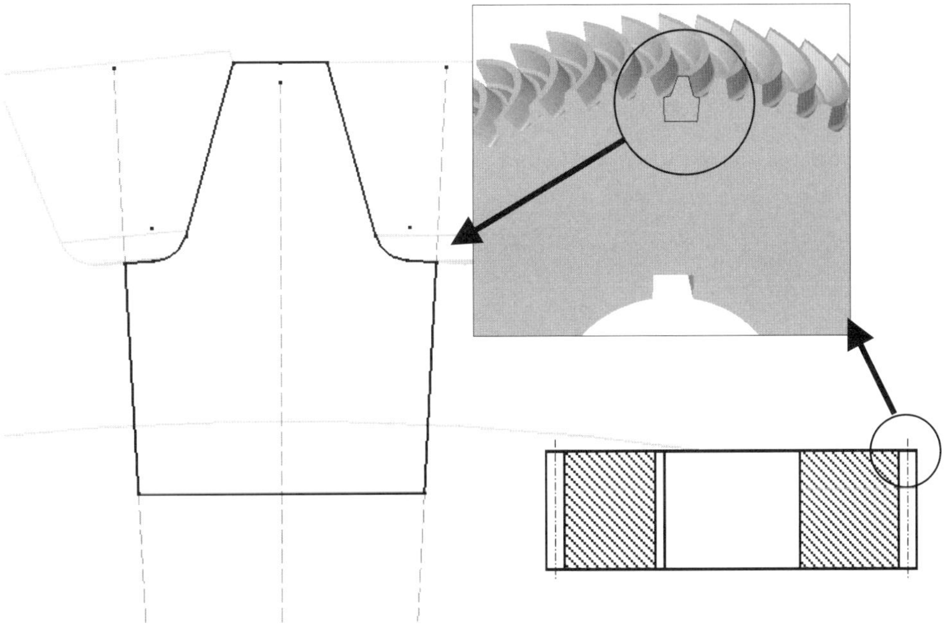

Abbildung 5-52: Zahnrad in Bogenverzahnung

6 Baugruppenmodellierung

6.1 Die Arbeitsumgebung

Wenn ein Produkt nicht nur aus einem Teil besteht, gibt es im Prinzip zwei Möglichkeiten, schrittweise die Produktstruktur aufzubauen. Die eine wird häufig als Top-Down-Methode bezeichnet, da zuerst die hierarchische Struktur des Produktes festgelegt wird. Die Komponenten werden daher zunächst nur benannt und in die Baumstruktur eingeordnet, aber erst später modelliert. Bei der Bottom-Up-Methode wird dagegen erst modelliert und dann zusammengefügt. Beide Methoden können selbstverständlich auch kombiniert werden. Das werden auch die nachfolgenden Übungen verdeutlichen.

Im Baugruppenmodus eines 3D-CAD-Systems erfolgt jedoch nicht nur der Zusammenbau. Hier stehen weitere Möglichkeiten zur Überprüfung der Konstruktion zur Verfügung, wie beispielsweise die Kontrolle von Montagebedingungen, Materialüberschneidungen oder Massenwertberechnungen.

Die Erzeugung einer neuen Baugruppe geschieht in CATIA über die Menüleiste, die Schaltfläche *Neu* bzw. das entsprechende Icon. Im Auswahlfenster (Abbildung 6-1) kann so die Option *Product*, die standardmäßige Bezeichnung für eine CATIA-Baugruppe, gewählt werden.

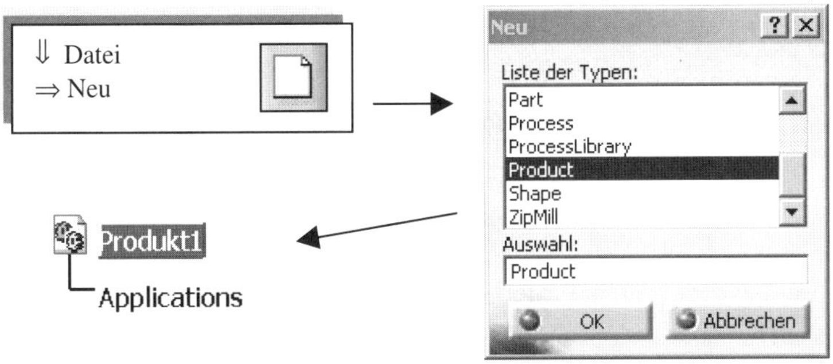

Abbildung 6-1: Startdialog für Baugruppen

Dadurch wird automatisch in den Modus der Baugruppenkonstruktion gewechselt. Neben einer veränderten Benutzeroberfläche wird auch ein Modellbaum sichtbar. Die Baugruppe enthält hier, im Gegensatz zu neu erzeugten Bauteilen, keine Hauptbezugsebenen oder Koordinatensysteme. Im Modellbaum steht der Baugruppen- bzw. Produktname. Unter *Applications* kann der Zugriff auf Daten aus anderen Anwendungsmodulen erfolgen.

Die Tabelle 6-1 enthält eine Auflistung von Funktionen zur Integration von Baugruppenkomponenten. In Tabelle 6-2 sind einige Icons zur Baugruppenanpassungen enthalten. Einbaubedingungen (Tabelle 6-3) werden im nächsten Abschnitt erläutert.

Tabelle 6-1: Optionen zur Bildung der Baugruppenstruktur

Symbol	Bemerkung	Symbol	Bemerkung
	Nur Produkte auswählen		Vorhandene Komponente einbauen
	Neues Produkt		Bildung von Komponentengruppen
	Neue Komponente einbauen		Komponenten aus einem Katalog importieren
	Neues Teil in die aktivierte Baugruppe einbauen		Neue Komponente einbauen
	Komponente ersetzen		Neuordnung des Grafikbaums
	Erzeugung vom Mehrfach-exemplaren		

Tabelle 6-2: Schaltflächen zur Baugruppenanpassung

Symbol	Symboloptionen	Bemerkung
		Auftrennen von Bauteilen
		Symmetrie von Komponenten erzeugen
		Bedingungen ändern
		Erzeugt Bedingungen (standardisiert, verkettet, gestapelt)
		Freihändiges Verschieben oder Drehen von Komponenten
		Komponente durch Versetzen Bewegen
		Zerlegen einer Baugruppe (Explosions-darstellung)
		Schweißplanung

6.2 Baugruppenstruktur

Im Gegensatz zur Teilemodellierung besteht in der Workbench Baugruppenkonstruktion nicht unmittelbar die Möglichkeit, Bezugselemente zu definieren. Es kann daher sinnvoll sein als erste Komponente einer Baugruppe ein Standardbezugsteil einzubauen bzw. zu erzeugen, das neben den drei Hauptebenen zusätzliche Bezugselemente (z. B. Koordinatensystem, Referenzpunkte usw.) enthalten kann. Damit stehen dann neutrale Komponenten als Einbaureferenzen für Unterbaugruppen und Einzelteile zur Verfügung. Im Abschnitt 6.4 wird eine entsprechende Zusammenbaustrategie anhand eines Strukturmodells für die Baugruppe *Greifer* ausführlicher erläutert.

Die Nutzung von neutralen Bezugselementen beim Aufbau von Produkten bzw. Baugruppen bietet einige Vorteile. So ergeben sich damit überschaubare Verflechtungen der Zusammenbauhierarchie (einfachere Eltern-Kind-Beziehungen). Komponenten können flexibel in die Produkthierarchie eingeordnet werden. Darüber hinaus bestehen verbesserte Möglichkeiten zum Austausch von Unterbaugruppen und Einzelteilen. Auch die Musterung der ersten Komponente ist nun möglich.

Für die Übungen soll zunächst eine „leere“ Baugruppe erzeugt werden, in deren Strukturbaum ein einfaches Standardbezugsteil eingefügt wird. Das kann auf zwei Arten erfolgen. Zum einen über das nebenstehende Symbol, zu anderen durch die Integration eines bereits vorher erzeugten Standardteils, wie in Abbildung 6-3 gezeigt.

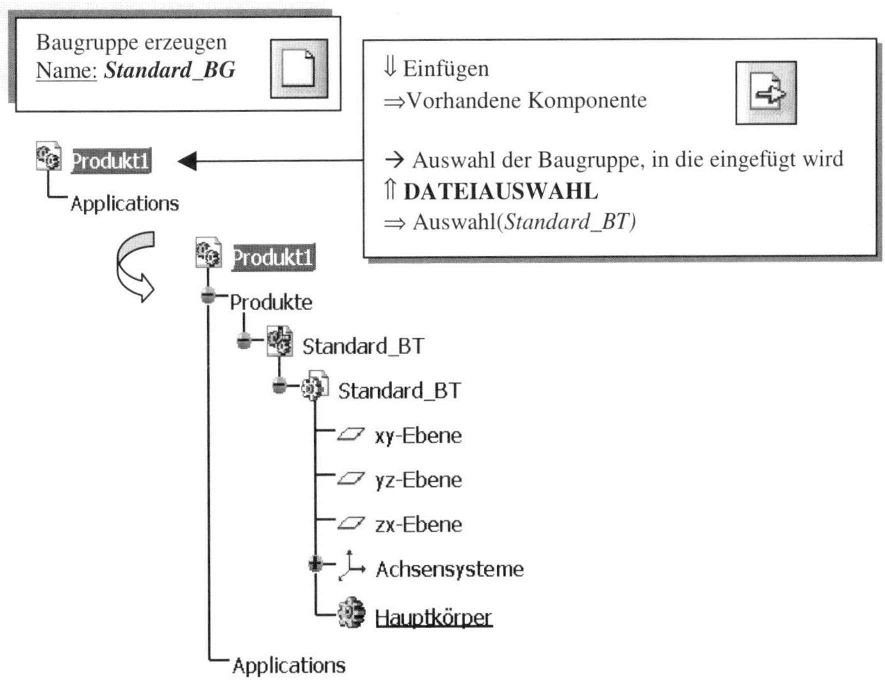

Abbildung 6-2: Leere Standardbaugruppe

Bei Nutzung des Symbols wird vom System automatisch ein leeres Teil mit den Standardbezugselementen eingefügt. Zu beachten ist allerdings, dass auch dieses Teil vom System in einer eigenständigen Datei gespeichert wird. Die Namensgebung kann über das Eigenschaftsfenster beeinflusst werden.

Gleichgültig wie nun dieses Standardteil als erste Komponente in die Baugruppe eingefügt wurde, erfolgt die Positionierung und Orientierung bezogen auf die systeminternen Koordinatensysteme. Es bestehen aber keine Einbaubedingungen, so dass eine Verschiebung oder Drehung der Komponente noch möglich ist.

Wenn dies verhindert werden soll, kann die Komponente über das nebenstehende Symbol fixiert werden. Das ist für spätere Produkt- bzw. Baugruppenuntersuchungen für mindestens eine Komponente auch notwendig, da sonst beispielsweise keine exakten Analysen zu den Freiheitsgraden des Systems durchgeführt werden können.

Die erzeugte Standardbaugruppe kann als Ausgangsmodell für weitere Baugruppen dienen. Sie ist entweder bei Bedarf aufzurufen und unter dem neuen Namen der Baugruppe als Kopie zu speichern oder die Baugruppensitzung wird über die Option *Neu aus ...* begonnen. Das wird jedoch nicht mehr ausführlich beschrieben. Lediglich auf die Namensgebung wird noch hingewiesen.

In Abbildung 6-3 ist der Dialog zur Erstellung des Strukturgerüstes für die Hauptbaugruppe *Greifer* kurz beschrieben. Diese soll neben dem Standardteil zunächst nur die Platzhalter für einige Unterbaugruppen enthalten. Daher ist das Icon zum Einfügen eines neuen Produktes in die Baugruppenstruktur auszuwählen. Die Bezeichnungen, die im Strukturbaum stehen, können über die Option *Eigenschaften* für jede Komponente angepasst werden.

Beim Speichern der Hauptbaugruppe werden die neu erzeugten Produkte, die mit weiteren Komponenten versehen wurden, vom System separat gespeichert (ebenso wie die in der Sitzung generierten Teile).

Alternativ könnten Platzhalter für Unterbaugruppen und Teile auch über das Icon zum Einfügen von Komponenten erzeugt werden. Selbständig modellierte Baugruppen müssen dann über die Option *Komponente ersetzen* in diese Hauptbaugruppe integriert werden.

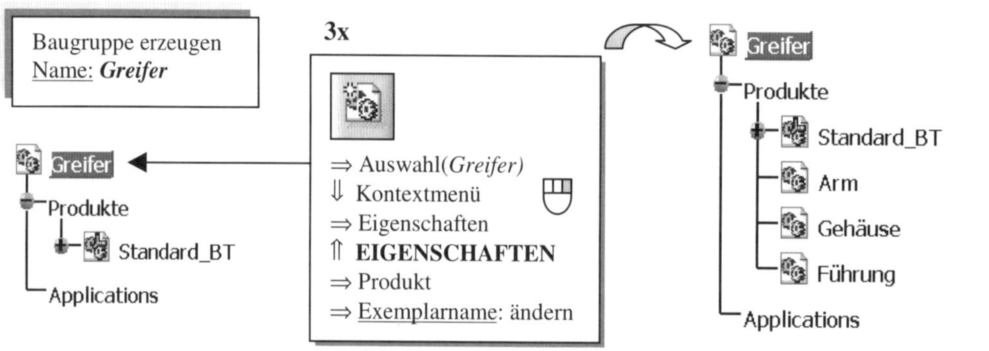

Abbildung 6-3: Baugruppengerüst

6.3 Der Einbau von Komponenten

6.3.1 Grundlagen

Für den Einbau von Teilen und Unterbaugruppen ist stets das Produkt selbst (die oberste Hierarchieebene des Produktes) oder eine bereits integrierte (bzw. im Modellbaum sichtbar definierte) Unterbaugruppe auszuwählen.

Bei dem Einbau bereits vorhandener Unterbaugruppen oder Einzelteile in eine Baugruppe können die entsprechenden Komponenten aus beliebigen Verzeichnissen ausgewählt werden (Abbildung 6-4). Innerhalb der Baugruppe wird daraufhin Dateiname und Dateiverzeichnis der Komponente mitgespeichert. Sollten die Daten in andere Verzeichnisse verschoben werden, kann der neue Verzeichnispfad über Suchfunktionen aktualisiert werden. Zur einfachen Durchführung der Übungen sollten die Dateien in einem Verzeichnis vorhanden sein.

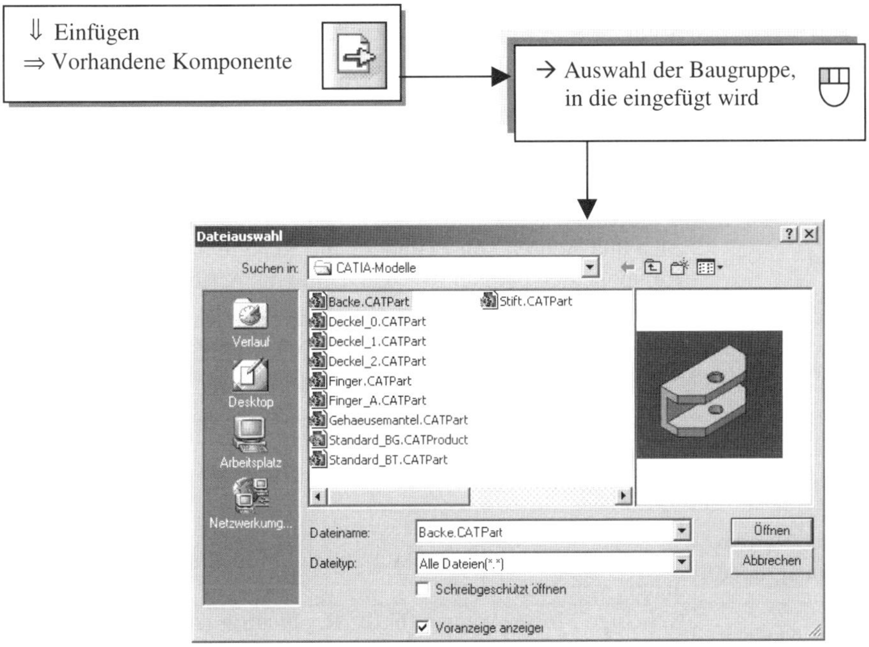

Abbildung 6-4: Einfügen einer Komponente

Alle Komponenten werden zunächst mit einer Standardorientierung eingesetzt. Damit bestehen jedoch noch keine Einbaubedingungen, so dass eine Verschiebung oder Verdrehung der Komponente z. B. mit der Kompassfunktion noch möglich ist. Erst durch die Festlegung von Einbaubedingungen werden die Freiheitsgrade eingeschränkt. Grundsätzlich gilt, dass zur eindeutigen Positionierung der Komponenten alle Freiheitsgrade definiert sein müssen. Die Komponenten können jedoch auch unterbestimmt sein. Ist das der Fall, kann diese Komponente in Richtung der Freiheitsgerade unter Einhaltung der definierten Zwangsbedingungen, beliebig bewegt werden.

Die Tabelle 6-3 liefert eine Übersicht über die möglichen Bedingungen zum Platzieren der Komponenten in die Baugruppe. Nur die Verankerungsoption führt sofort zur einer eindeutigen Fixierung. In allen anderen Fällen sind daher in der Regel mehrere Bedingungen erforderlich, um die erforderlichen Positionen und Orientierungen zu sichern.

Die Platzierungsbedingungen bestimmen die relative Position eines Referenzpaares. Als Referenzpaar werden die beiden Elemente bezeichnet, die bei einer Platzierungsbedingung ausgewählt werden. Die folgenden Übungen dienen der Verdeutlichung der verschiedenen Platzierungsoptionen mit den entsprechend zugehörigen Regeln, die bei der Anwendung zu beachten sind.

Tabelle 6-3: Einbaubedingungen

Symbol	Einbauoption	Beschreibung
	Kongruenz	Linien, Ebenen oder Flächen werden koaxial bzw. koplanar angeordnet. Punkte sind konzentrisch bzw. liegen auf Linien oder Flächen.
	Kontakt	Kann zwischen ebenen Flächen definiert werden. Dies ermöglicht Flächen-, Linien- oder Punktberührung.
	Offset	Ermöglicht Abstandsbedingungen zwischen Punkten, Linien, Ebenen oder planaren Flächen. Zusätzlich ist die Orientierung anzugeben.
	Winkel	Winkelbeziehungen zwischen Linien; Ebenen, planaren Flächen und Achsen von Zylindern und Kegeln. Außerdem können Komponenten parallel (0°) und rechtwinklig (90°) ausgerichtet werden.
	Fixieren	Komponenten können entweder im Raum (absolut zum Koordinatenursprung) oder untereinander (relativ zu anderen Komponenten) fixiert werden.
	Schnelle Bedingung	In Abhängigkeit vom Typ der selektierten Referenzelemente (Punkt, Linie usw.) wird automatisch eine mögliche Bedingung erzeugt.
	Flexible/starre Unterbaugruppe	Ermöglicht die Definition flexibler Unterbaugruppen. Hierbei sind die mechanische Struktur und die Produktstruktur unabhängig voneinander.
	Muster wieder verwenden	Beliebige Muster können für die Replikation von Komponenten verwendet werden.

6.3.2 Einbau der ersten Komponente

Der Einbau der ersten Komponente kann so erfolgen, wie es bereits für die Integration eines Standardteils verdeutlicht wurde (Abbildung 6-2).

Nachfolgend soll die Baugruppe „Arm" erzeugt werden, die die Einzelteile „Finger", „Backe" und „Stift" umfasst.

In Abbildung 6-5 wird gezeigt, wie eine neue Baugruppe auf Basis einer Standardbaugruppe erzeugt wird. Zunächst ist die Standard-Baugruppe zu öffnen und in die Baugruppe *Arm* umzubenennen. Ebenso soll das „Produkt" im Modellbaum bezeichnet werden. Anschließend wird die *Backe* als erste wirkliche Komponente in die Baugruppe eingefügt.

Hier wird vom System zur ersten Positionierung das interne Bezugssystem verwendet, so dass die *Backe* noch frei positionierbar ist.

Im Beispiel sollen paarweise die namensgleichen Bezugsebenen der Backe und des Standardteiles genutzt werden, um die Backe im Modell fest zu verankern. Die Auswahl kann entweder über die Ebenendarstellung im Geometriebereich oder über den Modellbaum erfolgen. Die Einbaubedingungen werden dann auch im Modellbaum sichtbar, wenn die entsprechenden Optionen aktiv sind.

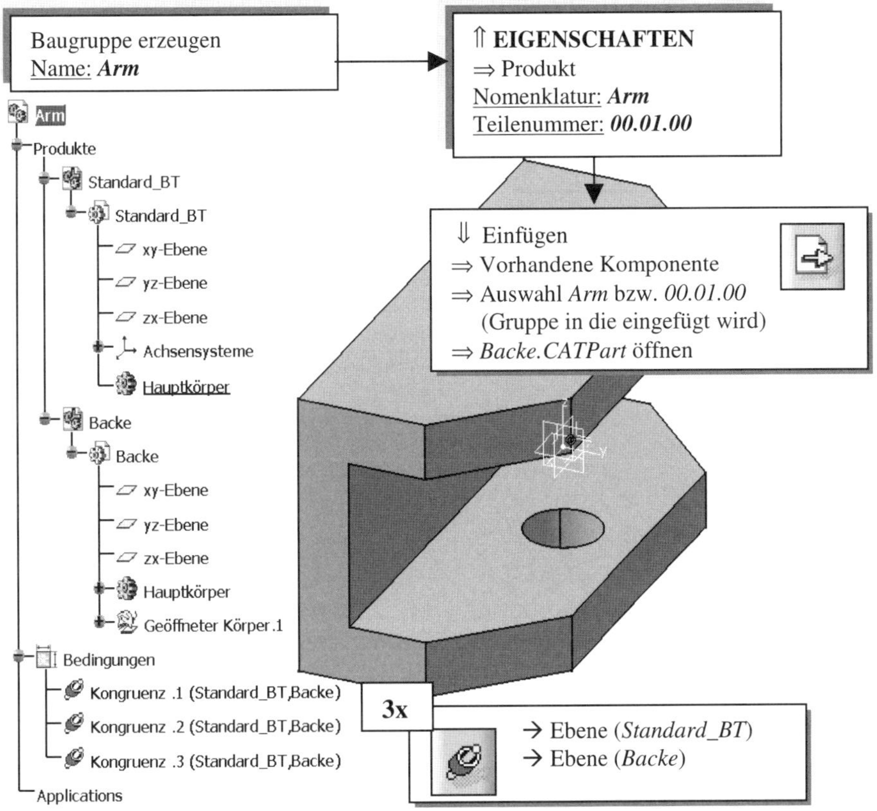

Abbildung 6-5: Benutzerdialog neue Baugruppe

Alternativ hierzu soll noch beschrieben werden wie die Unterbaugruppe *Arm* innerhalb der Hauptbaugruppe *Greifer* komplettiert werden kann.

Das Baugruppengerüst wurde bereits erstellt (Abbildung 6-3). Nun kann in der gleichen Weise das Bauteil *Backe* integriert werden. Bei der Auswahl der Komponente, in die eingefügt werden soll, ist nun allerdings die Komponente *Arm* der Hauptbaugruppe *Greifer* zu wählen.

⇓ Einfügen
⇒ Vorhandene Komponente
⇒ Auswahl *Arm*
(Gruppe in die eingefügt wird)
⇒ *Backe.CATPart* öffnen

Nach Speicherung der Hauptbaugruppe wird vom System auch die Unterbaugruppe gesichert, so dass auch in diesem Fall die Baugruppendatei direkt aufgerufen und komplettiert werden kann. Diese Änderungen werden dann auch in die Gesamtbaugruppe übernommen.

6.3.3 Einbau über Bezugselemente und Achsen

Zu den Hilfselementen für die Komponentenpositionierung gehören sowohl vom System erzeugte als auch benutzerdefinierte Bezüge (Ebenen, Linien, Punkte). Ebenso sollen hier die Mittelachsen von Bohrungen eingeordnet werden. Der Einsatz von modellneutralen Bezugselementen ist insbesondere notwendig, wenn Änderungen an der Geometrie einer Komponente keinen Einfluss auf dessen Position in der übergeordneten Baugruppe haben dürfen.

In dieser Übung wird die Unterbaugruppe *Arm* durch Hinzufügen der Bauteile *Stift* und *Finger* fertiggestellt. Zunächst wird das Bauteil *Finger.CATPart* hinzugefügt. Bevor den Komponenten Bedingungen zugewiesen werden, sollten einige Vorüberlegungen angestellt werden.

⇓ Einfügen
⇒ Vorhandene Komponente
⇒ Auswahl *Arm*
(Gruppe in die eingefügt wird)
⇒ *Finger.CATPart* öffnen

⇓ Einfügen
⇒ Kongruenz...

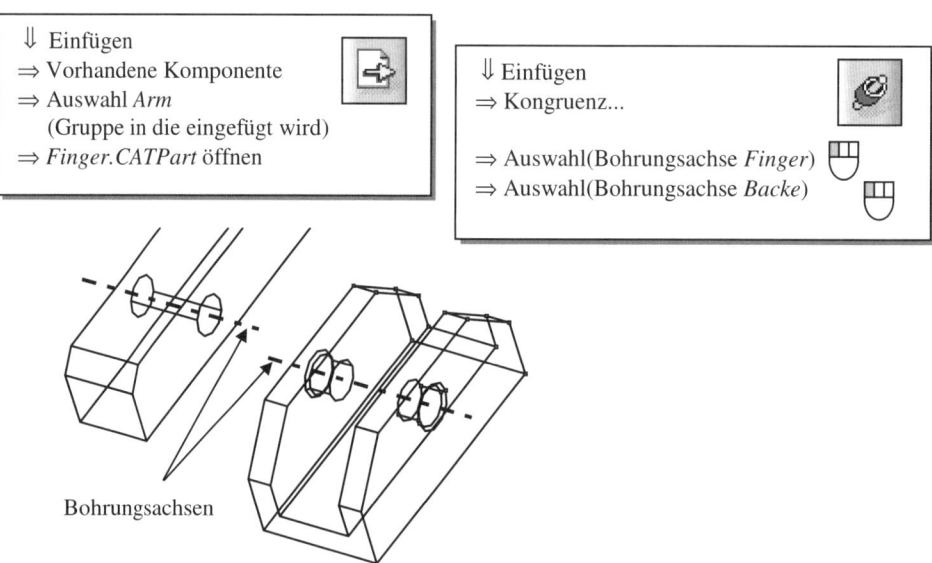

⇒ Auswahl(Bohrungsachse *Finger*)
⇒ Auswahl(Bohrungsachse *Backe*)

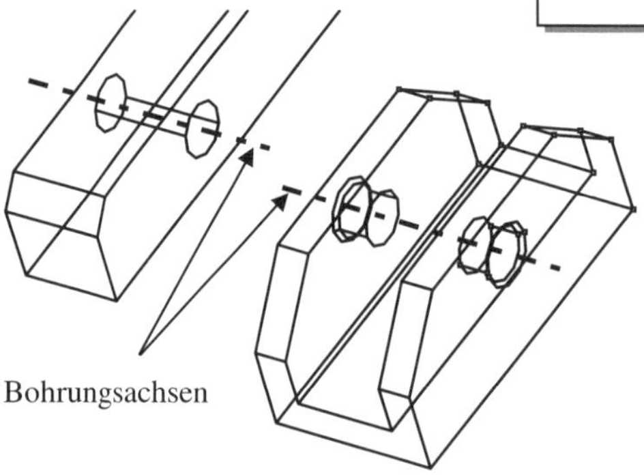

Abbildung 6-6: Hinzufügen der Komponente *Finger*

Das Bauteil *Finger* wird mit der Komponente *Backe* durch den *Stift* über eine Bohrung gehalten. Beide Komponenten haben Achsen, die für den Einbau verwendet werden sollen, auch wenn es dadurch zu wechselseitigen Abhängigkeiten beim Zusammenbau kommt. Auf ein ausgefeiltes Standardteil soll in dieser Übung verzichtet werden.

Zur Ausrichtung der Bohrungen wird den Achsen eine Kongruenzbedingung zugewiesen. In der Abbildung 6-6 sind die beiden Komponenten dargestellt. Die erste Einbaubedingung soll das Ausrichten der Bohrungsachsen beider Komponenten sein. Somit sind die beiden Bohrungen koaxial zueinander fixiert. Ein Bewegen ist aufgrund dessen lediglich in axialer Richtung sowie in Drehrichtung um die Achsen möglich. Zu beachten ist, dass die Achsen zylindrischer Körper (Bohrungen oder Extrusionen) erst bei der Definition von Einbaubedingungen sichtbar werden. Die Achsen werden bei der Auswahl als Strichpunktlinien dargestellt. Sollte die Selektion von Elementen Schwierigkeiten bereiten, so ist es hier und bei den weiteren Bedingungsdefinitionen hilfreich, den Darstellungsmodus zu ändern oder die Zoomfunktion zu nutzen.

Das Platzieren der Komponente *Finger* soll im nächsten Schritt durch Benutzen der Bedingung *Offset ohne Versatz* fertiggestellt werden. Als Referenzen werden hier die xy-Ebenen der Backe und des Fingers (am besten im Modellbaum) ausgewählt.

Abbildung 6-7 zeigt die Darstellung der Bedingungszuweisung für die Bauteile. Ebenen besitzen eine Vorder- und eine Rückseite, die hier durch einen Bezugspfeil angezeigt werden. Das System fragt zur eindeutigen Definition der Bedingung nach der Bezugsorientierung der Ebene. Die Auswahl der entsprechenden Ausrichtung (*Gleiche, gegenüber, nicht definiert*) wird im Konfigurationsfenster eingestellt. Hier können zusätzlich der Bedingungsname und der Offsetwert geändert werden. Für die Ausrichtung der Backe und des Fingers ist hier der Offsetwert gemäß der Konstruktionsabsicht zu ändern.

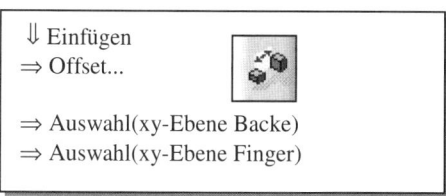

⇓ Einfügen
⇒ Offset...

⇒ Auswahl(xy-Ebene Backe)
⇒ Auswahl(xy-Ebene Finger)

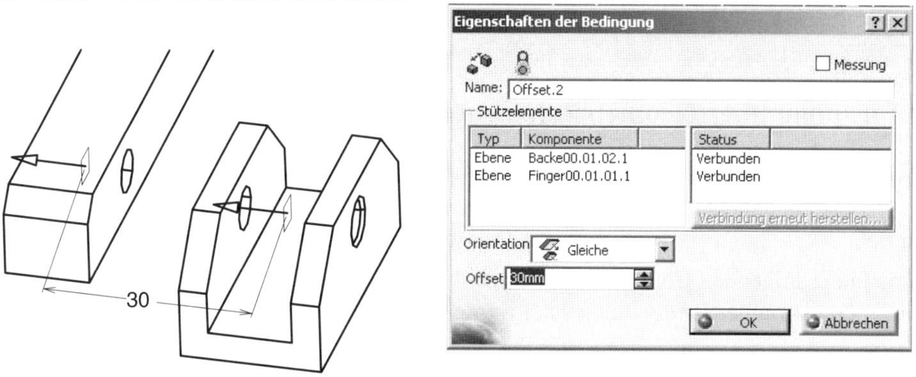

Abbildung 6-7: Bedingungszuweisung

Das gleich Ergebnis hätte mit Kongruenzbeziehung zwischen den beiden Ebenen erreicht werden können, da in diesem Fall der Offsetwert gleich Null gesetzt wurde.

Der Einbau der Komponente Stift wird hier nicht detailliert beschrieben. Die Zuweisung der Einbaubedingungen entspricht der gerade beschriebenen Vorgehensweise.

Beide hinzugefügten Teile sind nicht in allen Freiheitsgraden eingeschränkt. Eine Drehung um die Achse ist noch möglich.

Die Abbildung 6-8 stellt die Unterbaugruppe *Arm* mit den enthaltenen Bauteilen *Backe*, *Stift* und *Finger* dar.

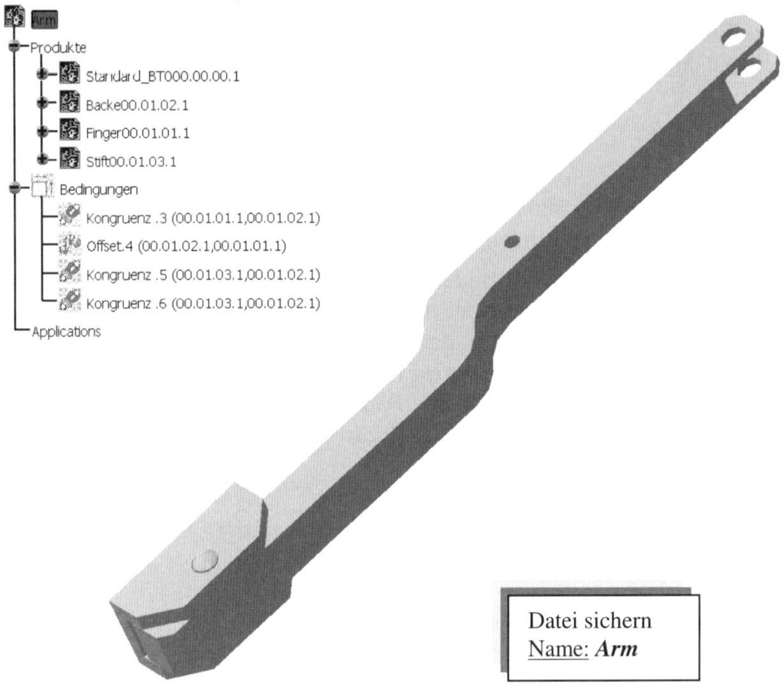

Datei sichern
Name: ***Arm***

Abbildung 6-8: Unterbaugruppe Arm

6.3.4 Einbau über Geometrieelemente

Eine weitere Möglichkeit, Bauteile in der Baugruppe zu platzieren, besteht in der Verwendung von Geometrieelementen (Eckpunkte, Kanten, Flächen). Die prinzipielle Vorgehensweise entspricht der Bedingungszuweisung unter Verwendung von Bezugselementen.

Innerhalb der folgenden Übung soll das Bauteil *Gehäusemantel* mit den beiden Deckeln in die neue Unterbaugruppe *Gehäuse* eingebaut werden.

Die erste Komponente, die in die Unterbaugruppe eingebaut wird, ist das Bauteil *Gehäusemantel*. Da in der Baugruppe, bis auf das eventuell schon integrierte Standardteil, noch keine Geometrieelemente zur Verfügung stehen, soll der Gehäusemantel über die Option *Fixieren* als erste Komponente platziert werden (Abbildung 6-9). Die Komponente *Gehäusemantel* wird so bezüglich ihrer Ausrichtung zum Baugruppenkoordinatensystem in allen sechs Freiheitsgraden eingeschränkt und kann hinsichtlich ihrer räumlichen Lage und Orientierung nicht mehr durch weitere Bedingungen beeinflusst werden.

Als weiteres Bauteil wird die Komponente *Deckel_1* eingebaut. Zur Festlegung der Einbaubedingungen werden ausschließlich Geometrieelemente genutzt.

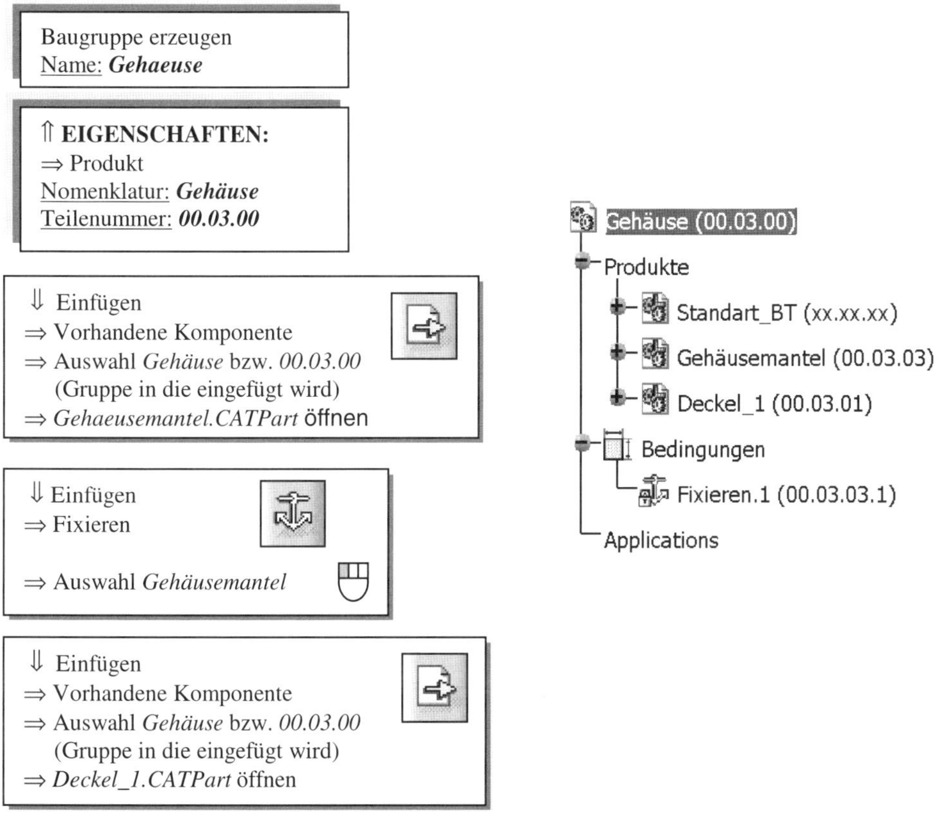

Abbildung 6-9: Einfügen von Komponenten

Mit Hilfe des *Manipulations*menüs (Abbildung 6-10) sollte das Bauteil neben den eingebauten Gehäusemantel bewegt werden, damit die benötigten Referenzelemente, wie Linie, Kanten und Flächen, einfacher selektiert werden können. Der Aufruf des Manipulationsmenüs ermöglicht das Verschieben und Rotieren von Baugruppenkomponenten bezüglich vorgegebener oder frei wählbarer Achsen und Ebenen. Zusätzlich besteht die Möglichkeit, während der Manipulation bereits definierte Bedingungen zu berücksichtigen bzw. die Bewegungsfreiheitsgrade einzuschränken.

Alternativ kann hier natürlich auch der 3D-Kompass zum Verschieben der Bauteile eingesetzt werden.

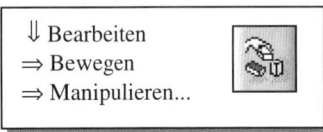

⇓ Bearbeiten
⇒ Bewegen
⇒ Manipulieren...

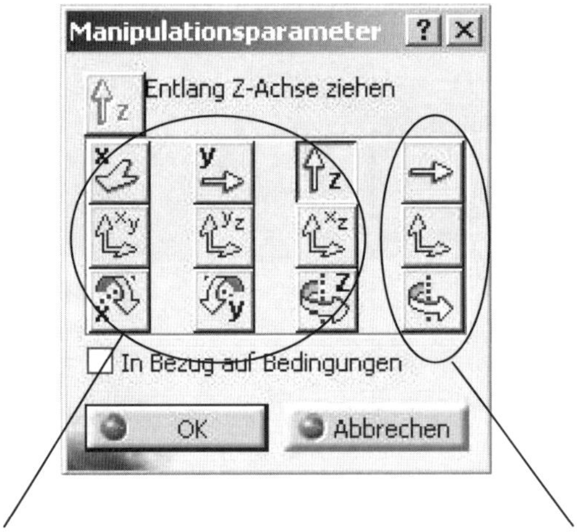

Abbildung 6-10: Manipulationsparameter

Durch die Definition der Einbaubedingung soll sicher gestellt werden, dass sich die in Abbildung 6-11 mit „1“ und „2“ markierten Flächen berühren. Daher wird die Option *Kontakt* verwendet, wodurch die Flächen ohne Abstand aufeinander gelegt werden. Diese Kontaktbedingung kann zwischen zwei Ebenen, zwei zylindrischen Flächen oder auch zwischen einer zylindrischen und einer ebenen Fläche definiert werden.

Im Beispiel werden zunächst die beiden Kreisringflächen (Nummer „1“) für eine Kontaktberührung ausgewählt. Zur Realisierung der Fixierung der koaxial zueinander liegenden Zylinderflächen sind die mit der Nummer „2“ markierten Flächen anzuwählen.

Nach Festlegung dieser beiden Einbaubedingungen könnte der Deckel immer noch um die z-Achse gedreht werden. Das stört im Moment jedoch nicht.

⇓ Einfügen
⇒ Kontakt

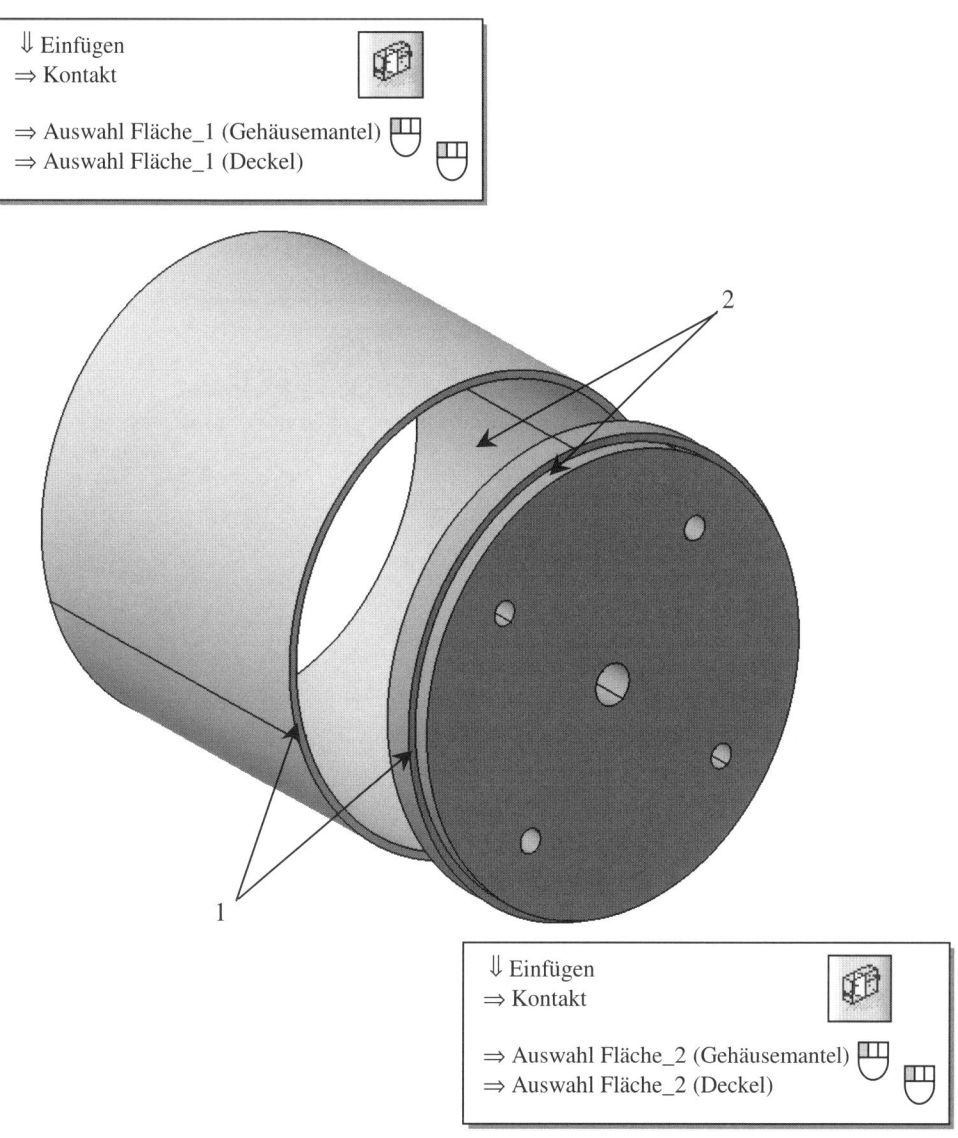

⇒ Auswahl Fläche_1 (Gehäusemantel)
⇒ Auswahl Fläche_1 (Deckel)

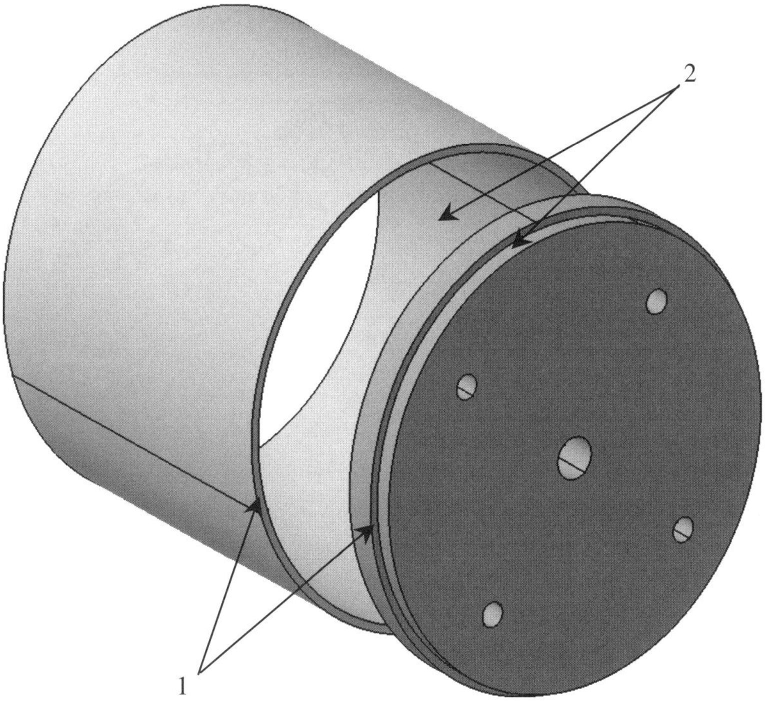

⇓ Einfügen
⇒ Kontakt

⇒ Auswahl Fläche_2 (Gehäusemantel)
⇒ Auswahl Fläche_2 (Deckel)

Abbildung 6-11: Gehäusemantel mit Deckel

Der zweite Deckel (Deckel_2) lässt sich auf gleiche Weise in die Baugruppe einbauen. Um weitere alternative Möglichkeiten zur Definition von Einbaubedingungen kennen zulernen, soll jedoch hier anstelle der Option *Kontakt*, die Option *Offset* genutzt werden (Abbildung 6-12). Als Referenz wird der bereits eingebaute Deckel dienen. Anders als bei der *Kontakt*-Option muss bei der *Offset*-Option der Versatz und die Orientierung vorgegeben werden.

Der Abstand zwischen den beiden innen liegenden Flächen beträgt 101 mm. Die beiden Bauteile *Deckel* und *Gehäuse* stehen folglich direkt in Beziehung.

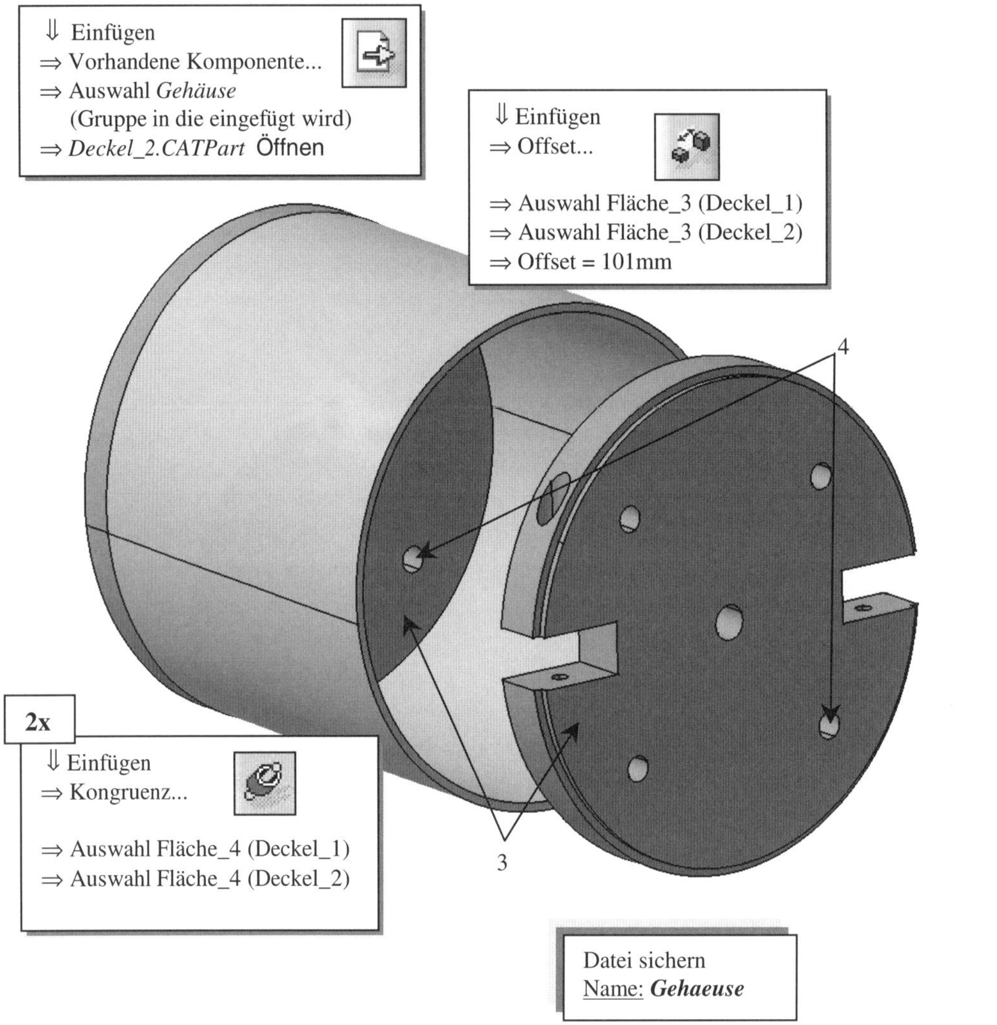

Abbildung 6-12: Einbau des Deckels

Die Komponentenplatzierung wird mit Hilfe der *Kongruenz*-Option fortgesetzt. Hierbei muss beachtet werden, dass die Bohrungen beider Deckel miteinander fluchten. Daher werden die in der Abbildung 6-12 bezeichneten Bohrungsflächen „4“ angewählt. Die eindeutige Platzierung des Deckels ist allerdings erst nach einer zweiten Kongruenzbedingung gegeben. Somit muss der oben beschriebene Vorgang mit einem zweiten Bohrungspaar erneut durchgeführt werden.

Der Einbau des *Deckels_2* ist damit abgeschlossen. Die Unterbaugruppe sollte abschließend gespeichert werden.

6.3.5 Einbaukorrektur

Bereits definierte Komponentenplatzierungen lassen sich am einfachsten durch einen Doppelklick mit der linken Maustaste auf die Bedingung (entweder im Geometriebereich oder im Modellbaum) ändern. Im Eingabefenster hat man hier alle bekannten Einstelloptionen. Ein Rechtsklick auf die Bedingung führt ebenfalls über die Objekteigenschaften zu den Einstelloptionen. Der Bedingungstyp kann nach der in Abbildung 6-13 gezeigten Vorgehensweise nachträglich geändert werden, wobei die Referenzen der Bedingung erhalten bleiben und mögliche Alternativbedingungen angegeben werden.

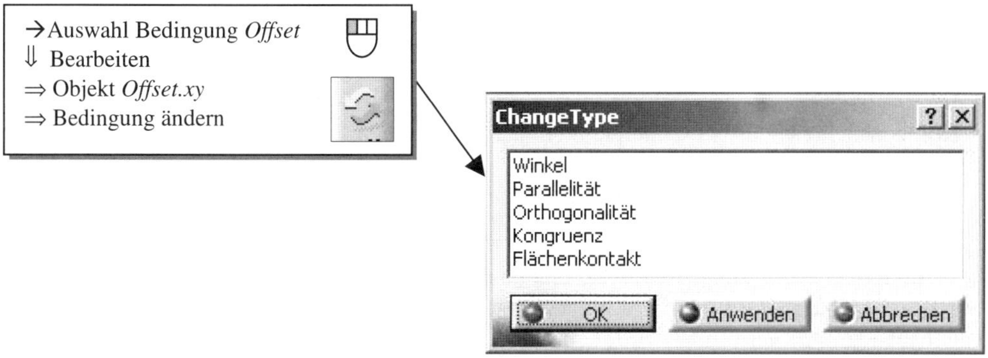

Abbildung 6-13: Änderung des Bedingungstyps

Es werden dabei nur Bedingungen zur Verfügung gestellt, die für die vorher selektierten Elementauswahl zugelassen sind. Selbstverständlich können Bedingungen auch einfach nur gelöscht werden.

6.4 Verwendung von Strukturmodellen

6.4.1 Einführung

Ein Strukturmodell ist ein Baugruppenskelett zur Festlegung und Charakterisierung von Referenzen, Verbindungen oder Größenverhältnissen. Es besteht in der Regel aus einem Flächen-, Linien- und Punktegerüst, das die Struktur einer Baugruppe repräsentiert. Die Verwendung eines solchen Modells liefert folgende Vorteile:

- Die einzubauenden Komponenten beziehen sich nur auf das Strukturmodell und sind somit nicht zu anderen Komponenten in Form von Eltern-Kind-Beziehungen abhängig.
- Verschiedenen Bearbeitern eines Projekts können Einfügepunkte und Bauräume vorgegeben werden.
- Komponenten lassen sich schnell und einfach austauschen.
- Einfache Bewegungsanalysen lassen sich ohne aufwendige geometrische Beziehungen realisieren.

Das Strukturmodell ist zunächst im Teilemodus zu erzeugen. Anschließend kann es dann als erste Komponente in die Baugruppe eingefügt werden. Falls eine vordefinierte Standard- oder Hauptbaubaugruppe verwendet wird, kann das darin bereits enthaltene Standardteil durch das Strukturmodell ersetzt werden.

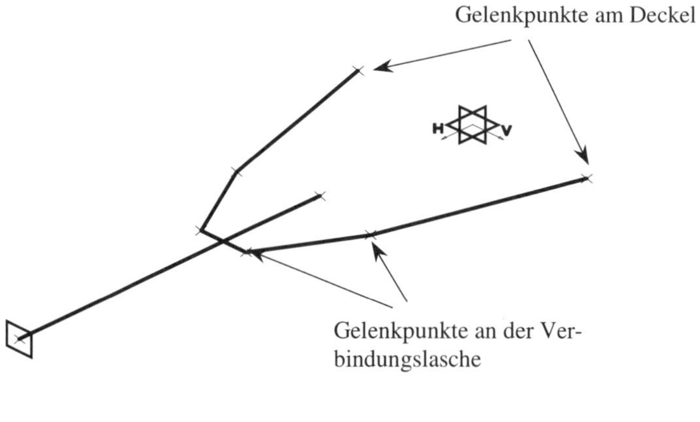

Abbildung 6-14: Strukturmodell

6.4.2 Aufbau des Strukturmodells

Die Abbildung 6-14 stellt das Teilemodell dar, welches als Strukturmodell dient. Die Verwendung von Bezugselementen sollte sich an den Einbaubedingungen sowie den Struktur-Eigenschaften der Baugruppe orientieren. Bei der Erzeugung des Strukturmodells für die Gesamtbaugruppe *Greifer* werden Bezugselemente verwendet, die zum einen die Struktur und das Bewegungsverhalten des Greifers verdeutlichen und zum anderen das Erstellen der Einbauelemente vereinfachen.

Zunächst erfolgt die Erzeugung einer zur yz-Ebene parallelen Bezugsebene, die dazu dienen wird, die Greifarme zu bewegen. Der Abstand beträgt 180mm. Die Ebene erhält standardmäßig vom System den Namen *Ebene1*. Dieser kann nach eigener Vorgabe geändert werden. Im Verlaufe dieser Übung wird jedoch von dem Standardnamen *Ebene1* ausgegangen.

Über die Option Skizze wird eine Bezugskurve in der xy-Ebene erzeugt, die aus zwei Geraden besteht. Der Endpunkt der auf der x-Achse liegenden Geraden wird mit der *Ebene1* ausgerichtet.

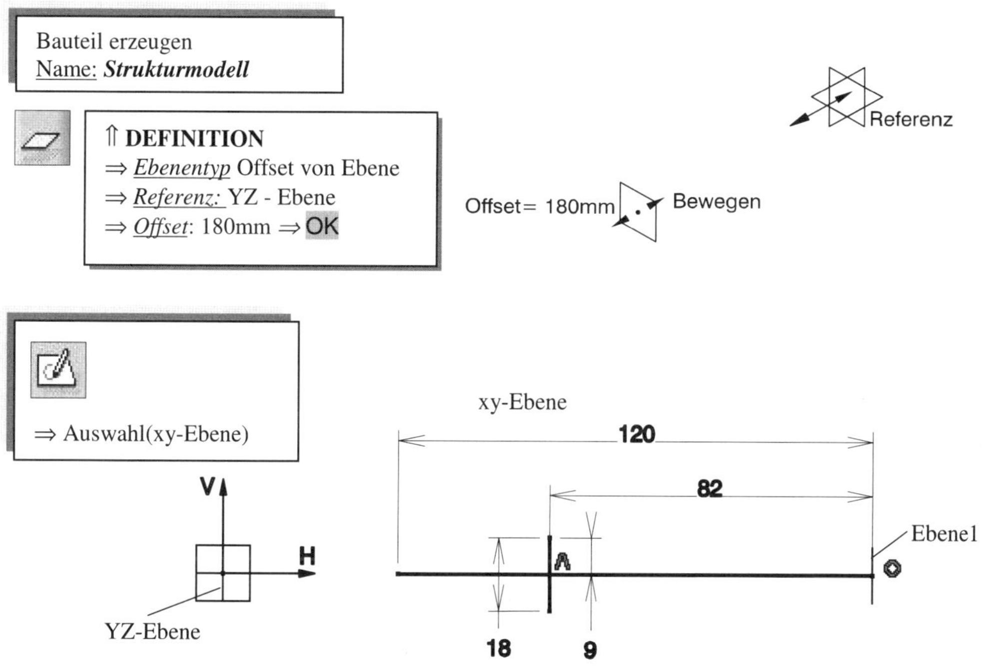

Abbildung 6-15: Aufbau des Bezugssystems

Eine nächste Bezugsgerade verkörpert die Verbindungslasche. Die Länge (36 mm) dieser Geraden ist an dem Achsabstand der beiden Bohrungen orientiert (Abbildung 6-16). Sie ist an der xz-Ebene zu spiegeln.

Das gilt auch für die letzte Bezugsgerade, die den funktionalen Zusammenhang zwischen der Unterbaugruppe *Arm* und dem *Deckel_2* repräsentiert. Hierbei ist insbesondere auf die bereits vorhandenen Bezugskurven zu achten. Der spiegelbildlich zu erzeugende Kurvenzug wird auf der einen Seite mit der yz-Ebene ausgerichtet, auf der anderen Seite mit einen Endpunkt der zuvor skizzierten Kurve.

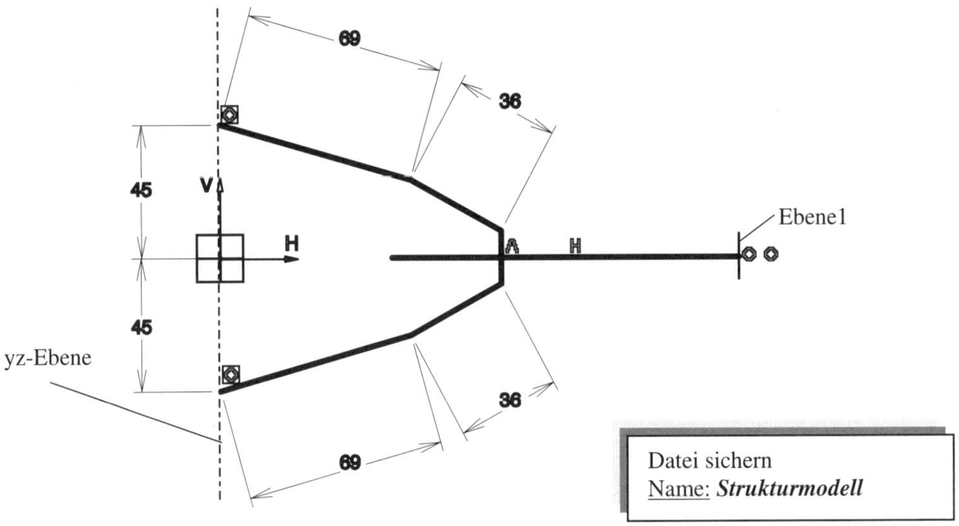

Abbildung 6-16: Bezugskurven des Strukturmodells

Zur Überprüfung des Bewegungsverhaltens kann der Abstand zwischen der Ebene1 und der yz-Ebene von 180 mm beispielsweise auf 165 mm abgeändert werden.

6.4.3 Anpassung der Komponenten

Bevor das Strukturmodell Grundlage für den Zusammenbau sein kann, sind noch einige Anpassungen an den bereits erzeugten Teilemodellen vorzunehmen, denn einige Endpunkte der im Strukturmodell vorhandenen Geraden werden zur Geometrieplatzierung genutzt. Hierfür müssen in den Schnittpunkten der Bohrungsachsen mit der mittleren Ebene der Bauteile Punkte erzeugt werden. Da dies nicht im Baugruppenmodus geschehen kann, wird das entsprechende Teil bearbeitet. Dies soll für das Bauteil *Finger* kurz erläutert werden.

Es ist nicht erforderlich, hierfür das Teil separat zu öffnen, da Bauteile in einer Baugruppe als zu bearbeitende Objekte definiert werden können, am einfachsten mit einem Doppelklick auf das gewünschte Bauteil.

Die Punkte in den Bohrungsmitten können auf unterschiedlichsten Wegen erzeugt werden, etwa über die Eingabe von absoluten oder relativen Koordinatenwerten. Relativ einfach ist es, zunächst für jede Bohrung zwei Hilfspunkte mit der Option *Kreismittelpunkt* auf den Bohrungsstirnflächen zu erzeugen und diese anschließend für die Definition des Mittenpunktes zu nutzen (Abbildung 6-17).

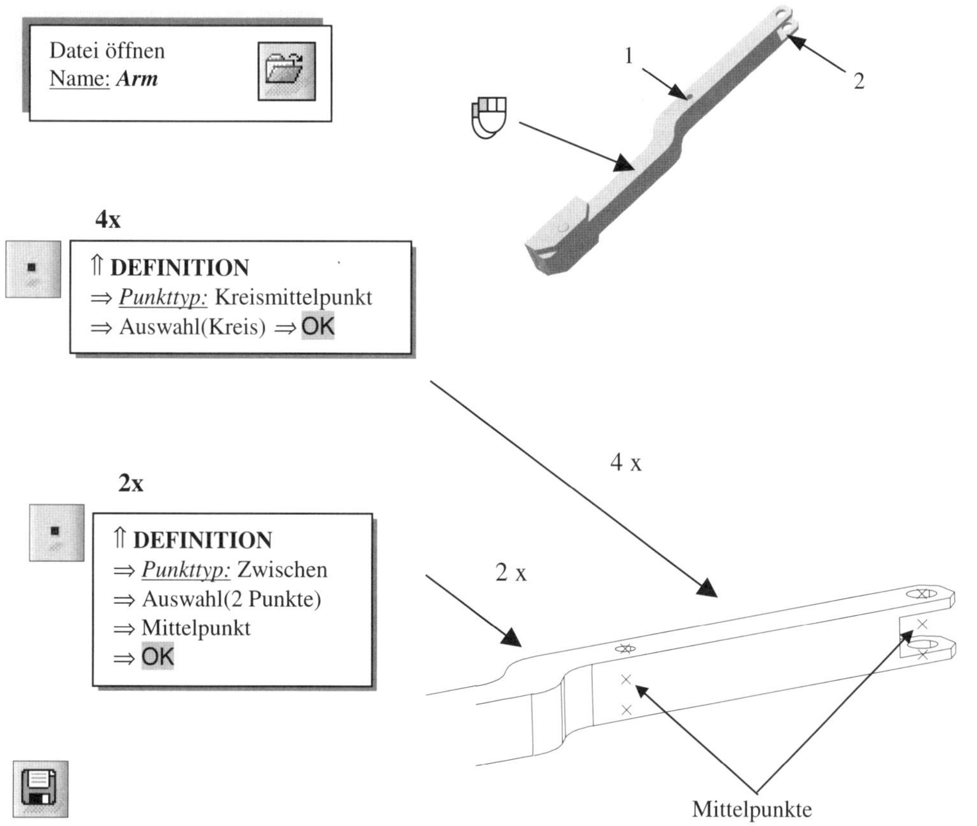

Abbildung 6-17: Baugruppe Arm mit zusätzlichen Bezugspunkten

Die Vorbereitungen zur Erzeugung der Gesamtbaugruppe *Greifer* auf Basis eines Strukturmodells sind damit abgeschlossen.

6.4.4 Strukturierter Zusammenbau

Zunächst ist in die leere Baugruppe *Greifer* das Strukturmodell als erste Komponente einzubauen. Falls diese Baugruppe bereits gemäß Abbildung 6-3 vorliegt, muss das darin integrierte Standardteil durch das Strukturmodell ersetzt werden:

⇒ Auswahl(Standard_BT)

⇓ Bearbeiten ⇒ Komponenten ⇒ Komponenten ersetzen

⇒ Strukturmodell öffnen

Möglichkeiten zum Einbau der Unterbaugruppe *Arm* wurden bereits erläutert, so dass im Folgenden nur noch einige Anmerkungen zu dessen Positionierung in die Gesamtbaugruppe notwendig sind.

Ziel ist es, den Bewegungsablauf des Arms nach dem Einbau durch Veränderung des Abstandes der *Ebene1* zu der yz-Ebene zu simulieren. Daher dienen die Bezugspunkte der Unterbaugruppe *Arm* und des Strukturmodells unter Verwendung der Option *Kongruenz* zum Einbau der Komponenten (Abbildung 6-18).

⇓ Einfügen
⇒ Kongruenz...

⇒ Auswahl(Bezugspunkt *Strukturmodell*)
⇒ Auswahl(Bezugspunkt *Arm*)

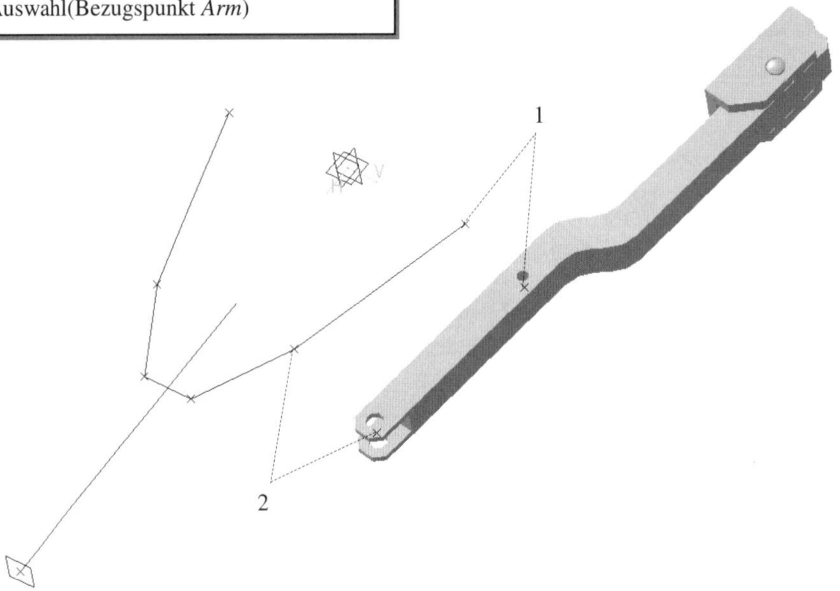

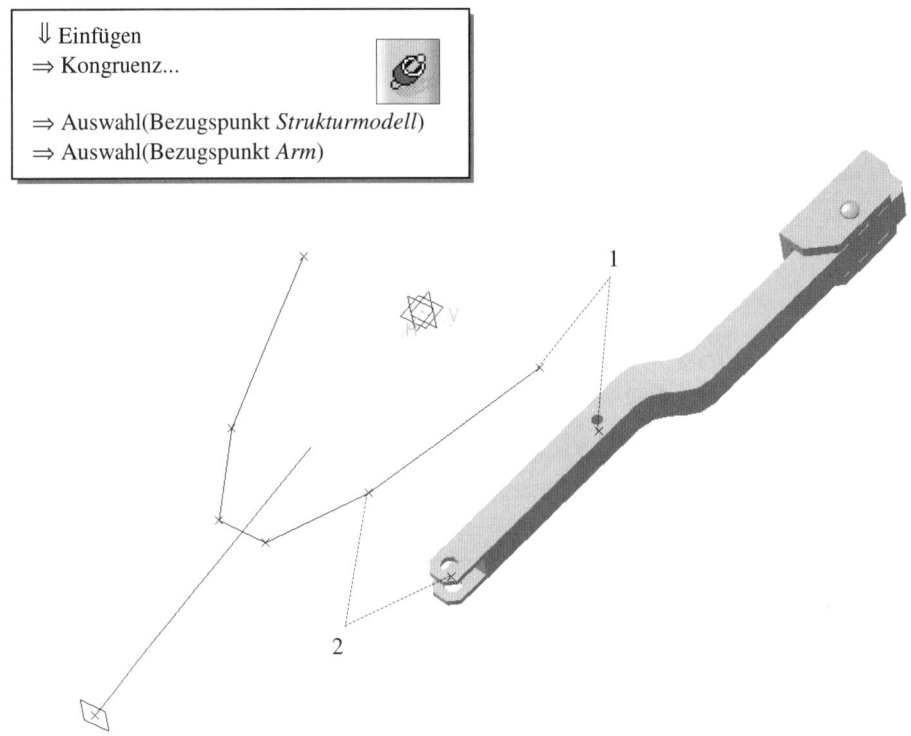

Abbildung 6-18: Einbau der Baugruppe *Arm*

Zur eindeutigen Festlegung der Baugruppe Arm ist noch eine Bedingung zu definieren, die eine Drehung des Arms um die Längsachse blockiert bzw. in geeigneter Weise zum Strukturmodell ausrichtet. Hier kann z. B. eine Winkelbedingung zwischen einer Ebene des Strukturmodells und einer Fläche des Fingers angebracht werden. Das Ergebnis sollte der Abbildung 6-19 entsprechen. Nun kann durch Verändern des Abstandes der *Ebene1* von 180 mm auf 160 mm und wieder zurück, das Öffnen und Schließen der Greiferarme simuliert werden. Dies sollte nicht über die geometrisch festgelegten Grenzen erfolgen, da sonst das System keine Regenerierung der Struktur durchführen kann.

Diese Art der Bewegungssimulation gibt allerdings nur einen ersten Überblick über Verschiedene Strukturzustände wieder. In der Regel werden in CATIA und ähnlich leistungsfähigen CAD-Systemen andere Möglichkeiten der Bewegungssimulation und Analyse genutzt. Erwähnt seien an dieser Stelle z. B. Digital Mock Up (DMU) und Mehrkörpersimulationsmethoden (MKS), die über die Bewegungssimulation hinaus noch Untersuchungen bzgl. der Kinematik, Dynamik aber auch der Montierbarkeit von Baugruppen erlauben.

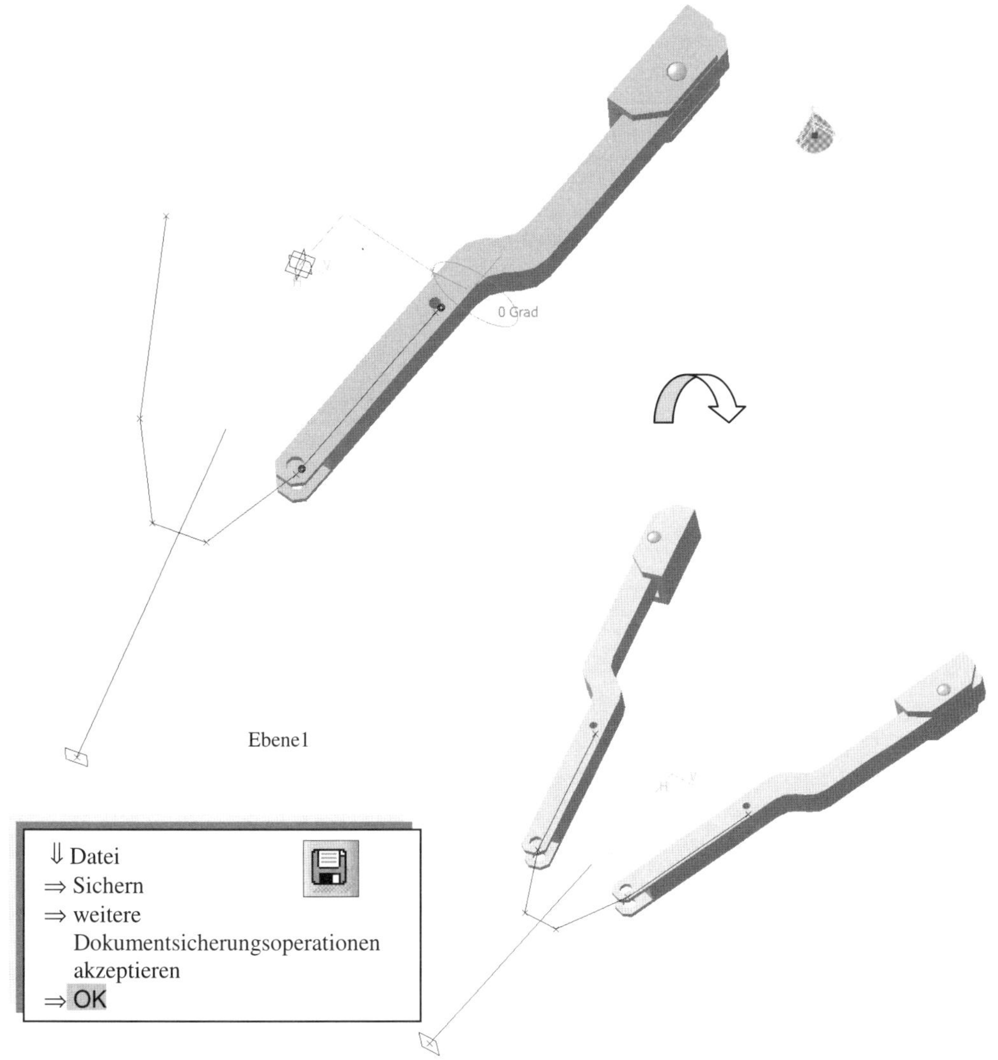

Abbildung 6-19: Greiferaufbau

Der Einbau des zweiten Armes in die Gesamtbaugruppe erfolgt in identischer Weise zum vorangegangenen Einbau der Unterbaugruppe *Arm*. Hierbei ist auf die entsprechende Einbaubedingung zum symmetrischen Ausrichten des Armes (rechter oder linker Arm) zu achten.

Die übrigen Bauteile und Unterbaugruppen (auch Komponenten, die mehrmals eingebaut werden) können der Gesamtbaugruppe selbständig hinzugefügt werden. Dabei ist das Strukturmodell gegebenenfalls mittels Bezugspunkten und Bezugskurven anzupassen.

6.5 Baugruppeninformationen

Vergleichbar mit Kapitel 5.8, in dem die Informationsbeschaffung und -auswertung von Bauteilen beschrieben wurde, können auch Baugruppen entsprechend analysiert werden. Die in diesem Kapitel beschriebenen Informationsinhalte sind lediglich eine Auswahl zu den in CATIA zur Verfügung stehenden Möglichkeiten und zudem ergänzend zu Abschnitt 5.8 zu sehen.

Unter der Option *Analyse* stehen verschiedene Baugruppen- und Komponentenanalysemöglichkeiten zur Verfügung (Abbildung 6-20).

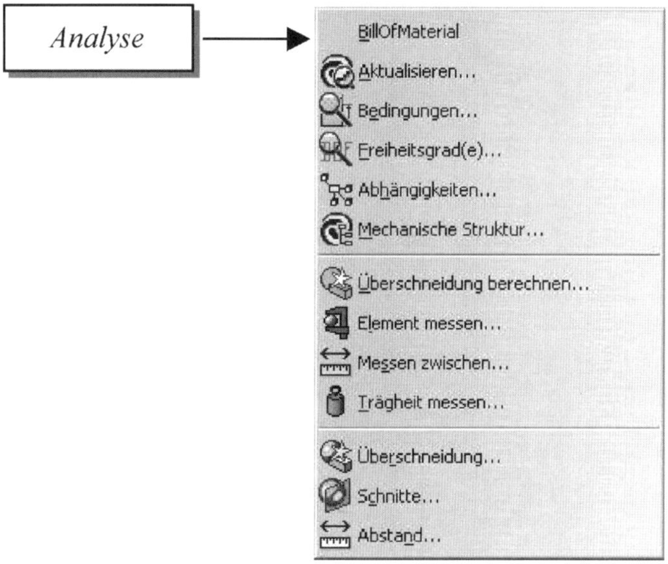

Abbildung 6-20: Baugruppenanalyse

Das als zu bearbeitendes Objekt definierte bzw. aktivierte Element gibt dabei vor, worauf sich die Analyse bezieht. Wird hier eine Kombination gewählt, die nicht sinnvoll ist, so wird vom System eine entsprechende Fehlermeldung angezeigt.

Im Folgenden werden in Ergänzung zu Kapitel 5.8 einige Analysetools beschrieben, die insbesondere bei der Untersuchung von Baugruppen und deren Komponenten von Bedeutung sind.

Die Option *BillOfMaterial* ermöglicht die Darstellung einer Stückliste in Form einer Teileliste oder eines Listenberichts. Beide Listen können noch hinsichtlich ihres Formates angepasst werden, so dass sich hier einstellen lässt, welche Parameter angezeigt werden. Außerdem besteht die Möglichkeit, die Listen als Textdatei, HTML-Datei oder Excel-Arbeitsblatt zu speichern und so in nachfolgenden Prozessen zu verwenden. Soll eine Komponente nicht in der Teileliste angezeigt werden, so lässt sich dies im Kontextmenü der Komponente unter ⇒ *Eigenschaften* ⇒ *Produkt* einstellen.

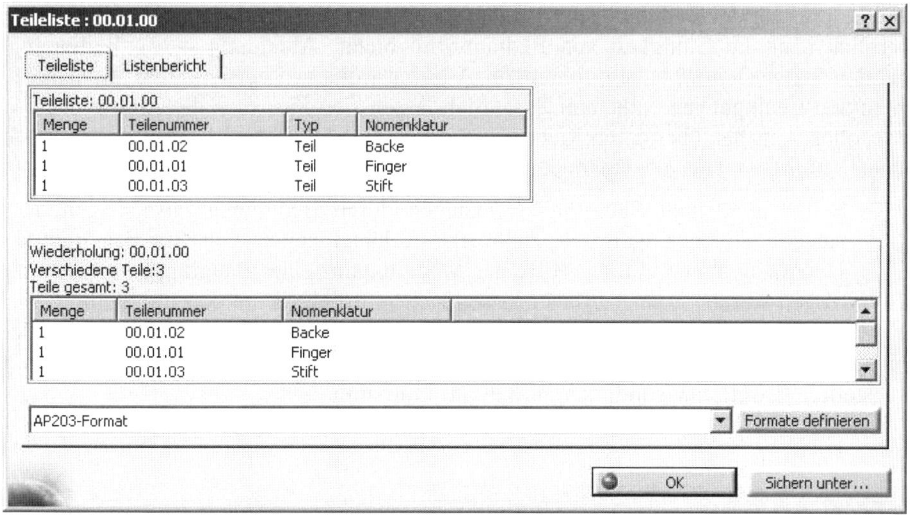

Abbildung 6-21: Teileliste Baugruppe *Arm*

Bei Parameteränderungen werden die Bauteile je nach Voreinstellung in den Optionen möglicherweise nicht sofort aktualisiert. Diese Vorgehensweise ist insbesondere bei komplexen Baugruppen von Vorteil, da so bei mehreren Änderungen nicht nach jeder Änderung automatisch eine zeitaufwendige Aktualisierung durchgeführt wird. Mit dieser Analyseoption lässt sich so der Aktualisierungszustand überprüfen.

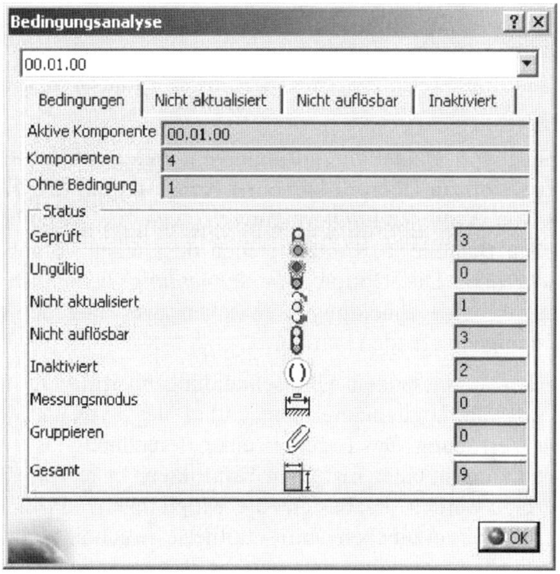

Abbildung 6-22: Bedingungsanalyse

Zur Überprüfung der Bedingungen in Baugruppen steht eine Option zur Verfügung, die einen Überblick über die Gültigkeit von Bedingungen bietet (Abbildung 6-22). Bedingungen die nicht den Status *Geprüft* haben, führen zur Anzeige weiterer Registerkarten, die nähere Angaben zu den Bedingungen enthalten. Zusätzlich lassen sich hier auch die Anzahl der Freiheitsgrade, ohne Angaben über deren Richtung, für alle Unterbaugruppen und Bauteile als Gesamtübersicht anzeigen, falls alle Bedingungen *Geprüft* sind.

Selbst in kleinen Baugruppen entstehen durch Bedingungszuweisungen, formelgesteuerten Beziehungen u. a. zahlreiche Abhängigkeiten zwischen den Bauteilen und Unterbaugruppen, die mit Hilfe des Modellbaums einer Baugruppe nur sehr mühevoll nachvollzogen werden können. Daher lassen sich mit dieser Funktion die vielfältigen Beziehungen übersichtlich in einem separaten Fenster strukturiert anzeigen. Neben den verschiedenen Einstelloptionen bietet hier das Kontextmenü der jeweiligen Komponente die unten dargestellten Erweiterungsoptionen für den Strukturbaum.

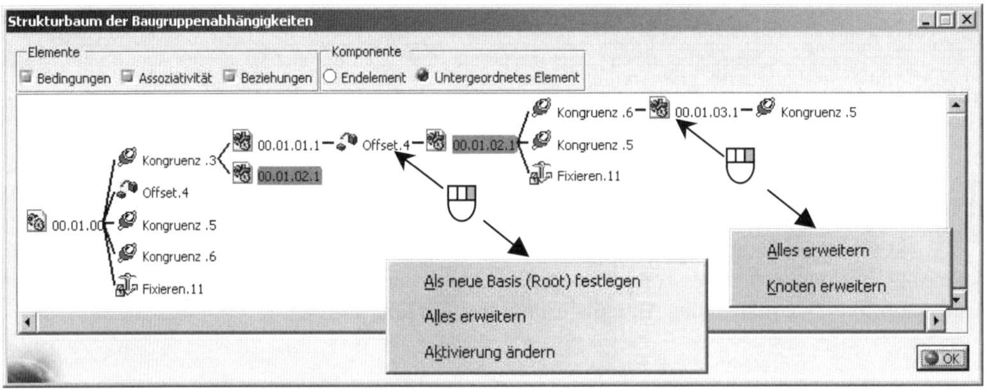

Abbildung 6-23: Baugruppenabhängigkeiten

Die Berechnung von Bauteildurchdringungen und Bauteilabständen ist eine häufig eingesetzte Funktion zur Überprüfung einer Konstruktion. CATIA bietet hier neben der Überprüfung von Volumendurchdringungen auch die Möglichkeit, Bereiche anzuzeigen, in denen Bauteile in Kontakt stehen oder einen vorgegebenen Sicherheitsabstand unterschreiten. Die Option *Überschneidung berechnen* dient hier eher der schnellen Berechnung von Überschneidungen zwischen zwei Bauteilen und zeigt im Ergebnis nur an, ob Überschneidungen gefunden wurden.

Bei Durchführung einer umfassenden Überschneidungsüberprüfung nach Abbildung 6-24 stehen verschiedene Auswahlmöglichkeiten hinsichtlich des Typs und der zu berücksichtigenden Komponenten zur Verfügung. Das Ergebnis einer Berechnung lässt sich nach verschiedenen Filtern sortieren und kann in einer Liste von Konflikten, Liste von Produkten oder in einer Ergebnismatrix angezeigt werden. Es besteht die Möglichkeit, einzelne Konfliktbereiche in einem Voranzeigefenster hervorzuheben und detaillierte Ergebnisse anzuzeigen. Ferner lässt sich das Ergebnis einer Überschneidungsberechnung in verschiedene Formate zur Weiterverarbeitung exportieren.

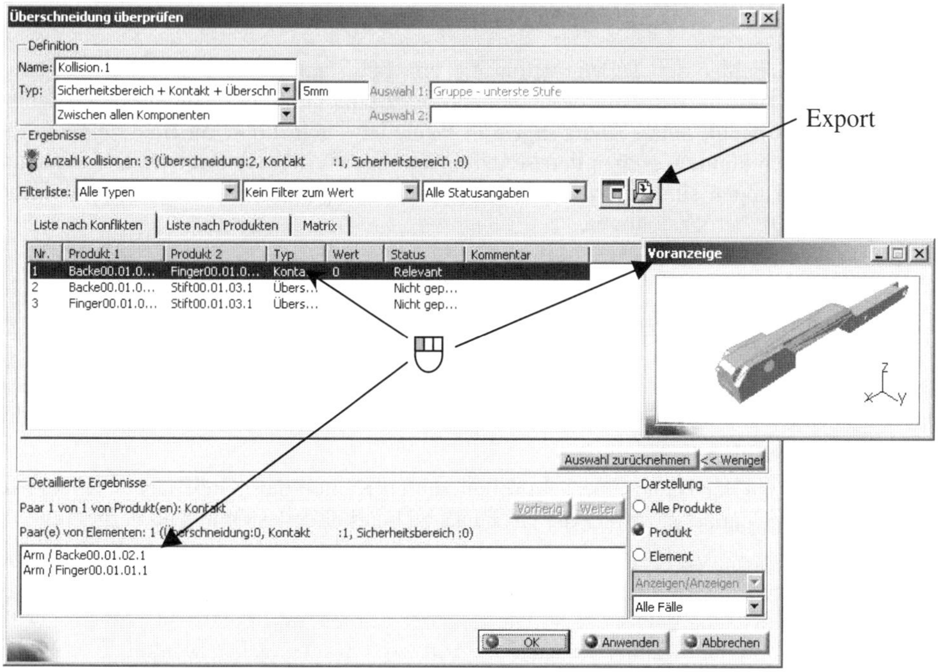

Abbildung 6-24: Überschneidung berechnen

6.6 Baugruppenanpassungen

Manchmal werden Fehler der Teilemodellierung erst beim Zusammenbau bemerkt. Ebenso sind detailliertere konstruktive Anforderungen erst bei Betrachtung der Baugruppe erkennbar. Daher ist es zweckmäßig, wenn Änderungen an Bauteilen auch direkt im Baugruppenmodus durchgeführt werden können. Neben den Änderungsmöglichkeiten für Bauteile und Einbaureferenzen der Baugruppen sind oft zusätzliche Randbedingungen bzw. Beziehungen zwischen den Komponenten zu berücksichtigen.

6.6.1 Bauteilkorrekturen

An dieser Stelle soll auf einige Möglichkeiten zur Änderung der Bauteile innerhalb einer Baugruppe eingegangen werden. Der Schwerpunkt liegt in dem Ändern von Bemaßungen und dem Hinzufügen von Konstruktionselementen.

Für das Bauteil *Backe* der Baugruppe *Arm* sollen an den Kanten der „Greiffläche" Rundungen hinzugefügt werden. Zunächst ist hier die Backe als zu bearbeitendes Objekt zu definieren.

Anschließend erfolgt die Verrundung der Bauteilkanten, wobei die Fläche der zu verrundenden Kanten selektiert wird, da die Erzeugung der Rundung möglichst einfach erfolgen soll. Sämtliche Kanten der Greiffläche der Backe sollen gerundet werden, so dass die Fläche ausgewählt wird (Abbildung 6-25). Der Radius der Rundung soll auf 3 mm festgelegt werden.

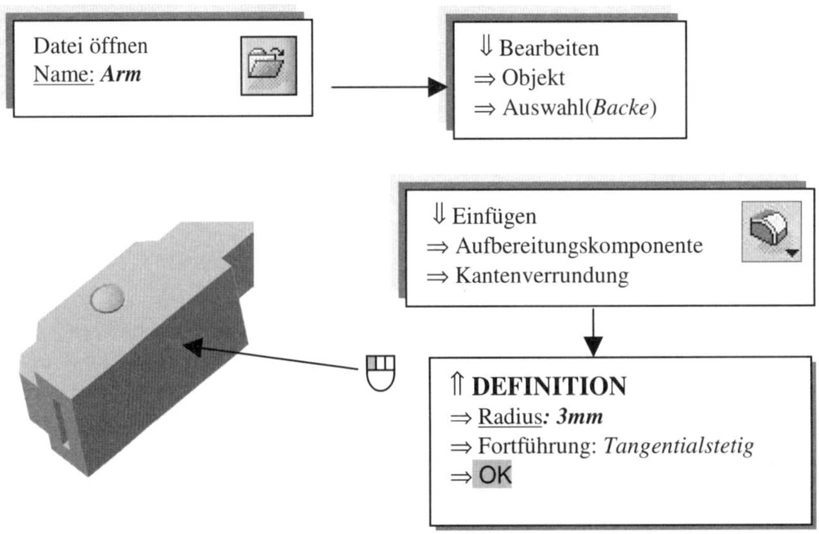

Abbildung 6-25: Kantenverrundung

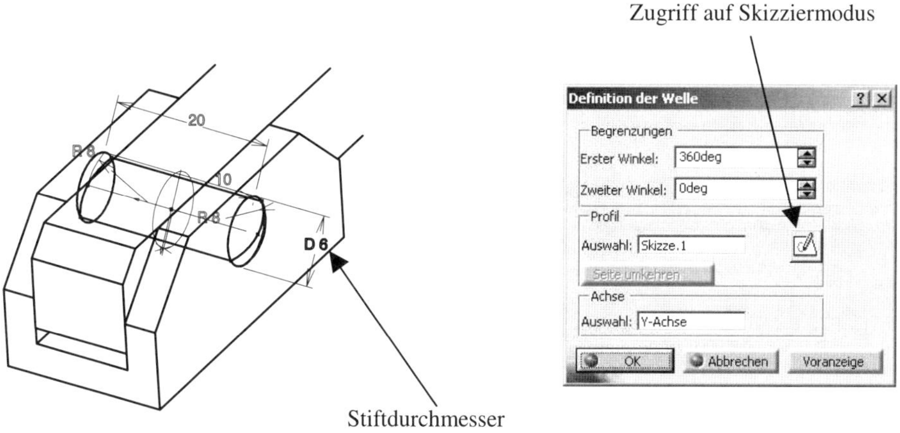

Abbildung 6-26: Stiftveränderung

In einem weiteren Schritt wird der Durchmesser des eingebauten Stiftes abgeändert. Dieser soll von 6mm auf 8mm vergrößert werden. Analog zur oben angegeben Vorgehensweise ist der *Stift* als zu bearbeitendes Objekt zu aktivieren. Ein Doppelklick auf die Stiftgeometrie führt zur Anzeige der geometriebestimmenden Maße und des Definitionsfensters.

Das Auswählen der Geometrie des Stiftes veranlasst das System, alle Maße des Stiftes anzuzeigen. Die Auswahl des Wertes *D6*, welches dem aktuellen Durchmesser entspricht, kann durch Anklicken direkt geändert werden. Alternativ kann auch vom Definitionsfenster aus in den Skiziermodus des Rotationsquerschnitts gewechselt werden. Anschließend ist ein Aktualisieren der Modellstruktur notwendig.

Die Änderung des Stiftdurchmessers von 6 mm auf 8 mm verursacht eine Bauteilkollision mit den Bauteilen *Backe* und *Finger*, denn die Bohrungen zur Aufnahme des Stiftes sind noch mit einem Durchmesser von 6mm definiert. Zur Überprüfung von solchen Durchdringungen kann eine entsprechende Baugruppenanalyse durchgeführt werden.

Das ist zwar in diesem Fall relativ trivial, verdeutlicht jedoch Möglichkeiten zur Kollisionserkennung in Baugruppen. Es ist darauf zu achten, dass die zu untersuchende Baugruppe aktiviert ist. In diesem Fall ist es die Unterbaugruppe *Arm* (Abbildung 6-27). Im Ergebnisfenster werden unter anderem die sich überschneidenden und berührenden Bauteile angezeigt.

Um diese Überschneidungen zu vermeiden, müssen die entsprechenden Konstruktionselemente der Bauteile wie oben beschrieben geändert werden.

Eine weitaus elegantere Variante besteht darin, eine geometrische Beziehung zwischen dem Durchmesser des Stiftes und den relevanten Bohrungen des Fingers und der Backe zu definieren. Dadurch würde die eben durchgeführte Änderung ein automatisches Anpassen der relevanten Bohrungen nach sich ziehen.

⇓ Analyse
⇒ Überschneidung

⇑ **DEFINITION**
⇒ *Typ:* Kontakt + Überschneidung
Zwischen den Komponenten
⇒ Anwenden

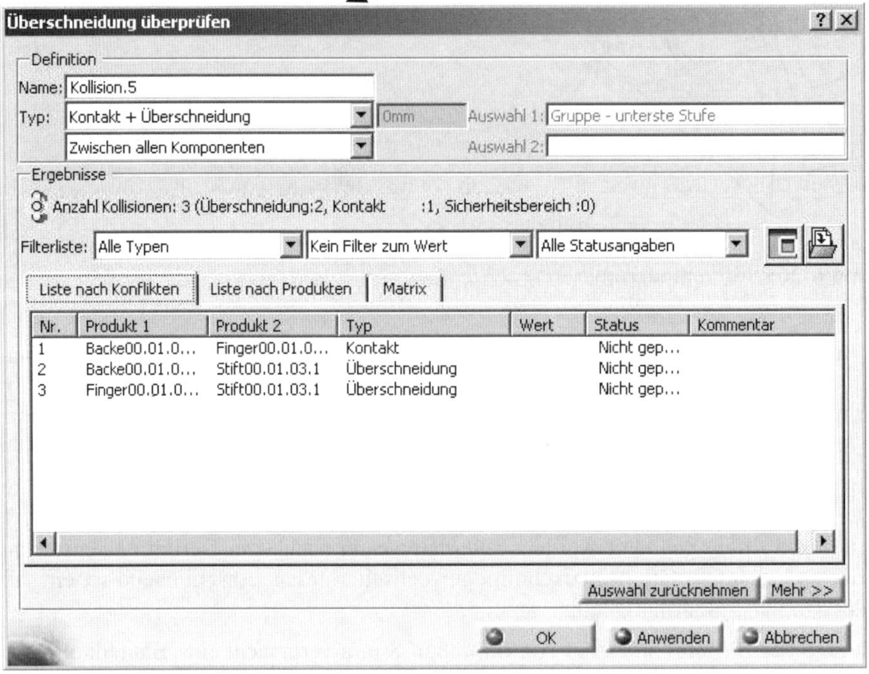

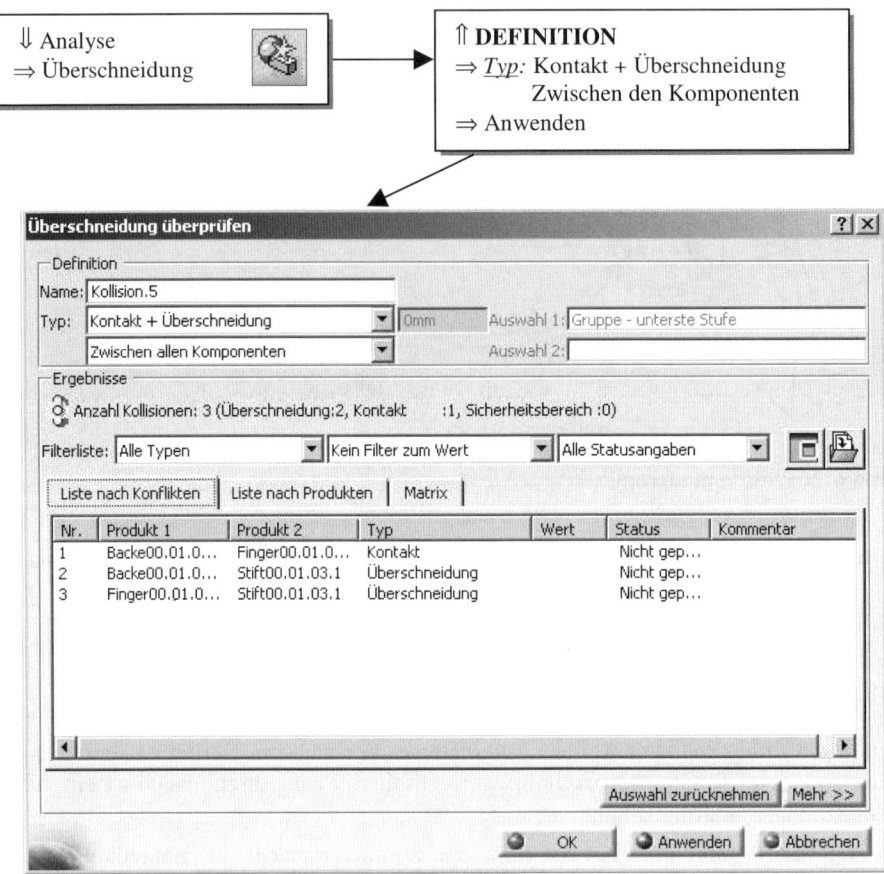

Abbildung 6-27: Analyse der Überschneidungen und Kontakte

6.6.2 Anwendung der Konstruktionstabelle

Im Abschnitt 5 wurde bereits der tabellengesteuerte Modellaufbau am Beispiel des Bauteils *Backe* besprochen. Mit Hilfe der bereits vorliegenden Konstruktionstabelle können nun auch verschiedene Varianten der *Backe* in die Baugruppe *Arm* eingesetzt werden.

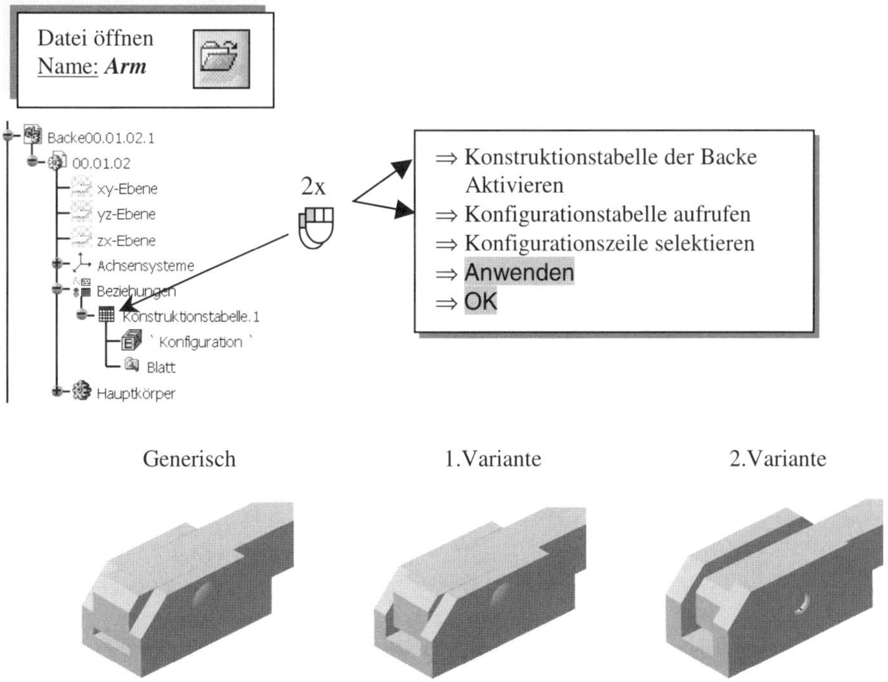

Abbildung 6-28: Varianteneinbau mit Konstruktionstabellen

6.6.3 Baugruppenbeziehungen

Beziehungen lassen sich auf eine Vielzahl von Varianten wie beispielsweise für Baugruppen, Teile, Konstruktionselemente, Muster oder dem Strukturmodell anwenden.
Das Erzeugen von geometrischen Beziehungen zwischen Komponenten einer Baugruppe entspricht weitgehend der bereits in Kapitel 5.8 beschriebenen Vorgehensweise auf Bauteilebene und wird daher hier nicht detailliert beschrieben.

Zunächst wird eine Baugruppenbeziehung zwischen dem Außendurchmesser des *Stiftes* und der Bohrung des Bauteils *Backe* generiert.
Bei der Auswahl der Bauteile im Hauptarbeitsfenster werden die Maßvariablen sichtbar. Sie können selektiert und geändert werden. Aufgrund von unterschiedlichen Erzeugungsarten können die Parameterbezeichnungen dabei von den in Abbildung 6-29 angegebenen Bezeichnungen abweichen.

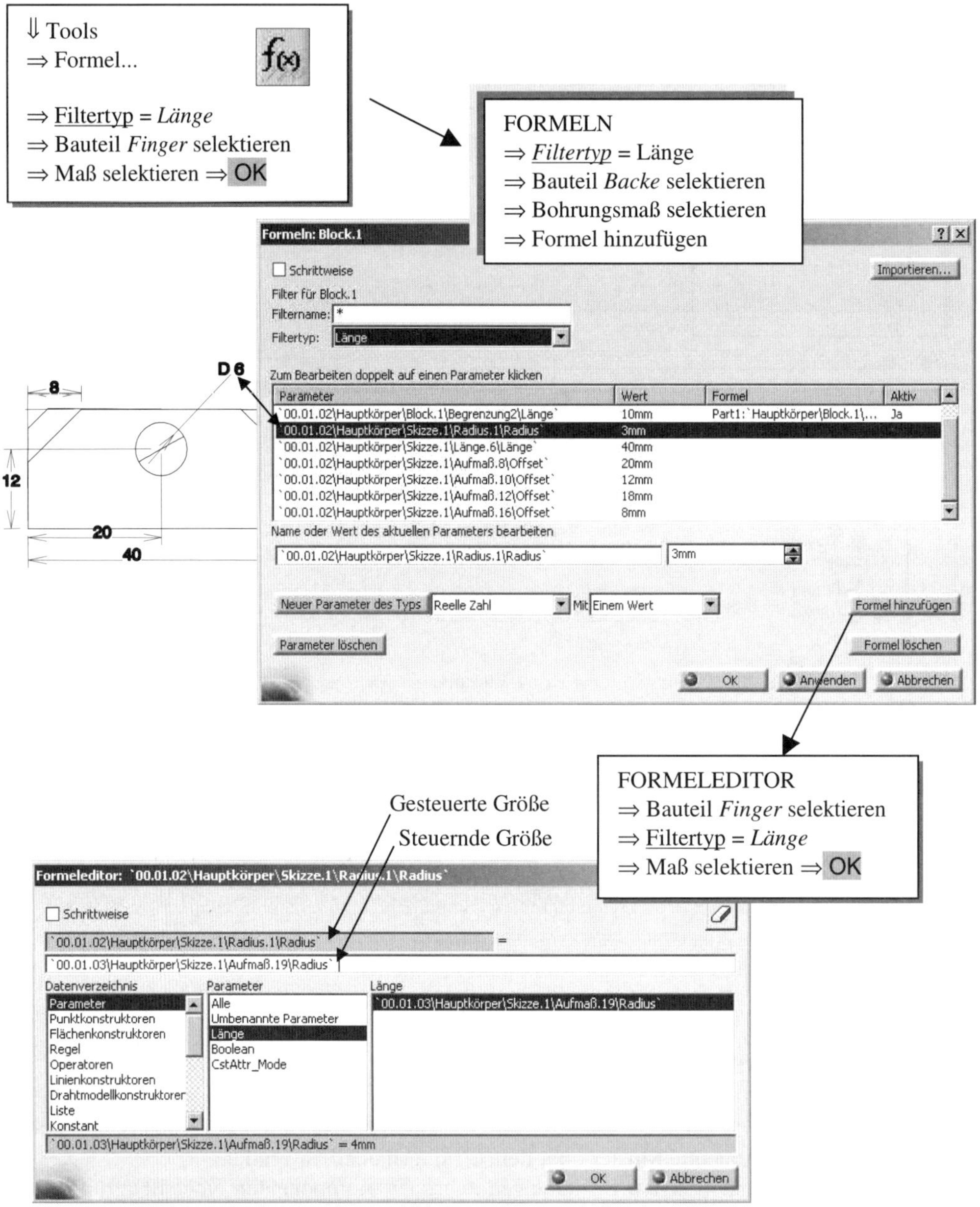

Abbildung 6-29: Formeldefinition

Zur Definition der Beziehung ist zunächst im *Formeln*-Fenster die zu steuernde Größe (Parameter) auszuwählen, hier der Bohrungsdurchmesser der Backe. Anschließend wird in den Formeleditor gewechselt, um den gewählten Parameter in gewünschter Weise mit einer Formel zu steuern. Als Eingangsgrößen stehen eine Vielzahl von Parametern zur Verfügung, die mit logischen Abfragen und mathematischen Operationen verknüpft werden können. Im einfachsten Fall wird einem Parameter der Wert einer anderen Größe zugewiesen, d. h. der Bohrungsdurchmesser der Backe entspricht dem Außendurchmesser des Stiftes.

Nach der Definition von formelgesteuerten Parametern werden die nicht aktualisierten Bauteile farblich hervorgehoben (Standardeinstellung rot) und müssen entweder lokal oder durch Selektion der übergeordneten Baugruppe als zu bearbeitende Komponente aktualisiert werden.

Die Definition der Beziehung zwischen den Parametern der Komponenten *Finger* und *Stift* erfolgt analog zu der oben beschriebenen Vorgehensweise. Als variables Maß steht jetzt der Stiftdurchmesser zur Verfügung. Alle anderen abhängigen Bohrungsdurchmesser (Backe und Finger) werden nach dem Aktualisieren automatisch angepasst. Um dies zu überprüfen wird der Durchmesser des Stiftes wieder von 8mm auf 6mm geändert.

Da beide Bohrungsdurchmesser nun von dem Stiftdurchmesser abhängig sind, lassen sich diese Maße nicht mehr direkt ändern. Beim Aufruf einer entsprechenden Bedingungs- bzw. Maßdefinition, z. B. für den Bohrungsdurchmesser der *Backe*, ist der Werteingabebereich deaktiviert (Abbildung 6-30).

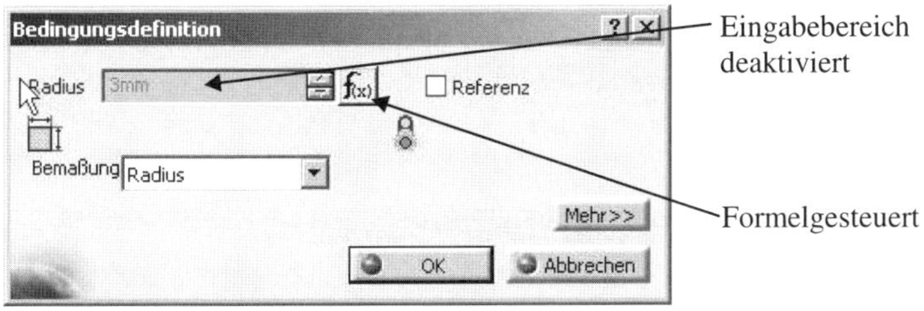

Abbildung 6-30: Bedingungsdefinition

6.6.4 Komponenten ersetzen

An dieser Stelle soll innerhalb der Baugruppe *Arm* die Komponente *Finger* durch eine abgeänderte Version des Fingers ersetzt werden. Diese im Folgenden als *Finger_B* bezeichnete Komponente ermöglicht eine einfachere Darstellung des Bauteils innerhalb der Baugruppe. Hierzu ist die Datei *Finger.CATPart* zu öffnen, im Sinne einer vereinfachten Darstellung zu modifizieren und mit der Option als unabhängiges Bauteil unter *Finger_B* zu speichern. Zur Vereinfachung werden hier, wie in Abbildung 6-31 gezeigt, die Feature *Fase* und *Tasche* gelöscht.

Beim Löschen von Konstruktionselementen sollte darauf geachtet werden, dass die zuletzt erzeugten Elemente, aufgrund von Eltern-Kind-Beziehungen, zuerst gelöscht werden. Bei anderer Vorgehensweise fehlen dem System ggf. notwendige Informationen, die eine zwischenzeitliche Generierung der Baugruppe erschweren bzw. unmöglich machen. Dies gilt insbesondere dann, wenn die automatische Aktualisierungsoption im Part Design eingestellt ist. Bei fehlenden Referenzelementen werden jedoch vom System verschiedene Möglichkeiten der Fehlerbehebung angeboten.

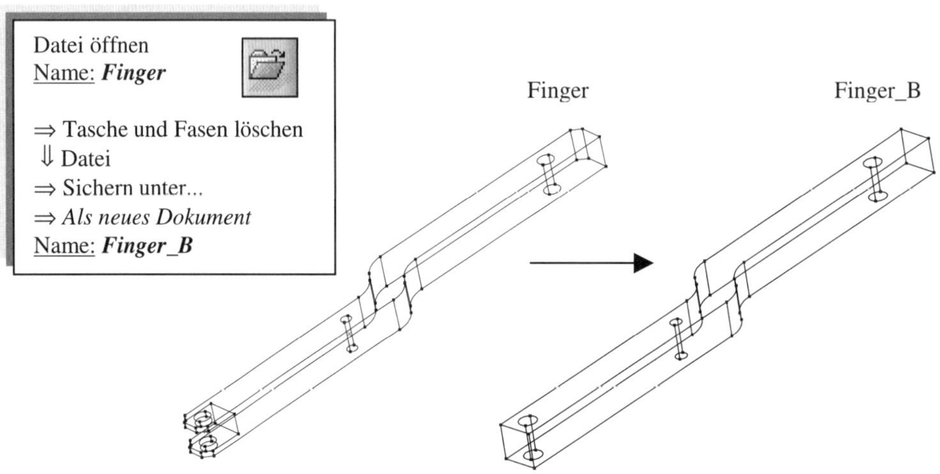

Abbildung 6-31: Modifizierung des Bauteils *Finger*

Der Finger in der Baugruppe Arm wird mit der bereits bekannten Dialogfolge (Abbildung 6-32) durch die vereinfachte Komponente ersetzt.

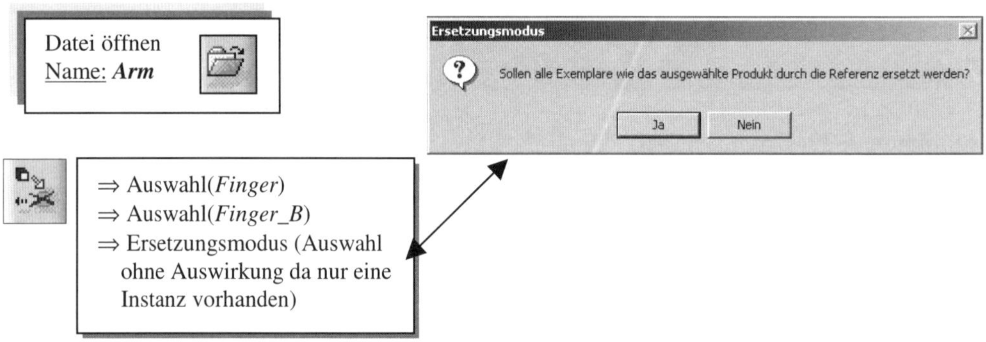

Abbildung 6-32: Austausch des Bauteils *Finger*

Der Finger_B wird zwar richtig positioniert, hat aber bei genauer Betrachtung der Einbaubedingung keine Referenzen zur Baugruppe, da diese nicht selbständig erkannt werden können. Ein Doppelklick auf die entsprechende Bedingung bietet jedoch unter der Option ⇒ *Mehr* die Möglichkeit, die Verbindung erneut herzuerstellen. Es ist hier sinnvoll, nicht benötigte Komponenten, wie z. B. den Stift, während der Verbindungszuweisung zu verdecken und gegebenenfalls den Modellbaum des Fingers zu erweitern, da häufig auch eine Selektion über den Modellbaum die Auswahl der Referenzelemente vereinfacht. In dem in Abbildung 6-33 angegebenen Dialog wird die Verbindung zur Bohrungsachse des Fingers neu hergestellt. Hierbei kann durch Darstellung des noch verbundenen Stützelementes im Geometriebereich die Auswahl der zu erstellenden Referenz vereinfacht werden.

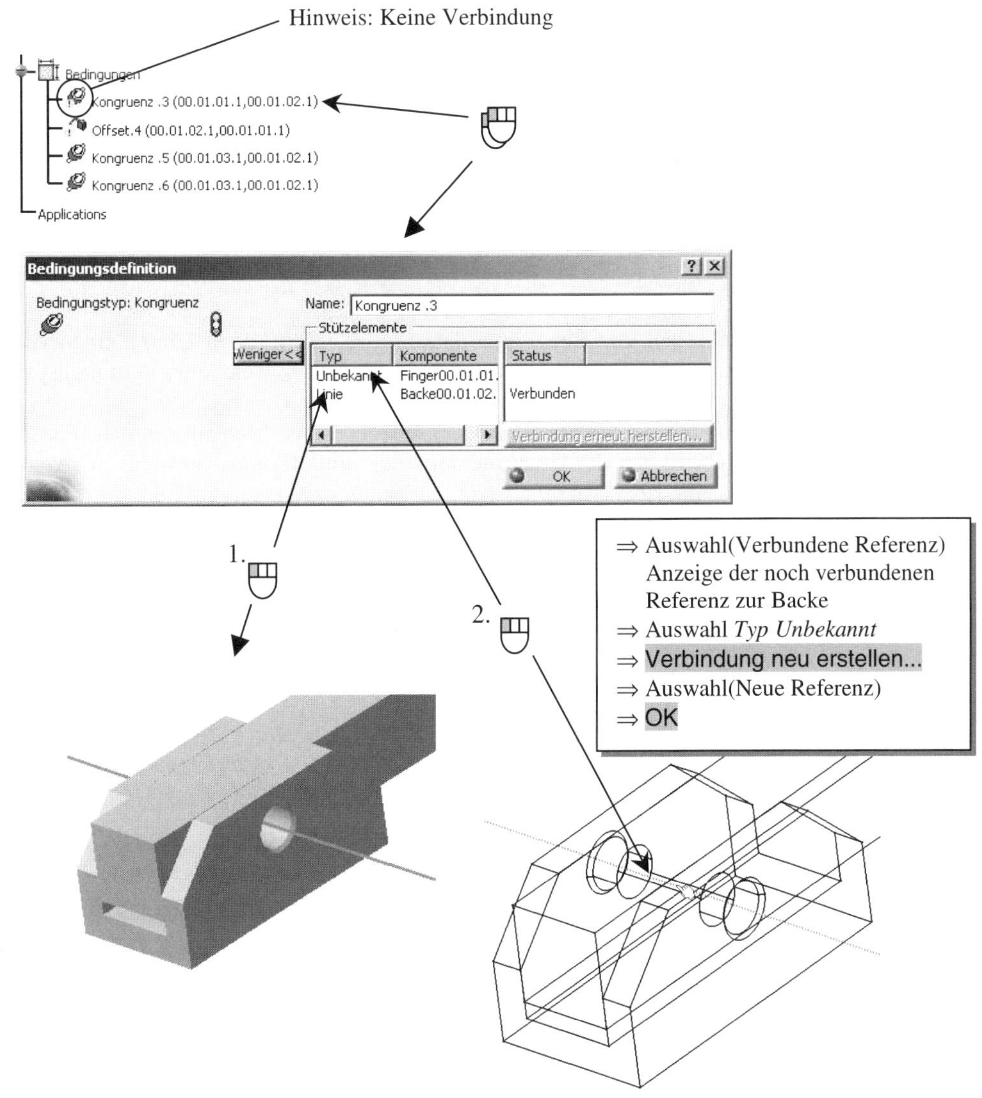

Abbildung 6-33: Neuerstellung der Verbindung

6.7 Baugruppenabhängige Teilemodellierung

Die Teilemodellierung im Baugruppenzusammenhang ist häufig aufgrund komplexer geometrischer Anpassungen notwendig. Sie kann jedoch auch zweckmäßig sein, wenn ganz bewusst bereits durch das System Baugruppenbeziehungen aufgebaut werden sollen.

Das Erzeugen von Bauteilen mit Bezug zu einer Komponente ermöglicht das direkte Referenzieren zu bereits vorhandenen Geometrieelementen. Hierbei können beispielsweise gewünschte Eltern-Kind-Beziehungen durch externe Verweise erzeugt werden, die sich aber bei Bedarf auch aufbrechen (*Isolieren*) lassen, so dass wieder unabhängige Bauteile und Baugruppen erzeugt werden können.

Um die Teileerzeugung innerhalb der Baugruppe darzustellen, ist in dieser Übung eine einfache zylindrische Aufnahme an das Bauteil *Deckel_2* zu modellieren, welche im Fertigungsprozess beispielsweise angeschweißt werden könnte. Der Baugruppe *Gehäuse* wird zunächst ein neues Teil hinzugefügt, das bis auf die Standardbezugsebenen keine Elemente enthält. Für die Lage des Bauteilursprungs wird hier der Ursprung der Baugruppe *Gehäuse* gewählt. Als erstes Konstruktionselement soll eine Ebene in einem vorgegebenen parallelen Abstand zum Bauteil *Deckel_2* erzeugt werden (Abbildung 6-34).

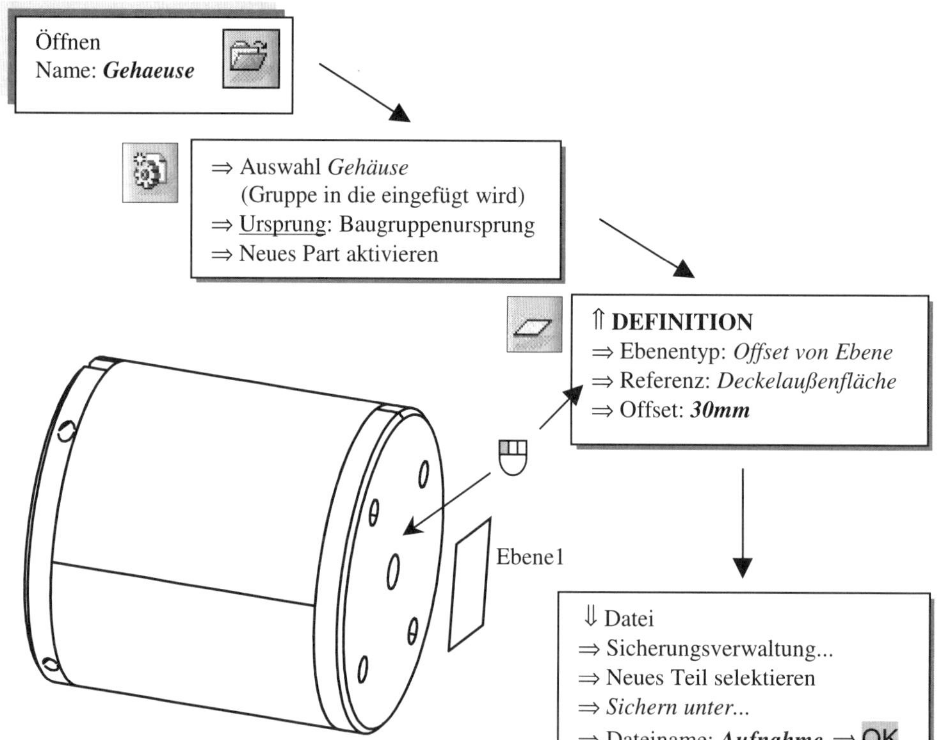

Abbildung 6-34: Bauteilbezug

Anschließend wird der Profilkörper erzeugt. Als Skizzierebene wird die Ebene *Ebene1* der Komponente *Aufnahme* ausgewählt. Bei der Skizze handelt es sich um einen Kreisring, der einen Außendurchmesser von 40 mm besitzt und dessen Innenbohrung mit der Bohrung des *Deckel_2* ausgerichtet wird. Zu beachten ist dabei, dass der Richtungspfeil der Volumenerzeugung zum Bauteil *Deckel_2* zeigt.

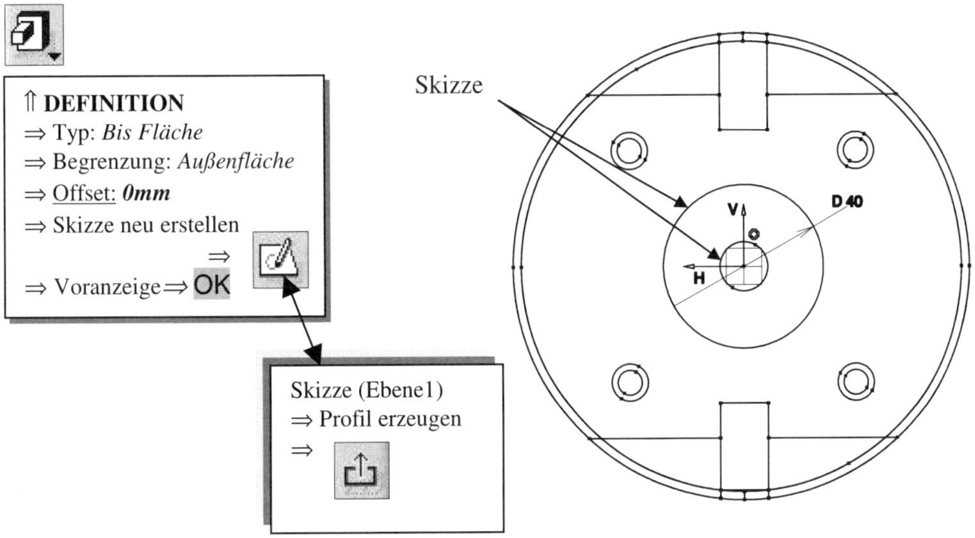

Abbildung 6-35: Skizze des Bauteils *Aufnahme*

Die Volumenerzeugung wird mit Angabe der dritten Dimension abgeschlossen. Da die *Aufnahme* bis zum Bauteil *Deckel_2* reicht, kann die Werteingabe als Option *Bis Fläche* oder *Bis Ebene* definiert werden. Als Referenzfläche dient wieder die Außenfläche des Deckels.

Somit ergibt sich die in Abbildung 6-36 dargestellte Baugruppe. Die Komponente *Aufnahme.CATPart* lässt sich separat als Bauteil aufrufen, wobei sich aufgrund der Eltern-Kind-Beziehungen lediglich der äußere Durchmesser der Aufnahme modifizieren lässt.

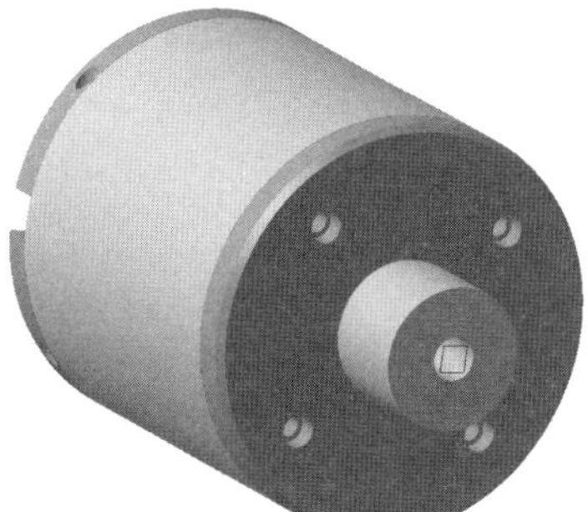

Abbildung 6-36: Komplettierte Unterbaugruppe

6.8 Komponentendarstellung

In Kapitel 5 wurden bereits einige Möglichkeiten zur Anpassung der Bauteildarstellung erläutert. Im Folgenden werden noch zwei Möglichkeiten der Komponentendarstellung gezeigt, die insbesondere im Baugruppenmodus von Bedeutung sind.

6.8.1 Veränderung von Darstellungsattributen

Eine häufig in Baugruppen angewandte Darstellungsoption ist die Einstellung transparenter Farben einzelner Bauteile, um verdeckte Baugruppenkomponenten sichtbar zu machen. Die grundsätzlich Vorgehensweise wurde bereits in Kapitel 5.10 erläutert und soll hier auf den Deckel und den Gehäusemantel der Gesamtbaugruppe *Greifer* angewendet werden. Die Transparenzeinstellung lässt sich hierbei nicht nur auf einzelne Bauteile, sondern auch auf Unterbaugruppen über das Kontextmenü im Menü *Eigenschaften* anwenden.

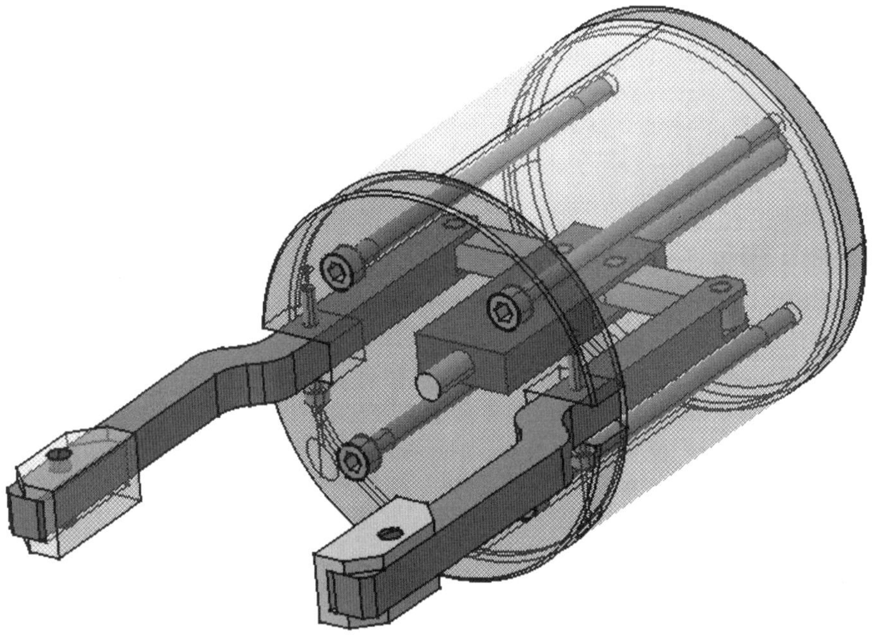

Abbildung 6-37: Transparenz in der Baugruppe

Zu beachten ist, dass Attributeinstellungen, die einer Unterbaugruppe zugewiesen werden (Gesamtbaugruppe ist aktives Objekt) auch nur in dieser Baugruppe gültig sind. Die den Körpern auf Bauteilebene zugewiesenen Darstellungsattribute werden allerdings in der Baugruppe übernommen. Es besteht ferner die Möglichkeit, einzelnen Instanzen eines Bauteils, wie hier der Backe, unterschiedliche Darstellungsattribute zuzuweisen.

6.8.2 Explosionsdarstellung

Explosionsdarstellungen von Baugruppen dienen der übersichtlichen Wiedergabe der eingebauten Komponenten. Neben der Verschiebung von Baugruppenkomponenten mit dem 3D-Kompass, besteht im Baugruppenmodus auch die Möglichkeit der automatische Erzeugung von Explosionsdarstellungen. Bei der Definition der Explosionsdarstellung (Zerlegen) können verschiedene Zerlegungsoptionen eingestellt werden. Hier lässt sich auch definieren, welche Komponente der Baugruppe verschoben bzw. fixiert werden soll.

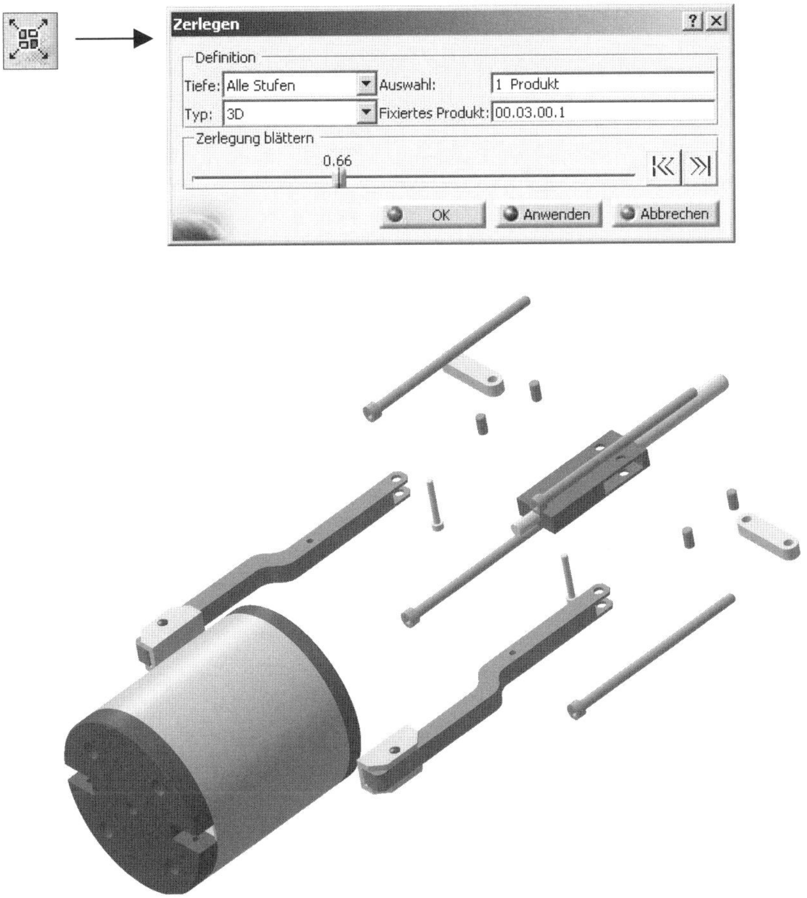

Abbildung 6-38 Explosionsdarstellung des Greifers

In Abbildung 6-38 ist die Zerlegung der ersten Stufe dargestellt, bei der die Unterbaugruppen noch nicht auseinander gezogen wurden. Mit dem Schieberegler *Zerlegung blättern* kann eine dynamische Anpassung der Darstellung vorgenommen werden. Der Zusammenbau des Greifers resultiert durch eine Aktualisierung der Baugruppe.

7 Zeichnungserstellung aus dem 3D-Modell

7.1 Die Arbeitsumgebung

Zur Ableitung von technischen Zeichnungen wird von CATIA das Drawing-Modul angeboten. Die damit angefertigten Zeichnungen werden mit der Dateiendung *.CATDrawing abgelegt. Auf die Workbench zur Zeichnungsableitung kann auf verschiedene Arten zugegriffen werden, z. B.:

- durch die Auswahl des Typs *Drawings* bei der Erzeugung einer neuen Datei,
- in der Menüleiste über die Befehlskette

  Start ⇒ Mechanische Konstruktion ⇒ Zeichnungserstellung,
- durch das Öffnen einer bereits bestehenden Zeichnung.

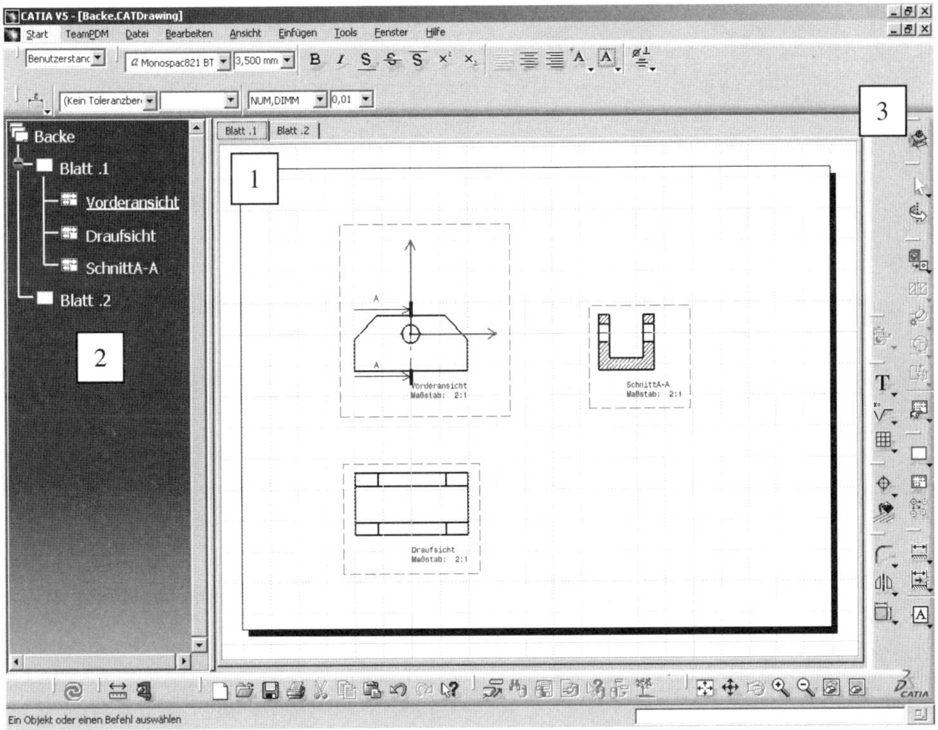

Abbildung 7-1: Die Benutzeroberfläche des Drawing-Moduls

Mit dem Aufruf des Drawing-Moduls ändern sich auch die Symbolleisten der Workbench und der Aufbau der Benutzeroberfläche (Abbildung 7-1), die sich neben den in Kapitel 2 beschriebenen Standardkomponenten aus folgenden Teilen zusammensetzt:

- Im **Dateifenster** (1) werden die verschiedenen Zeichnungsblätter dargestellt und bearbeitet. Eine Zeichnungsdatei kann hierbei mehrere Blätter beinhalten.
- Der **Modellbaum** (2) zeigt eine Auflistung der sich in der Zeichnungsdatei befindenden Blätter mit den dazugehörigen erstellten Ansichten.
- Im rechten Bereich der **Symbolleiste** (3) befinden sich die Icons für die Erstellung und Bearbeitung der Zeichnungsableitungen, die ergänzt werden durch die sich im oberen Bereich befindlichen Optionen zur Anpassung der Grafik-, Text- und Bemaßungseigenschaften.

Hinweise zu den Symbolen und deren Erweiterungen enthält Tabelle 7-1. Die darin gezeigten Optionen stellen nur eine Auswahl dar. Darüber hinaus stehen auch bereits bekannte Elemente zur Verfügung, wie z. B. die aus dem Skizzierer bekannten Symbole (Tabelle 4-1).

Tabelle 7-1: Symbolleiste der Drawing-Workbench (Auswahl)

Symbol	Symboloptionen	Bemerkungen
	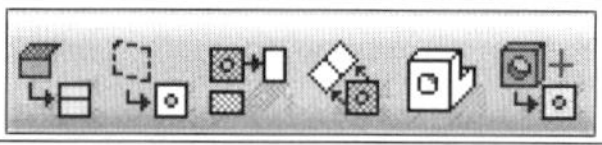	Erzeugen von Ansichten / Projektionen
		Erzeugen von Schnittansichten
		Erzeugen von Detailansichten
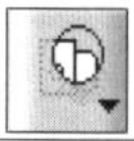		Erzeugen von Ausschnitten
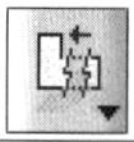		Erzeugen von Bruchansichten
	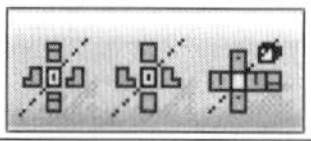	Assistent für Ansichtserzeugung
		Einfügen eines neuen Blatts
		Erzeugen einer neuen Ansicht
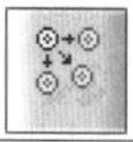		Exemplar einer 2D-Komponente erzeugen
	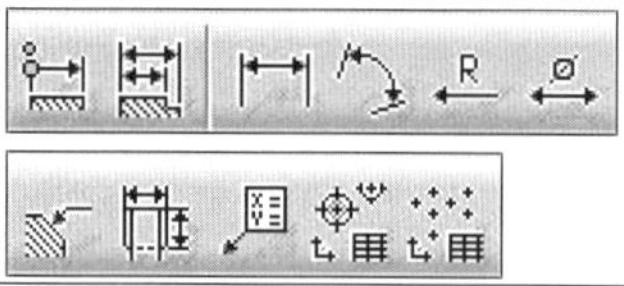	Erzeugen von Bemaßungen

	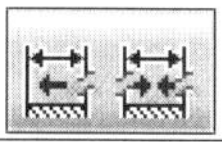	Erzeugen von Unterbrechungen in Maßhilfslinien
		Einfügen von Form- und Lagetoleranzen
		Übernahme von Bemaßungen aus dem 3D-Modell
		Einfügen von Texten
	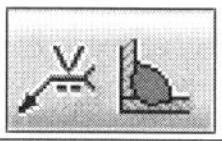	Einfügen von Rauhigkeits- und Schweißsymbolen
		Einfügen von Tabellen
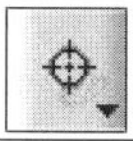		Einfügen von Achsen und Gewinden
		Bereichsfüllung
		Ausrichten und Verschieben von Ansichten und Anmerkungen
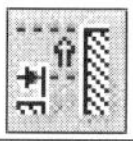		Ausrichten von Bemaßungen relativ zur Geometrie
		Ausrichten von Bemaßungen im System
		Automatische Bemaßungspositionierung
		Anzeigen von Geometrie in allen Blickpunkten
		Analyse der Bemaßungspositionen
	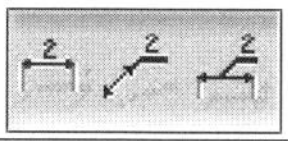	Steuerung der Maßliniendarstellung
	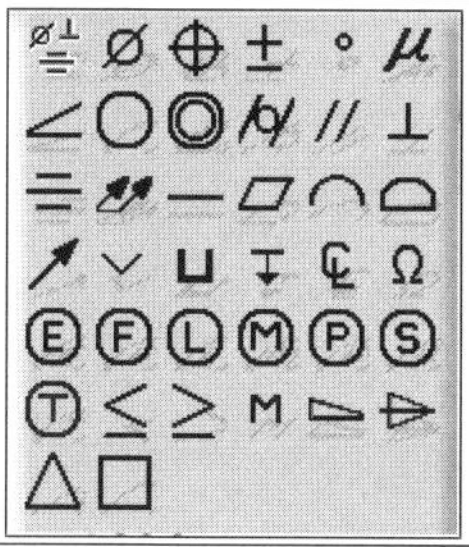	Einfügen von Symbolen

7.2 Voreinstellungen

Die normgerechte Darstellung von Zeichnungselementen ist durch so genannte Standarddateien voreingestellt. Das Verfahren zur Verwaltung von spezifischen Standards in der Zeichnungserstellung hat sich mit Einführung des Release 9 stark geändert. Aus diesem Grund wird in diesem Abschnitt zuerst auf die Verfahrensweise unter CATIA V5R8 und anschließend auf die neue Verfahrensweise eingegangen.

Unter CATIA V5R8 haben die Standarddateien die Bezeichnung CATDrwStandard und befinden sich im Verzeichnis *...\B08\intel_a\reffiles\Drafting*. Hierin werden z. B. die Form und Größe von Maßpfeilen, Abstände von Maßtexten, Länge von Maßlinien oder die Positionierung von Toleranzen festgelegt. Zur Zeit stehen lediglich die Standards ISO, ANSI, ASME und JIS zur Verfügung. Zur Erzeugung einer eigenen Standarddatei empfiehlt es sich, eine bestehende CATDrwStandard-Datei zu kopieren, umzubenennen (z. B. in DIN.CATDrwStandard) und diese dann nach eigenem Bedarf zu editieren.

Tabelle 7-2: Zeichnungsparameter (Auszug) CATIA V5R8

ISO.CATDrwStandrad - WordPad

```
# Diameter dim with dim-value inside circle
# Extending dim-line till center (YES/NO)
# -------------------------------------
DIMLDiameterIntReachCenter,YES


# Diameter dim with dim-value outside circle
# Extending dim-line till center (YES/NO)
# --------------------------------------
DIMLDiameterExtReachCenter,YES


# 1-symbol diameter dim with dim-value inside circle and not "till-center" mode
# Dim-line extent over circle center (mm)
# ------------------------------------------------------------------------------
-
DIMLDiameterIntOverrun,0


# Radius dim with dim-value outside circle not "till-center" mode
# Dim-line length (mm)
# -------------------------------------------------------------
DIMLRadiusExtLength,10


# 1-symbol diameter dim with dim-value outside circle not "till-center" mode
# Dim-line length (mm)
# ----------------------------------------------------------------------------
DIMLDiameterExtLength,10
```

Die von CATIA mitgelieferten Standarddateien sind inhaltlich gut strukturiert und auskommentiert (siehe Tabelle 7-2), so dass eine Anpassung relativ problemlos ist. Eine zusätzliche, ausführliche Beschreibung für die Manipulation der Standarddateien findet man in der CATIA-Hilfe unter dem Stichwort *Managing Standards* im Produkt *Interaktive Drafting*, wo die einzelnen Einstellungsparameter nochmals grafisch verdeutlicht werden.

In CATIA V5R9 liegen alle Standarddateien als XML-Datei vor und befinden sicht im Verzeichnis *...\B09\intel_a\resources\standard.* Die Standards müssen nicht mehr manuell über einen Texteditor editiert, sondern können interaktiv unter der Benutzeroberfläche verwaltet werden. Zugang auf diese Einstellungsmöglichkeiten erhält man über den neuen Menüpunkt *⇓ Tools ⇒ Standards.* Neu hierbei ist, dass die Standardeinstellungen nur im Admin-Modus (CNEXT -ADMIN) angepasst und verwaltet werden können. Dafür stehen neue Möglichkeiten zur Festlegung von Zeichnungsstandards, zur Anpassung der Auswahlmöglichkeiten für Fonttypen und Toleranzen und zum Sperren und Öffnen der Benutzeroptionen zur Verfügung. So kann z. B. erzwungen werden, dass ein Benutzer keine leeren Standardzeichnungsdateien öffnen kann, sondern bereits vorgefertigte öffnen muss *(⇓ Datei ⇒ Neu aus...)*.

Der Sinn und Zweck dieser eingeschränkten Benutzeroptionen wird in einigen der folgenden Abschnitte erklärt. Die spezifischen Einstellungen können unter einem neuen Namen gesichert werden und stehen im Anschluss daran jedem Benutzer bei der Auswahl des Zeichnungsstandards zur Verfügung.

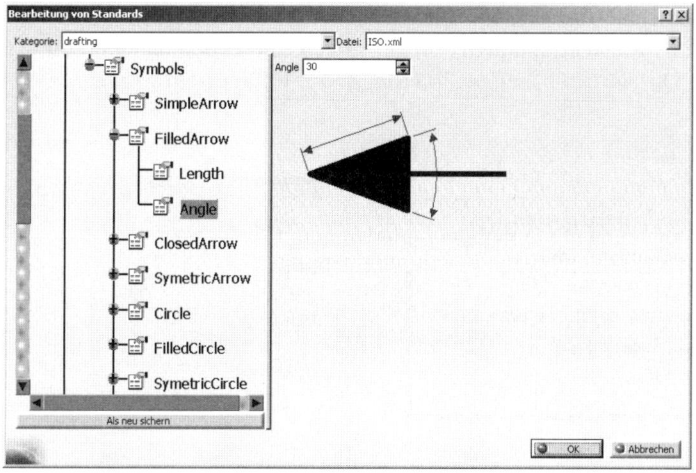

Abbildung 7-2: Bearbeitung von Standards unter CATIA V5R9

Unabhängig vom Release werden die Zeichnungsstandards bei der Erzeugung einer neuen Zeichnung geladen und sind dann im Dokument gekapselt, so dass Anpassungen der Standarddatei während oder nach der Zeichnungserstellung keine Auswirkung auf die Zeichnungsdatei haben.

Die Standardeinstellung zur Wahl der Bemaßungspfeilspitzen (z. B. Pfeil, gefüllter Pfeil, schräger Strich etc.) kann über die Standarddateien nicht geregelt werden, da diese Einstellung von den Parametern einer Default-Zeichnungsdatei gesteuert werden. Eine Möglichkeit diesbezüglich Anpassungen vorzunehmen, besteht derzeit noch nicht. Um nicht bei jeder neuen Zeichnungsableitung manuell die Bemaßungseinstellungen vornehmen zu müssen, wird in Kapitel 7.5 gezeigt, wie diese Prozedur durch das Speichern der Einstellungen in Zeichnungsvorlagen, die bei Bedarf aufgerufen werden, zu umgehen ist.

7.3 Zeichnungsformate

7.3.1 Formatzuweisung

Wie anfangs bereits beschrieben, gibt es verschiedene Möglichkeiten, eine neue Zeichnung zu erstellen. Für die nachstehenden Beschreibungen wird die folgende Option gewählt.

⇓ *Datei* ⇒ *Neu* ⇑ ***NEU*** ⇒ *Drawing* ⇒ OK

Die anderen Optionen unterscheiden sich nur unwesentlich von der gewählten und bieten die gleichen im Folgenden beschriebenen Einstellungsmöglichkeiten.

Bevor CATIA in die Zeichnungsumgebung wechselt, erscheint ein neues Fenster, in dem die Formateinstellungen vorgenommen werden können. CATIA bietet standardmäßig eine Anzahl von Normen inklusive der dazugehörigen Zeichnungsformate. Des Weiteren können hierbei die Ausrichtung des Blattes und der globale Maßstab eingestellt werden. In dem kommenden Beispiel wird der ISO-Standard mit dem Format A3 gewählt. Die Zeichnung soll, wie in Abbildung 7-3 dargestellt, Querformat haben und im Maßstab 2:1 dargestellt werden.

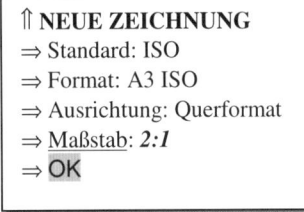

⇑ **NEUE ZEICHNUNG**
⇒ Standard: ISO
⇒ Format: A3 ISO
⇒ Ausrichtung: Querformat
⇒ Maßstab: ***2:1***
⇒ OK

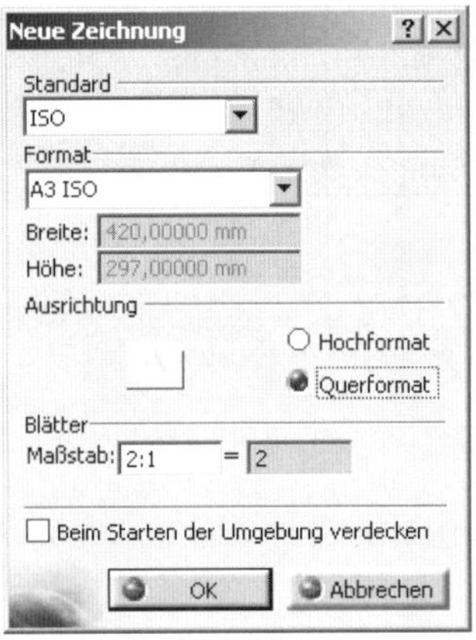

Abbildung 7-3: Formatfestlegung

7.3.2 Zeichnungsrahmen und Schriftfelder

Im Anschluss an die Formatzuweisung wechselt CATIA in die in Abbildung 7-1 dargestellte Zeichnungsumgebung. Die Zeichnungsblätter (bei Erstellung einer neuen Zeichnung ist nur ein Blatt vorhanden) lassen sich Microsoft-Office-konform neben der Hauptebene zusätzlich noch auf der Hintergrundebene bearbeiten. Der Wechsel zwischen den beiden Arbeitsebenen erfolgt über

⇓Bearbeiten ⇒Hintergrund

bzw. über

⇓Bearbeiten ⇒Arbeitsansichten

Auf der Hintergrundebene können Zeichnungsrahmen und Schriftfelder in die Blätter eingefügt werden. CATIA bietet vorgefertigte Zeichnungsrahmen mit Schriftfeldern, die sich dynamisch dem gewählten Format anpassen. Eingefügt werden diese Zeichnungsrahmen auf dem Hintergrund über die Befehlszeile

⇓Einfügen ⇒Zeichnung ⇒Rahmen und Zeichnungskopf

bzw. über das entsprechende Icon (Abbildung 7-4). In dem darauf folgenden Fenster können die Rahmenvorlagen in der Option *Zeichnungskopfdarstellung* ausgewählt und in dem Vorschaufenster betrachtet werden. Die Standardvorlagen, die mit CATIA mitgeliefert werden, liegen als CATSkript d. h. als Makros vor, die durch zusätzlich Programmierung so flexibel gehalten wurden, dass sie sich nicht nur automatisch dem vorher festgelegten Format anpassen, sondern auch bestimmte Aktionen, wie z. B. Unterstützung bei der Texteingabe, darauf anwendbar sind. Allerdings liegen derzeit nur amerikanische Vorlagen vor, die zwar über die Textfelder bearbeitet werden können, aber vom Format her nicht der DIN entsprechen.

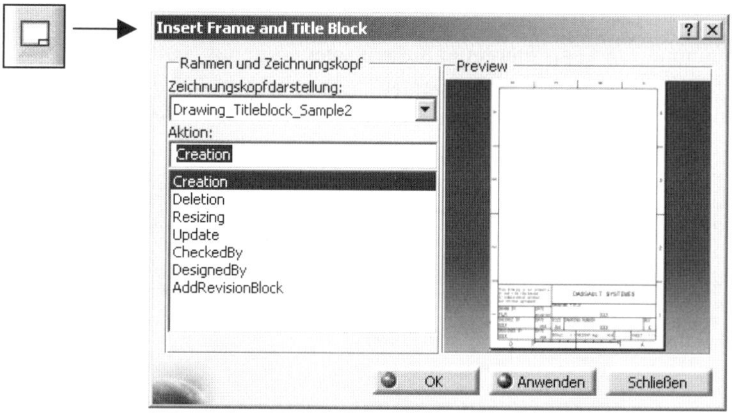

Abbildung 7-4: Automatische Erzeugung von Zeichnungsrahmen und Schriftfeld

Zur Gestaltung eines Zeichnungsrahmens inklusive Schriftfeld, das der deutschen Norm (z. B. DIN 6771 T1) entspricht, stehen verschiedene Möglichkeiten zur Verfügung:

- Der Entwurf einer eigenen Vorlage in Anlehnung an die Standardvorlagen von CATIA würde zwar den gleichen Grad an Flexibilität haben, setzt allerdings Programmiererfahrungen in Visual Basic und Kenntnisse über die Objektstruktur von CATIA voraus.
- Der Entwurf einer Vorlage ohne anschließende programmtechnische Anpassung ist zwar relativ einfach mit den Tools der Grafikerzeugung durchführbar, hat aber den Nachteil, dass die Vorlage nicht flexibel ist und somit für jedes Zeichnungsformat erzeugt werden muss.
- Alternativen bieten im Internet erhältliche Vorlagen. Diese liegen entweder im CATDrawing- (Zeichnungsdatei) oder im CATSkript-Format (Makrodatei) vor. Zeichnungsdateien sind in der Regel frei erhältlich, wohingegen die meisten Makrodateien aufgrund der Komplexität und Flexibilität nur käuflich zu erwerben sind.

Für die weiteren Beispiele in diesem Kapitel werden Zeichnungsvorlagen benutzt, die für jedes Format frei im Internet erhältlich sind. Diese müssen nach dem Öffnen zuerst unter einem anderen Namen abgespeichert werden, damit die Vorlagen nicht geändert werden. Beispielhaft soll dieses anhand der Zeichnungsvorlage für einen DIN A3 Rahmen (Dateiname hier: *Rahmen_A3.CATDrawing*, kann je nach Fall auch eine andere Bezeichnung haben) verdeutlicht werden (Abbildung 7-5).

⇓ Datei
⇒ Neu Aus...
⇑ **DATEIAUSWAHL**
⇒ Dateiname: ***Rahmen_A3.CATDrawing***
⇒ Öffnen

⇓ Datei ⇒ Sichern unter
⇑ **Sichern unter**
⇒ Speichern in: *Arbeitsverzeichnis wählen*
⇒ Dateiname: ***Backe***
⇒ Speichern

⇓ Bearbeiten
⇒ Arbeitsansichten

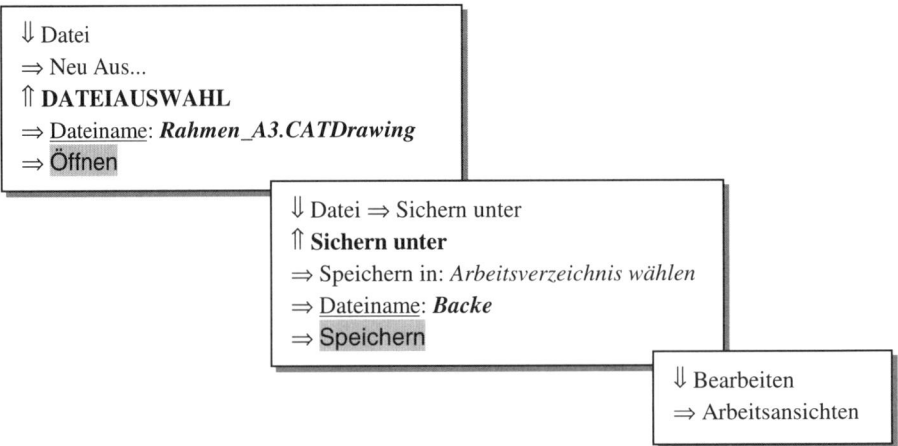

Abbildung 7-5: Arbeiten mit Zeichnungsvorlagen

7.4 Erzeugung von Modellansichten

In Abhängigkeit von der Aufrufart der Drawing-Workbench gibt es verschiedene Möglichkeiten, Bauteilansichten automatisch von CATIA erzeugen zu lassen. Da die automatisch erzeugten Ansichten in der Regel nicht ausreichen, wird im weiteren lediglich auf die manuelle Erzeugung von Ansichten eingegangen. Die Darstellung der Erzeugungsmethoden für einige unterschiedliche Ansichtstypen wird am Beispiel des Teils „Backe“ erläutert.

7.4.1 Basisansicht

Für die Ableitung von Parallelprojektionen aus dem 3D-Modell ist zunächst eine Basisansicht festzulegen. Sie ist Ausgangspunkt zur Erzeugung weiterer Ansichten. Zur Erzeugung einer Basisansicht muss das dazugehörige 3D-Modell geöffnet sein, da ansonsten das entsprechende Icon nicht aktiv ist. Vor der Positionierung der Basisansicht kann diese mit Hilfe des Kompasses gedreht oder gekippt werden.

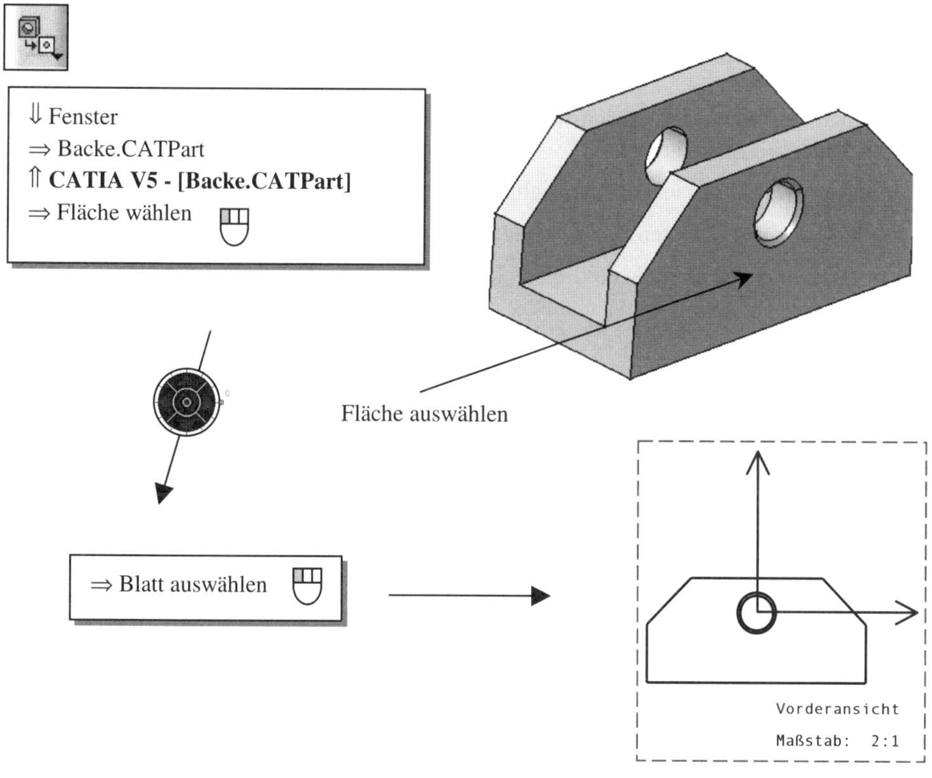

Abbildung 7-6: Festlegung der Basisansicht

Im Anschluss an die Festlegung der Basisansicht nach Abbildung 7-6 wird die Vorderansicht in der Mitte der Zeichnung platziert. Eine neue Zeichnungsansicht besteht aus drei Komponenten:

- In der Mitte wird die Geometrie der Ansicht dargestellt, die bemaßt und manipuliert werden kann.
- In dem Textfeld unter der Geometrie stehen der Ansichtsname, welcher beliebig geändert werden kann, und die Maßstabsgröße.
- Der Rahmen kennzeichnet die Größe der kompletten Ansicht inklusive ihrer Elemente (Textfelder, Bemaßungen, Angaben etc.) und dient zur Markierung und zum Positionieren der Ansicht.

Die beiden blauen Pfeile kennzeichnen die aktive Ansicht des Blattes. Nur von aktiven Ansichten können später andere Ansichten (Projektion, Schnitt, Detail etc.) abgeleitet werden. Eine Ansicht kann entweder durch Doppelklick auf den Begrenzungsrahmen oder über die entsprechende Option des kontextsensitiven Menüs der Ansicht im Modellbaum aktiviert werden.

Zur korrekten Positionierung der Ansicht wird diese per Drag&Drop (Ansichtsrahmen) in die linke obere Ecke geschoben. Gleiches gilt auch für das Textfeld, falls dieses ungünstig positioniert sein sollte.

CATIA legt bei der Erstellung neuer Ansichten die Standardeinstellungen zu Grunde. Diese können natürlich nachträglich geändert werden. Die wichtigsten Einstellungsmöglichkeiten sind im kontextsensitiven Menü der Ansicht unter der Option *Eigenschaften* zu finden (Abbildung 7-7). Hierzu zählen im Einzelnen:

- Steuerung des Maßstabes und der Ausrichtung der Ansicht,
- Sichtbarkeiten von verdeckten Körperkanten,
- Sichtbarkeiten von Achsen, Mittellinien, kosmetischen Elementen und diversen 3D-Objekten,
- Sichtbarkeit des Ansichtrahmens,
- Sperren/Entsperren einer Ansicht und
- Änderung der Textfeldeinträge.

Sind mehrere Ansichten ausgewählt, kann zusätzlich über das obere Drop-Down-Menü der Gültigkeitsbereich der Einstellungen (einzelne/alle Ansichten) festgelegt werden.

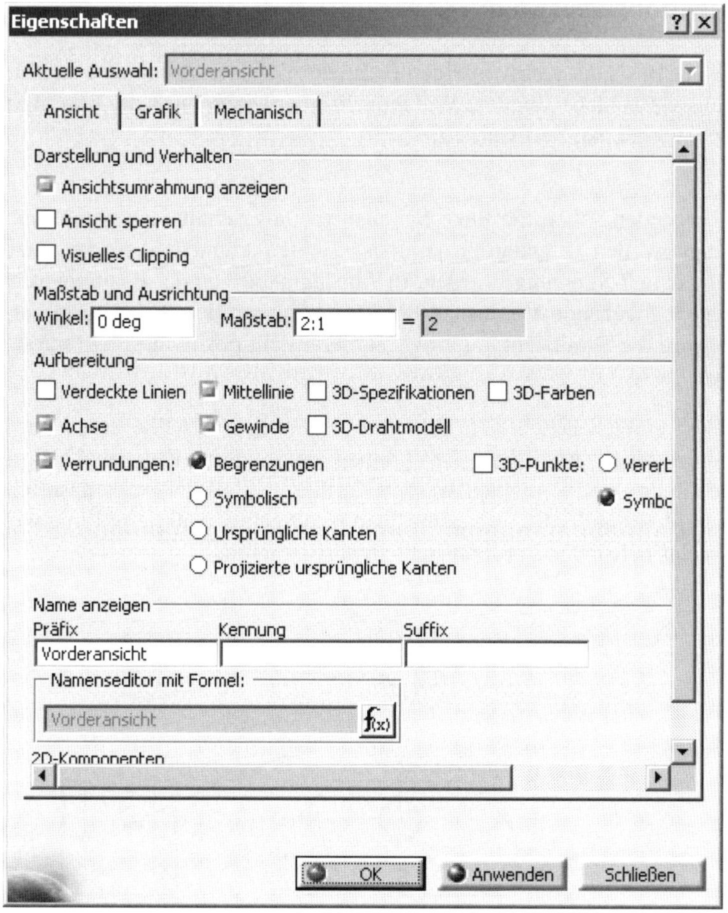

Abbildung 7-7: Einstellung der Ansichtseigenschaften

7.4.2 Projektionsansichten

CATIA kann auf Basis der rechtwinkligen Parallelprojektion Ansichten eines Modells in Bezug auf eine bereits vorhandene ableiten. Wie eingehend erwähnt, muss die jeweilige Bezugsansicht aktiv sein bzw. vorher aktiviert werden.

Im Folgenden sollen die linke Seitenansicht als Schnittdarstellung und die Draufsicht erzeugt werden. Standardprojektionsansichten können über das dazugehörige Icon (Abbildung 7-8) erzeugt werden. In Abhängigkeit von der Positionierung des Mauszeigers wird die entsprechende Voransicht der Projektion auf dem Bildschirm dargestellt. In diesem Beispiel wird die Draufsicht unter der Vorderansicht positioniert und mit der linken Maustaste bestätigt.

Ähnlich einfach lassen sich Schnittansichten unter CATIA erzeugen. Nach der Auswahl des Icons (Abbildung 7-8) können die Schnittverläufe unabhängig von dem 3D-Modell „on-the-fly" erzeugt werden. In diesem Beispiel ist es ausreichend, den senkrechten blauen Pfeil mit der Maus auszuwählen (senkrechte, punktierte Linie wird sichtbar) und die Ansicht rechts neben der Vorderansicht zu positionieren.

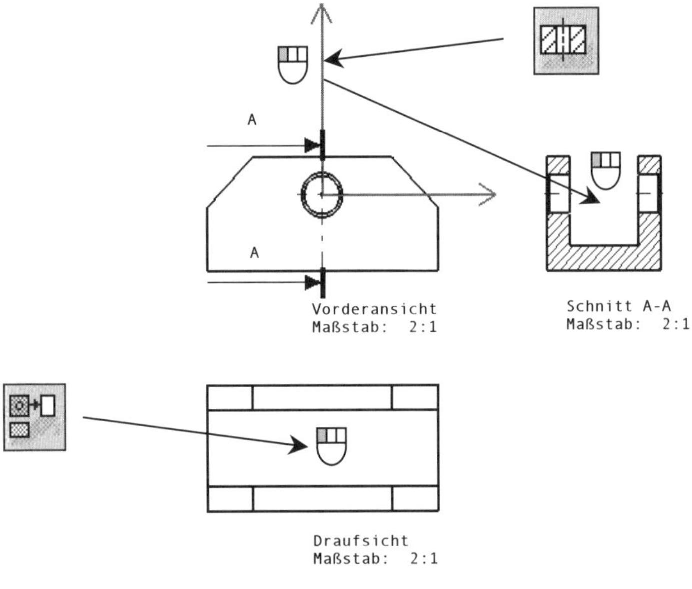

Abbildung 7-8: Erzeugung von Projektionsansichten

Die Erzeugung von komplexen Schnittverläufen z. B. für abgewickelte Stufenschnitte wird in Kapitel 7.4.4 besprochen.

Abweichend von der rechtwinkligen Parallelprojektion können natürlich auch schräge Projektionsrichtungen realisiert werden. Dieses soll anhand des Bauteils Deckel gezeigt werden.

Nachdem für den Deckel eine neue Zeichnung mit dem entsprechenden Format und Schriftfeld geöffnet wurde, ist zu Beginn als Basisansicht die Stirnseite ohne Aussparung auf dem Blatt zu positionieren. Darauf aufbauend wird nun eine projektionsgerechte Schnittansicht erzeugt.

Da die Schnittverläufe wie bereits erwähnt „on-the-fly" erzeugt werden, können zu deren Positionierung die von CATIA angebotenen Fangoptionen benutzt werden. Zwar kann der Schnittverlauf auch freihändig über die gesamte Breite des Deckels gezeichnet werden, allerdings hätte dieser Verlauf keine exakte Ausrichtung zur Geometrie, so dass die Schnittansicht ungenau wäre. Aus diesem Grund werden in diesem Beispiel im ersten Schritt die beiden Bohrungen zur exakten Positionierung des Schnittverlaufs benutzt und im zweiten Schritt die beiden Enden der Schnittachse nach außen hin verlängert (Abbildung 7-9).

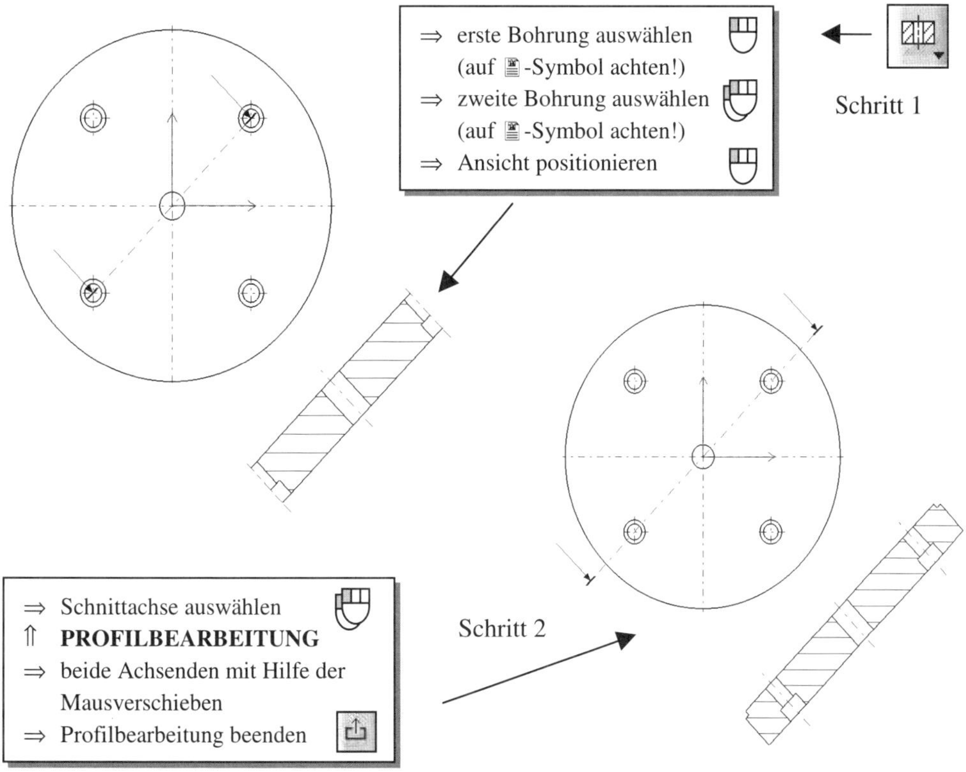

Abbildung 7-9: Veränderte Projektionsrichtung

Nach der in Abbildung 7-9 enthaltenen Befehlsreihenfolge kann das Schraffurmuster noch nicht dem des Bildes entsprechen. Das kontextsensitive Menü der Schraffur bietet unter der Option *Eigenschaften* diverse Möglichkeiten, um Einfluss auf das Aussehen der Schraffur zu nehmen.

7.4.3 Detailansichten

Zur Verdeutlichung von Details einer Ansicht können diese vergrößert dargestellt werden. Der entsprechende Bereich wird dazu in der Ansicht mit der linken Maustaste wahlweise mit einem Kreis oder einem geschlossenen Polygonzug umrahmt. Wichtig ist hierbei, dass die Ansicht, von welcher eine Detailansicht dargestellt werden soll, vorher aktiviert wird. In Abbildung 7-10 ist der erforderliche Dialog für die Zeichnung des Bauteils Backe dargestellt.

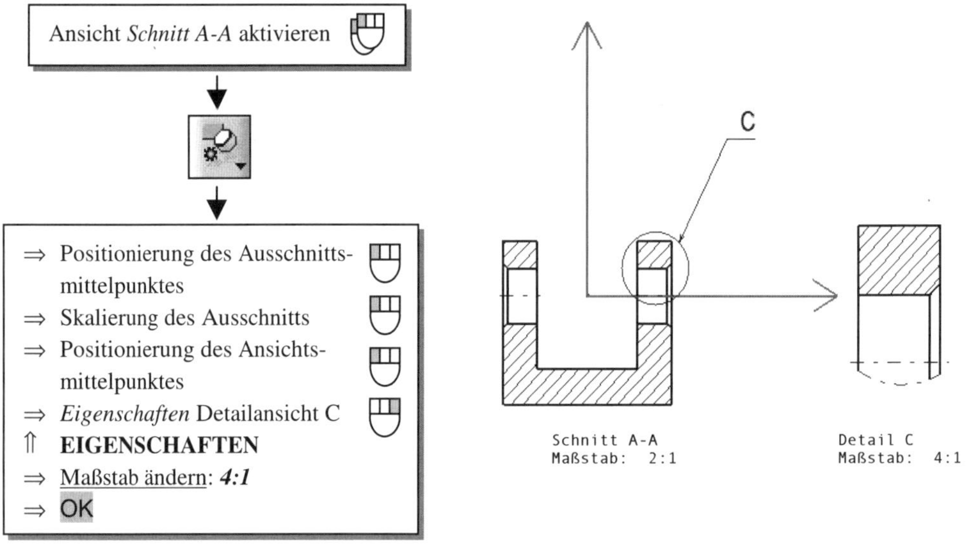

Abbildung 7-10: Detailansicht

7.4.4 Stufenschnitte

Stufenschnitte werden in CATIA in gleicher Weise wie ebene Projektionsschnitte erstellt. Der in Abbildung 7-11 erzeugte Schnittverlauf wurde, wie in Abbildung 7-9 bereits erklärt, unter Ausnutzung der vorhandenen Geometrien skizziert. Der Schnittverlauf wird während des Dialogs parallel im 3D-Modell angezeigt, so dass kompliziertere Schnittverläufe visuell überprüft werden können. Bei den abgesetzten und den ausgerichteten Stufenschnitten stehen die Optionen *Ansicht* und *3D-Ansicht* zur Verfügung. Bei der letzteren Option werden lediglich die geschnittenen Flächen projiziert und nicht zusätzlich die sichtbaren Körperkanten.

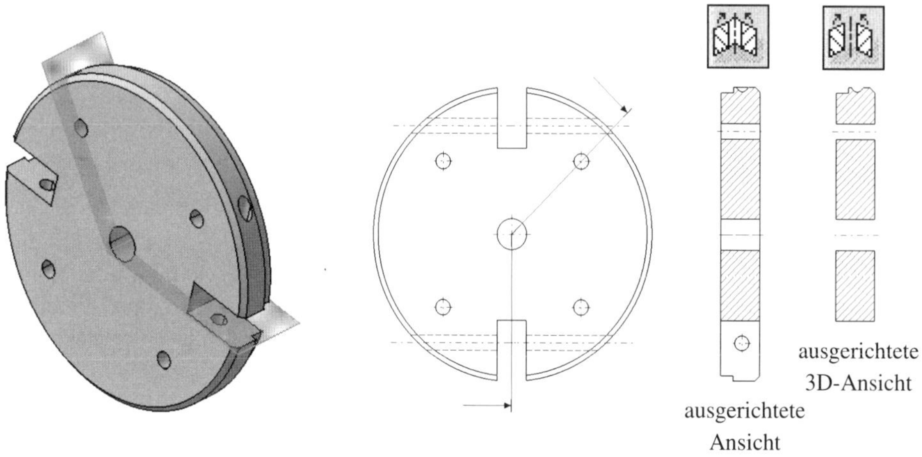

Abbildung 7-11: Projizierter Stufenschnitt

7.4.5 3D-Darstellungen

Das Einfügen räumlicher Projektionen erfolgt über das Icon *Isometrische Ansicht.* Unabhängig von der hier benutzten Namensgebung kann hiermit jede beliebige 3D-Ansicht dem Dokument hinzugefügt werden (Abbildung 7-12).

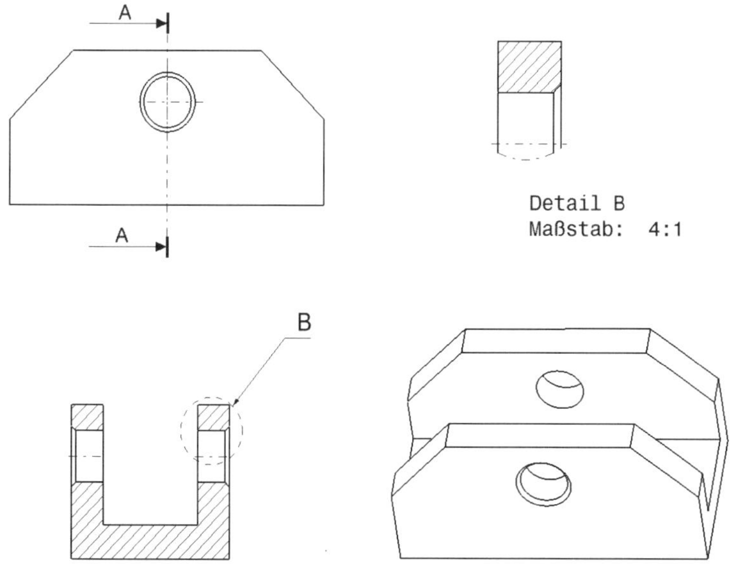

Abbildung 7-12: Zeichnung mit 3D-Ansicht

Wie bei der Positionierung der Basisansicht muss hierzu in die Modelldarstellung gewechselt und nach Einstellen der Ansichtsorientierung eine Fläche gewählt werden. Danach kann mit Hilfe des Kompasses die Ansicht gedreht oder gekippt werden.

7.4.6 Baugruppenzeichnungen

Die Zeichnungserstellung für Baugruppen vollzieht sich im Wesentlichen wie die für Einzelteile. Bei Platzierung der Basisansicht ist lediglich eine Referenzfläche in dem jeweiligen 3D-Baugruppenmodell zu wählen. Bemaßungen, Oberflächenangaben u. ä. werden nur hinzugefügt, wenn dies für den Zusammenbau erforderlich ist. Zur Komplettierung der Baugruppenzeichnung mit einer Stückliste werden in Abschnitt 7.6.4 einige Hinweise gegeben.

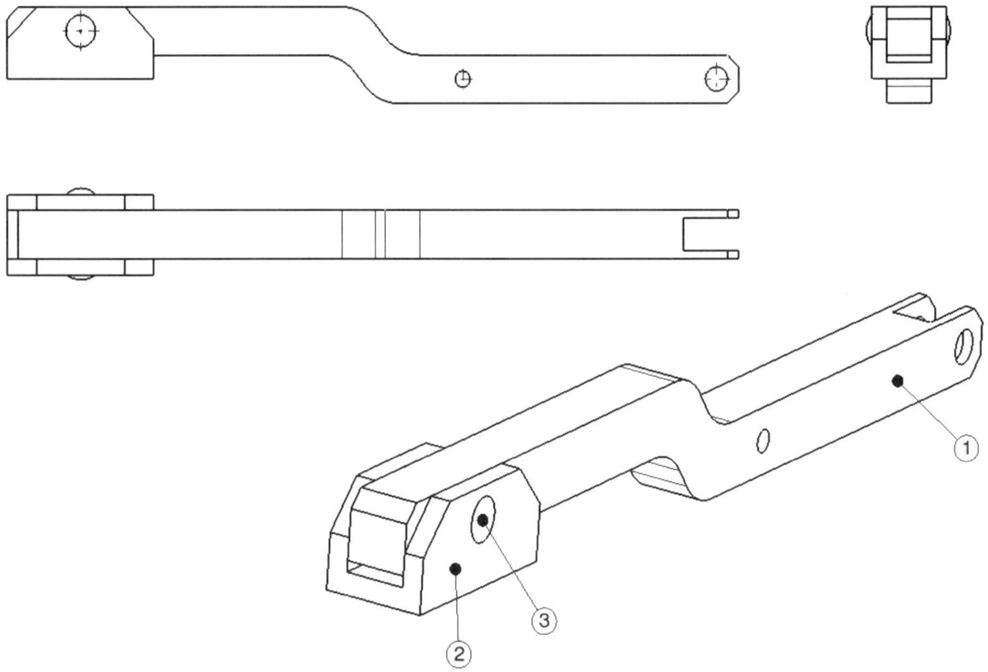

Abbildung 7-13: Baugruppenzeichnung

7.4.7 Umdefinieren von Ansichten

Während der Zeichnungserstellung kann sich herausstellen, dass Ansichten ungünstig platziert wurden oder der Maßstab verändert werden muss. Auch das Löschen, Unterdrücken und Neuorientieren von Ansichten kann erforderlich sein. Einige Möglichkeiten zur Manipulation der Ansichten wurden bereits erläutert.

Neben der *Eigenschaften*-Option bietet das kontextsensitive Menü (Abbildung 7-14) noch einige andere nützliche Einstellungsmöglichkeiten zur Manipulation von Ansichten, auf die hier nur beispielhaft eingegangen wird:

- Die gängigen Optionen wie *Ausschneiden*, *Kopieren*, *Einfügen* und *Löschen* gelten als Windows-Standard und werden als bekannt vorausgesetzt.
- Über die Option *Verdecken/Anzeigen* lassen sich sowohl einzelne Objekte (z. B. Linien, Schraffuren) als auch ganze Ansichten ein- bzw. ausblenden.
- Der Positionierungszwang der rechtwinkligen Parallelprojektion lässt sich durch die Option *Ansichtspositionierung* ⇒ *Ansicht nicht ausrichten* aufheben, so dass Projektions- oder Schnittansichten frei auf dem Blatt positioniert werden können.
- Das *Anzeigen der Hilfslinien* erleichtert die manuelle Erweiterung bzw. Anpassung von Ansichten.

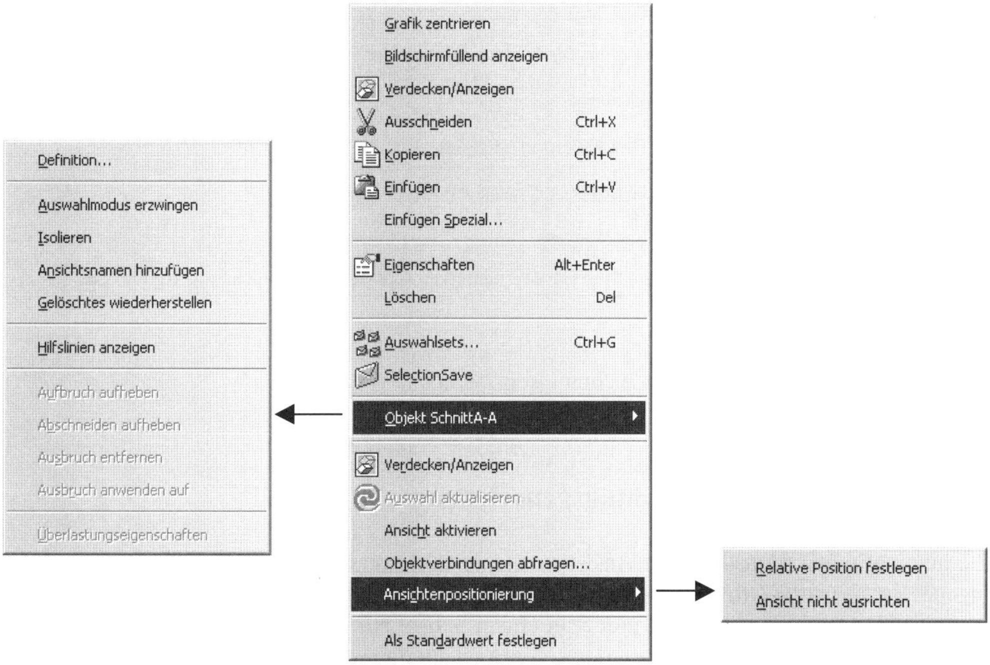

Abbildung 7-14: Kontextsensitives Menü

Sollten benötigte Achs- oder Mittellinien nicht automatisch vom System erzeugt worden sein, können diese mit Hilfe der dazugehörigen Symbolleiste dargestellt werden. Auch Gewinde können in diesem Menü zusätzlich für die Zeichnungsableitung erzeugt werden, falls von diesem Feature nicht bei der Bohrungserstellung im 3D-Modell Gebrauch gemacht wurde.

Zusätzlich stehen alle Elemente, die aus dem Skizziermodus bekannt sind (Punkte, Linien, Profile etc.), zur manuellen Anpassung der Zeichnung zur Verfügung.

7.5 Bemaßungen

Bei der Erzeugung des Modells wurden dem Bauteil bereits Maße zugeordnet. Diese können im Zeichnungsmodus angezeigt werden. Die Maßableitungen der Zeichnungsdatei stehen jederzeit in Abhängigkeit mit den Modellmaßen, so dass sich bei einer Modifikation des Modells die Ansichten und Bemaßungen der Zeichnungsableitung ebenfalls ändern. Die Möglichkeit des umgekehrten Wegs, d. h. eine Anpassung des Modells durch Änderung der Zeichnungsbemaßung, besteht nicht. CATIA unterstützt derzeit also noch keine echte bidirektionale Assoziativität.

Zu Beginn der Zeichnungsbemaßung sollte überprüft werden, ob die in Abbildung 7-15 gezeigten Einstellungen in den Zeichnungsoptionen angewählt wurden.

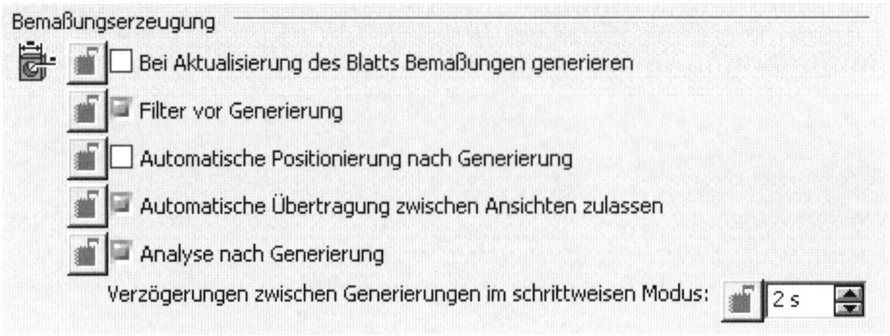

Abbildung 7-15: Anpassung der Zeichnungsoptionen

7.5.1 Automatische Bemaßungsgenerierung

Zur automatischen Bemaßung der Ansichten stehen zwei verschiedene Möglichkeiten zur Verfügung. Bei der *automatischen Bemaßungsgenerierung* werden die Maße, die bei der Modellierung der 3D-Geometrie benutzt wurden, in einem Schritt auf die Zeichnungsansichten übertragen. Werden vor der Auswahl des Icons keine Ansichten gewählt, generiert CATIA die Bemaßungen in den Ansichten, die für die jeweilige Bemaßung am repräsentativsten ist. Bei einer Vorabwahl einzelner Ansichten werden auch nur diese bemaßt. Durch den bei der Optionseinstellung aktivierten Filter kann Einfluss auf die Art der zu generierenden Bemaßungen genommen werden. Durch Auswahl der Option *Generiert alle Bemaßungen* werden auch Bemaßungen generiert, die nicht explizit in der 3D-Geometrie generiert wurden. In dem in Abbildung 7-16 gezeigten Beispiel liegt die Bemaßung der Backenbreite (20 mm) z. B. nicht als direktes Maß in der 3D-Geometrie vor, weil der Grundkörper der Backe als zweiseitige Spiegelung erzeugt wurde, wird aber durch die vorgenommene Filtereinstellung vom System erzeugt.

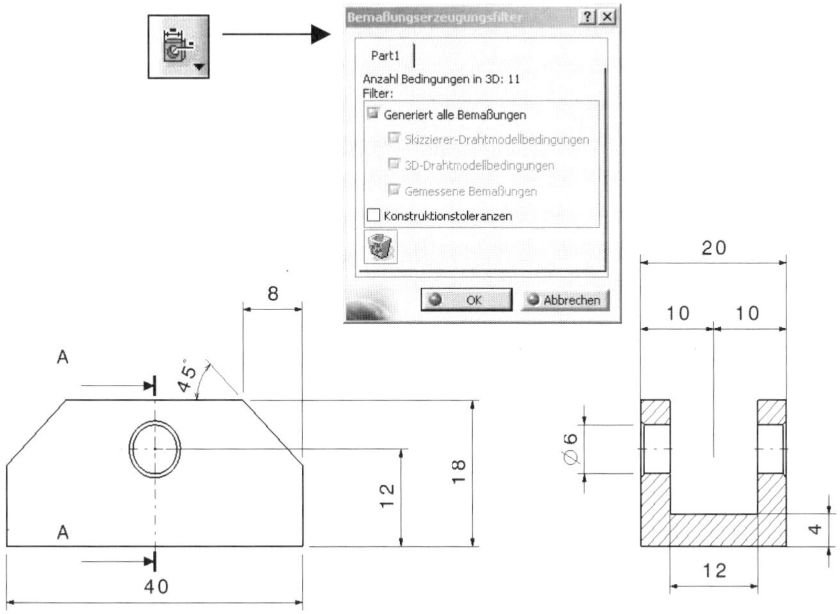

Abbildung 7-16: Automatische Bemaßungsgenerierung

In dem im Anschluss an die Bemaßungsgenerierung erscheinenden Analysefenster können die automatisch erzeugten Bemaßungen mit den Maßen des Modells abgeglichen werden.

Die automatische Bemaßungsgenerierung lässt sich zwar schnell und einfach durchführen, ist aber im nachhinein etwas unflexibel, da die Bemaßungen zwar gelöscht, aber nicht mehr angepasst oder in andere Ansichten verschoben werden können. Eine Alternative bietet hier die *schrittweise Bemaßungsgenerierung*. Dabei werden die generierten Bemaßungen hintereinander angezeigt und durch Betätigen der Pausetaste kann die zuletzt erzeugte Bemaßung wahlweise gelöscht oder in eine andere Ansicht übertragen und positioniert werden (Abbildung 7-17).

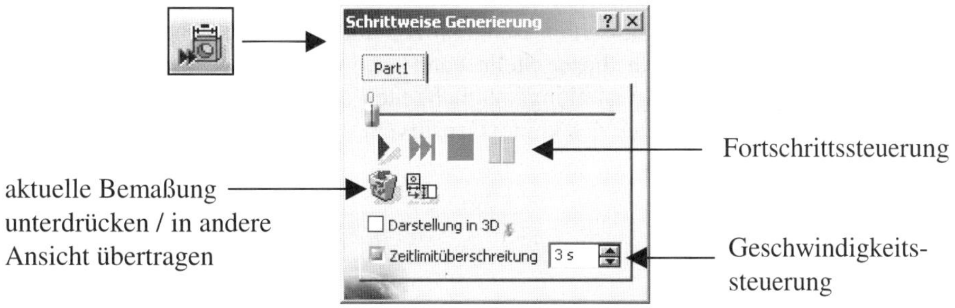

Abbildung 7-17: Schrittweise Bemaßungsgenerierung

7.5.2 Manuelle Erzeugung von Bemaßungen

Die Symbolleiste *Bemaßungen* bietet alle Möglichkeiten, die Bemaßungen der verschiedenen Ansichten durch manuelle Anpassung zu vervollständigen. Das Eigenschaftsfenster bietet dazu eine Reihe von Optionen das Erscheinungsbild der Bemaßungen nach eigenem Ermessen zu beeinflussen.

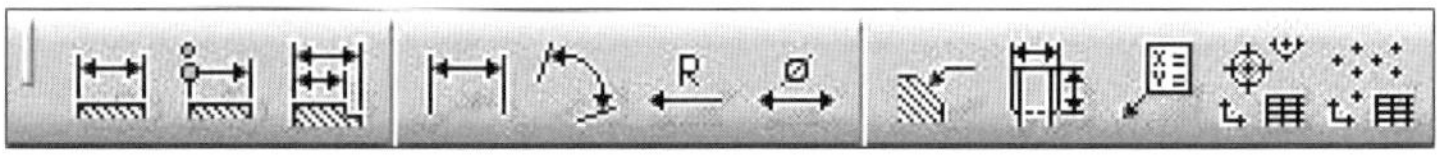

7.5.3 Bemaßungsanpassung

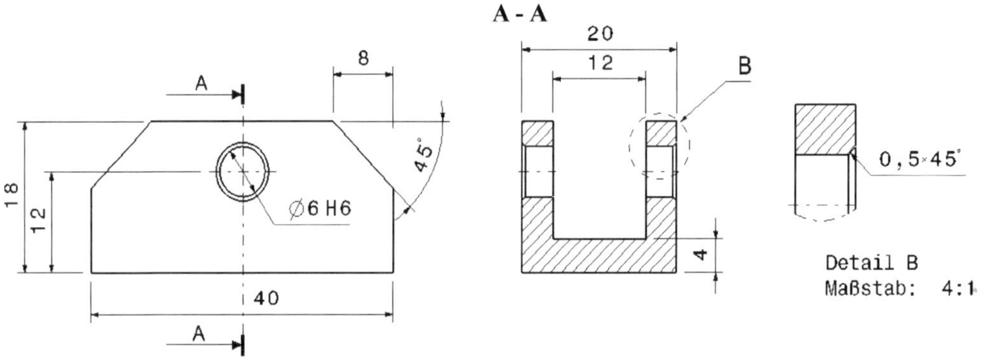

Abbildung 7-18: Normgerechte Zeichnungsableitung des Bauteils Backe

Die weitestgehend normgerechte Bemaßung in Abbildung 7-18 wurde erst nach weiteren Interaktionen erreicht:

- Änderung der Bemaßungseigenschaften:
  CATIA bietet standardmäßig eine Reihe von vordefinierten Toleranzeinstellungen, mit denen die Toleranzwerte der gewünschten Bemaßungen über die entsprechende Symbolleiste manipuliert werden können. An dieser Stelle kann auch die Anzeige der Maßgenauigkeit gesteuert werden. Sollten die Einstellungsmöglichkeiten der Symbolleiste nicht ausreichen, ist über die Option *Eigenschaften* des kontextsensitiven Menüs eine umfangreichere Anpassung möglich.

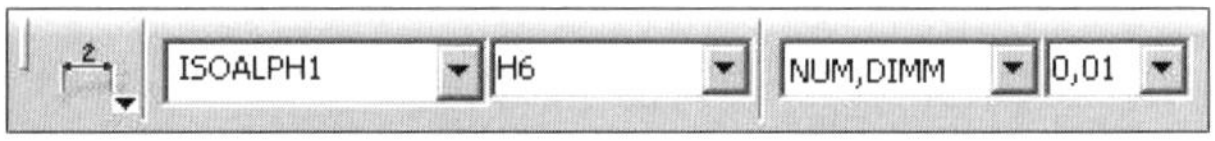

- Verschiebung von Bemaßungselementen:
  Das Verschieben der Bemaßungselemente erfolgt durch Drag&Drop. Hierbei wird zwischen den Maßlinien und den Maßzahlen unterschieden.

- Unterbrechen der Maßhilfslinien: 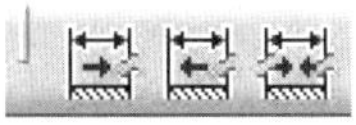

- Verlängern und Verkürzen von Zeichnungselementen:
  Zeichnungselemente lassen sich per Drag&Drop der Endmarkierungen verlängern oder verkürzen. Bei einigen Zeichnungselementen muss vor der Bearbeitung in den Profilbearbeitungsmodus (Doppelklick auf Element) gewechselt werden (Abbildung 7-9).

- Pfeilrichtung ändern:
  Das Ändern der Pfeilrichtung erfolgt entweder durch das Anklicken der entsprechenden Pfeilspitze oder über die Einstellung der Eigenschaften der Bemaßung.

- Maßabstände automatisch einstellen:
  Der Vorgang des automatischen Ausrichtens der Bemaßungen ist in Abbildung 7-19 dargestellt. Die notwendigen Offsetwerte können standardmäßig auch in den Zeichnungsoptionen (⇓*Tools* ⇒ *Optionen...*) eingestellt werden.

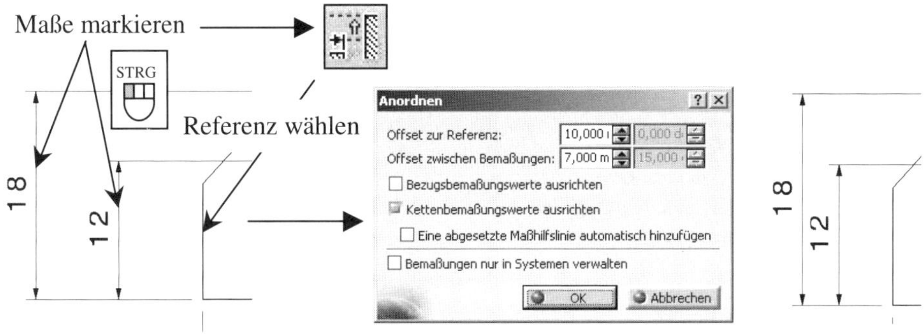

Abbildung 7-19: Automatische Bemaßungsausrichtung

Standardmäßig werden die Maßpfeilenden bei CATIA als einfache Pfeile und nicht wie in diesen Beispielen als gefüllte Pfeile dargestellt. Diese Standardeinstellung wird, wie in Kapitel 7.2 bereits erwähnt wurde, als Information mit dem jeweiligen Dokument gespeichert und ist nicht in einer Datei hinterlegt. Damit die Pfeilenden nicht bei jeder neuen Zeichnung manuell geändert werden müssen, wird im Folgenden die Erzeugung einer Standardzeichnungsdatei beschrieben, in der die notwendigen Einstellungen gespeichert sind und welche bei einer neuen Zeichnungsableitung aufgerufen werden kann. Dazu kann die bis hierhin erstellte Zeichnungsableitung als Ausgangssituation genommen werden. Über das kontextsensitive Menü einer Bemaßung kann, wie in Abbildung 7-20 dargestellt, die Form der Maßlinienenden von *Pfeil* in *Gefüllter Pfeil* geändert werden.

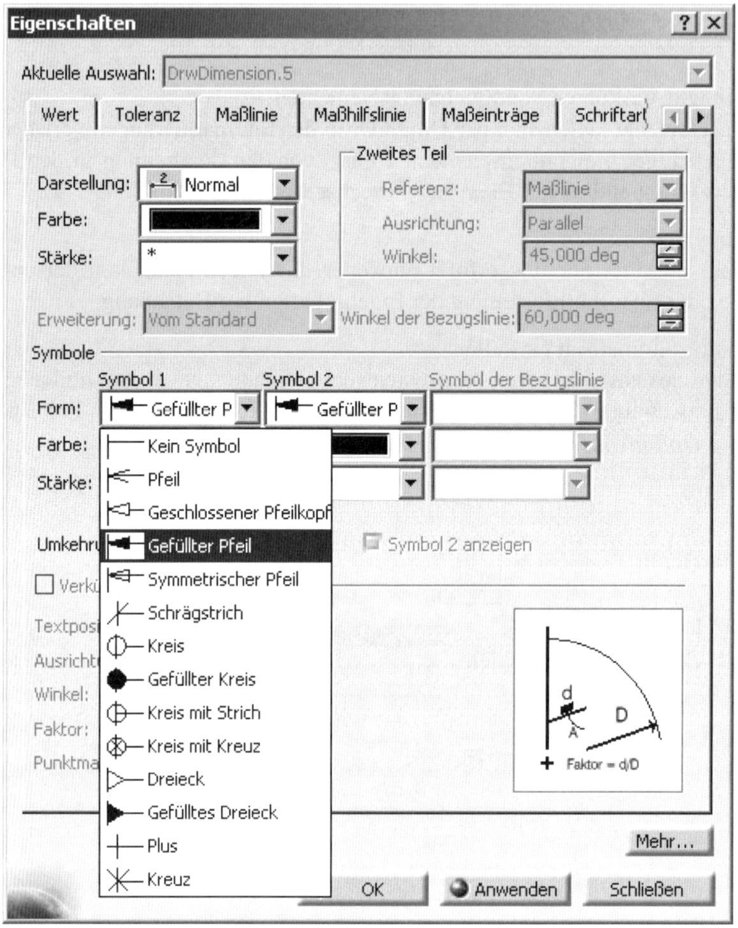

Abbildung 7-20: Anpassung der Maßlinieneigenschaften

Nach Bestätigen der Änderung muss die neue Einstellung im kontextsensitiven Menü der geänderten Bemaßung als Standardwert festgelegt werden (letzter Menüpunkt). Diese Einstellung muss einmalig für alle Arten von Bemaßungen (Länge, Durchmesser, Radius, Fase etc.) durchgeführt werden. Im Anschluss daran können alle Zeichnungselemente gelöscht und die leere Zeichnung als Standarddatei gespeichert werden. Da mit der Datei auch das Zeichnungsformat gespeichert wird, empfiehlt es sich, diesen Durchgang für alle Formate zu wiederholen. Werden die in Kapitel 7.3.2 erwähnten Zeichnungsvorlagen für die Zeichnungsableitung verwendet, können die Einstellung direkt mit den Vorlagen gespeichert werden, sofern diese Einstellungen nicht bereits in den Vorlagen vorhanden sind.

7.6 Ergänzende Angaben

7.6.1 Oberflächenangaben

Die Symbolik für Angaben der Oberflächenbeschaffenheit in Zeichnungen ist in der DIN ISO 1302 festgelegt. CATIA bietet zur Platzierung von Oberflächensymbolen einen Rauhigkeitssymboleditor (Abbildung 7-21) an, in dem sämtliche genormte Angaben zur Oberflächenbeschaffenheit eingetragen werden können. Neben den festen Vorgaben zu Grundsymbolform, Rillenrichtung und Rauheitswert, stehen noch variable Felder für zusätzliche Angaben zur Verfügung. Oberflächensymbole können wahlweise an Geometrie gelegt oder frei auf dem Blatt platziert werden.

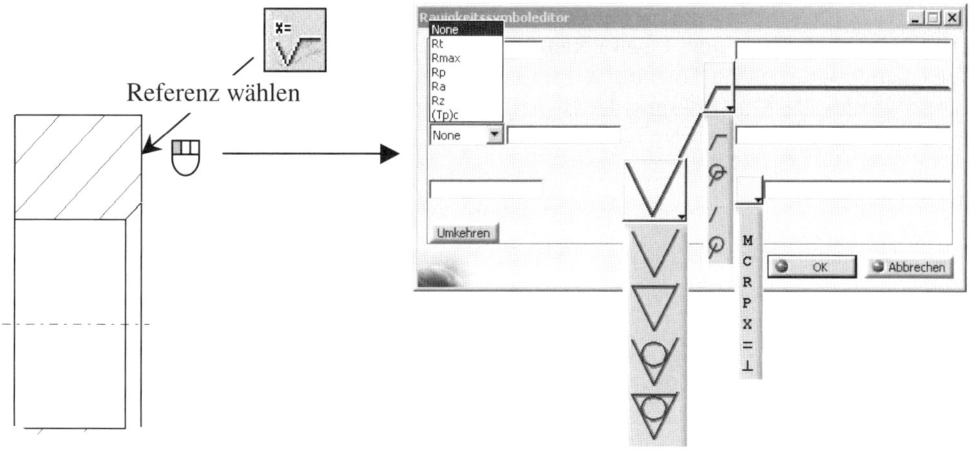

Abbildung 7-21: Rauhigkeitssymboleditor

Nach Platzierung der Symbole in der Zeichnung können diese nachträglich per Drag&Drop verschoben werden. Bei einer Positionierung in der Nähe einer Geometrie versucht CATIA das jeweilige Symbol dahingehend auszurichten. Durch Doppelklick auf das Oberflächensymbol gerät man wieder in den Rauhigkeitssymboleditor, so dass ein nachträgliches Umdefinieren möglich ist.

In Abbildung 7-22 wurde ein Symbol an eine senkrechte Bezugskante und das andere frei auf der Zeichnung platziert. Das Hinzufügen von Bezugslinien erfolgt über des kontextsensitive Menü des jeweiligen Symbols, das Entfernen dieser über das kontextsensitive Menü der Bezuglinie, das über die Unterbrechungspunkte (gelben Rauten) aufgerufen werden kann. Hier können auch die in der Abbildung dargestellten Unterbrechungen hinzugefügt bzw. entfernt und die Symbolform geändert werden (z. B. Änderung von *Offener Pfeilkopf* in *Gefüllter Pfeil*). Ebenfalls können an dieser Stelle die vorgenommenen Änderungen als Standardwerte festgeschrieben werden.

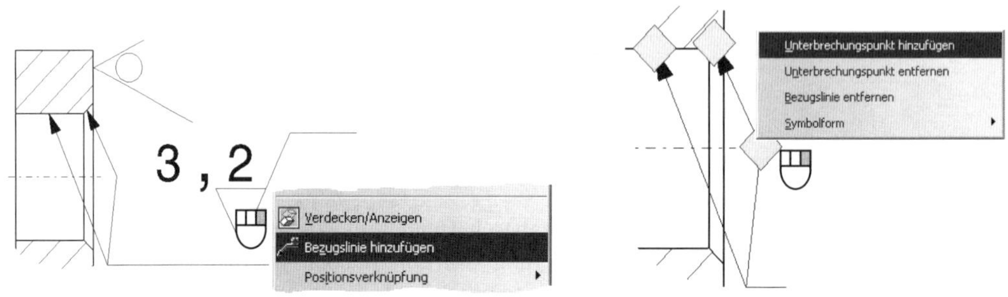

Abbildung 7-22: Symbolpositionierung und Anpassung

7.6.2 Form- und Lagetoleranzen

Die Symbolik zu Form- und Lagetoleranzen ist in der DIN ISO 1101 festgelegt. Das Hinzufügen einer entsprechenden Toleranz soll im Folgenden beschrieben werden. Im Beispiel soll gesichert werden, dass die Bohrung des Bauteils Backe möglichst parallel zur Backengrundfläche liegt.

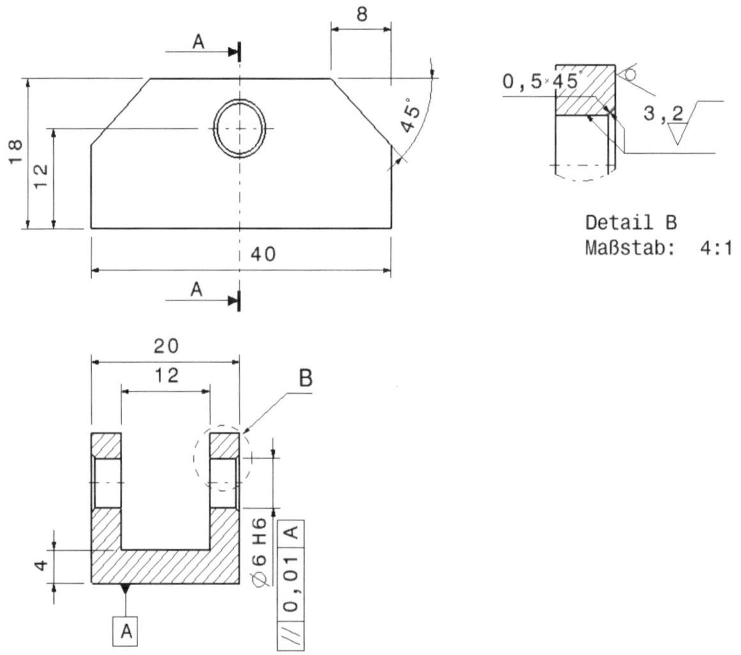

Abbildung 7-23: Teilezeichnung mit Lagetoleranzen

Bevor die in Abbildung 7-23 enthaltene Lagetoleranz eingefügt werden kann, sind unter Umständen noch notwendige Bezüge zu erzeugen. Derartige Bezugselemente können durch Wahl des entsprechenden Icons (Abbildung 7-24) und der zu referenzzierenden Körperkante auf der Zeichnung platziert werden. Sollte eine Änderung der Symbolform vorzunehmen oder eine Unterbrechungspunkt in der Bezugslinie einzufügen sein, kann dies, wie in Abbildung 7-22 gezeigt, über das kontextsensitive Menü erfolgen. Zur Platzierung der Angaben zur geometrischen Toleranz wurde in diesem Beispiel als Referenz die Bemaßungsangabe des Bohrungsdurchmessers gewählt. In dem im Anschluss daran erscheinenden Editor kann die Zusammenstellung der Toleranzangabe vorgenommen werden. Eine Umplatzierung des Toleranzsymbols erfolgt per Drag&Drop. Orientierung des Symbols und Aussehen bzw. Sichtbarkeit der Hilfslinie kann über das kontextsensitive Menü des jeweiligen Objekts gesteuert werden.

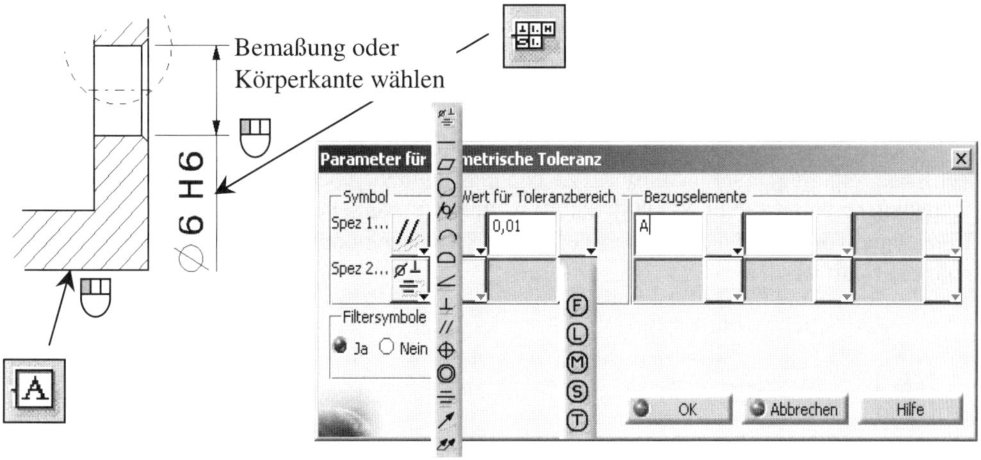

Abbildung 7-24: Editor für geometrische Toleranzen

7.6.3 Schweißsymbole und Schweißnähte

Die zeichnerische Darstellung von Schweißungen ist nach DIN EN 22553 festgelegt. Wie zu den Angaben zur Oberflächenbeschaffenheit und zu den geometrischen Toleranzen verfügt CATIA auch über einen Editor zur Verwaltung von Schweißsymbolen und Schweißnähten, die über die in Abbildung 7-25 dargestellten Icons zugänglich sind. Der Umgang ähnelt dem mit den bisher beschriebenen Editoren, so dass an dieser Stelle nicht näher darauf eingegangen wird.

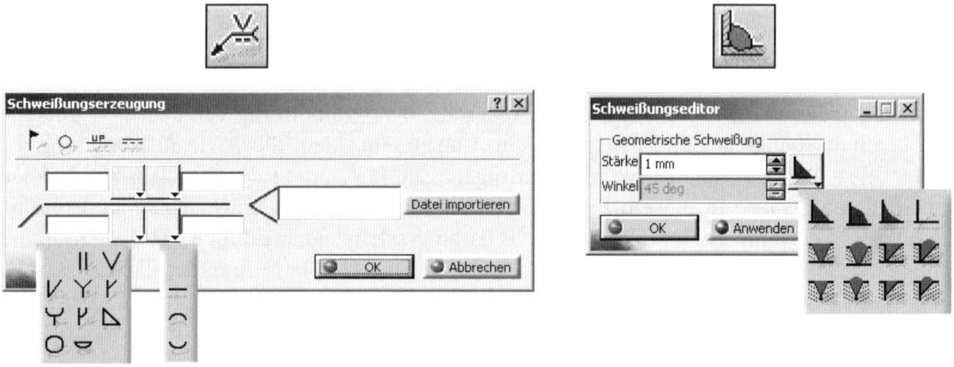

Abbildung 7-25: Editor für Schweißsymbole und Schweißnähte

7.6.4 Notizen und Tabellen

Zur Komplettierung einer technischen Zeichnung sind neben den bisher bearbeiteten Ansichten, Bemaßungen und diversen Symbolen noch weitere Elemente notwendig. Im Folgenden soll das Hinzufügen von Tabellen, das Importieren von Stücklisten und die Ergänzung mit Zeichnungsnotizen erklärt werden.

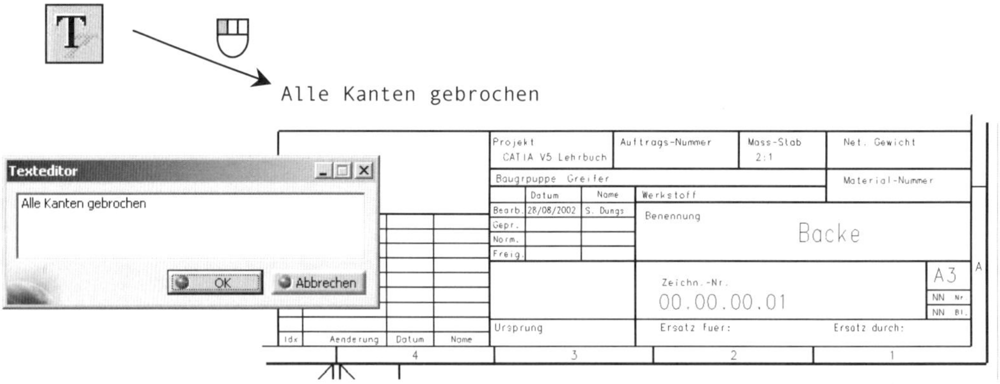

Abbildung 7-26: Erzeugung von Notizen

In dem in Abbildung 7-26 gezeigten Beispiel wurde der Hinweis zu den Werkstückkanten frei auf der Zeichnung über dem Schriftfeld platziert. In dem daraufhin erscheinenden Texteditor kann der gewünschte Text eingegeben werden. Zur primären Steuerung der Texteigenschaften dient die gleichnamige Toolbar, die sich standardmäßig im oberen Bildschirmbereich befindet.

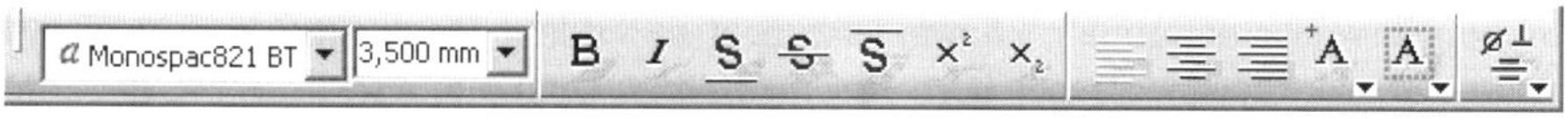

Hier können neben den Windows-konformen Attributen (Schriftart, -größe, -ausrichtung etc.) auch die Textpositionierung, diverse Textrahmen und das Einfügen von Sonderzeichen ausgewählt werden. Weitere Einstellungsmöglichkeiten findet man im Eigenschaftsfenster des kontextsensitiven Menüs auf den Blättern *Schriftart* und *Text*. Beispielsweise lassen sich hierüber Zeichen- und Zeilenabstand oder Textwinkel steuern.

Notizen können darüber hinaus auch mit Bezugspfeilen, die auf beliebige Zeichnungselemente ausgerichtet werden, versehen werden.

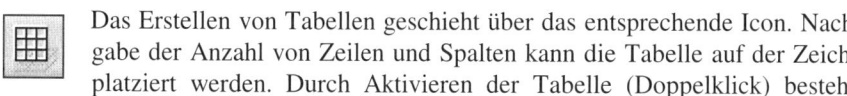

Das Erstellen von Tabellen geschieht über das entsprechende Icon. Nach Angabe der Anzahl von Zeilen und Spalten kann die Tabelle auf der Zeichnung platziert werden. Durch Aktivieren der Tabelle (Doppelklick) besteht die Möglichkeit, die Tabelle nachträglich zu formatieren. Hierzu stehen die gängigen Optionen wie Anpassen der Zeilenbreite oder -höhe, Erweiterung der Tabelle, Verschmelzen von Zellen oder Änderung der Zeilen- bzw. Spaltenorientierung zur Verfügung. Zur Formatierung der Zelleneinträge können wie bei den Notizen die Einstellungsmöglichkeiten der Texteigenschaften-Toolbar genutzt werden.

Alternativ können Tabellen auch aus externen Dateien importiert werden. CATIA bietet aber derzeit lediglich die Möglichkeit csv-Dateien (Textdateien, in denen die Informationen durch Kommata getrennt sind) zu importieren. Da diese Art der Datenimportierung relativ ungebräuchlich ist und sich als unkomfortabel erweist, soll im Folgenden eine weitere Möglichkeit der Tabellendarstellung erläutert werden.

⇓ Einfügen
⇒ Objekt
⇑ **OBJEKT EINFÜGEN**

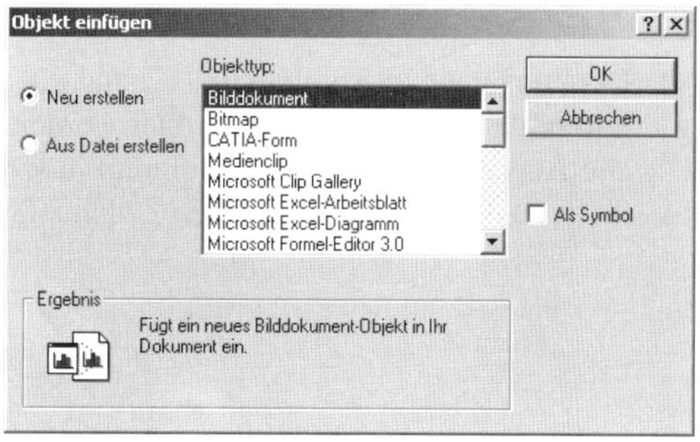

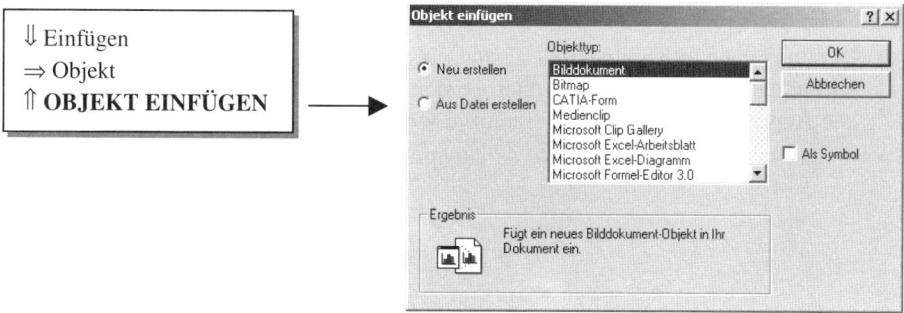

Abbildung 7-27: Einfügen von Objekten

Aufgrund der Office-Konformität lassen sich in eine Zeichnung in Abhängigkeit der Rechnerkonfiguration verschiedene Objekte einfügen (Abbildung 7-27). Dies soll am Beispiel einer Stücklistendatei erklärt werden.

In Abschnitt 6 wurde das Exportieren einer Stückliste erklärt. Diese Stückliste kann in Excel bearbeitet und anschließend gespeichert werden. Danach kann die Stückliste, wie in Abbildung 7-28 gezeigt, als Excel-Datei in die Zeichnungsdatei eingefügt werden. Durch die Wahl der Option *Verknüpfen* werden Dateiänderungen auch in der Zeichnungsableitung übernommen. Allerdings muss dafür auch gewährleistet sein, dass eine permanente Verknüpfungsmöglichkeit zur Datei bestehen kann. Falls die Zeichnungsdatei zu einem späteren Zeitpunkt verschoben werden soll und somit keine Verknüpfung zum Objekt mehr besteht, empfiehlt es sich, diese Option nicht zu benutzen.

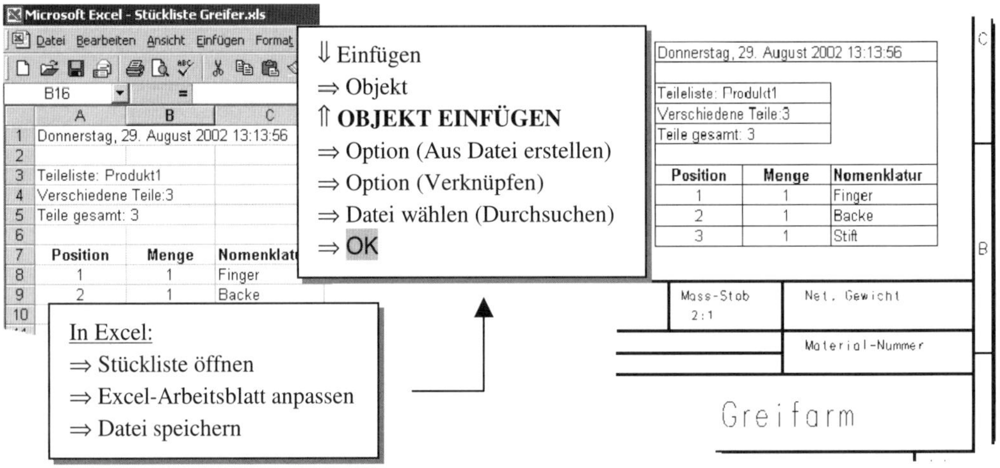

Abbildung 7-28: Einfügen von Stücklisten

Der Zeichnung in Abbildung 7-13 sind die der Stückliste entsprechenden Positionsreferenzen der 3D-Ansicht zugeordnet worden. Dies erfolgt über das entsprechende Icon. Die Anpassung der Positionsreferenzen (Symbolform, Unterbrechungspunkte etc.) erfolgt konform zu den bisher behandelten Zeichnungselementen.

8 Ergänzende Arbeitstechniken

8.1 Datenaustausch

8.1.1 Datenimport

Bereits im Zusammenhang mit dem tabellengesteuerten Modellaufbau wurde deutlich, dass in CATIA alphanumerische Daten aus anderen Softwarewerkzeugen (wie z. B. EXCEL) verarbeitet werden können. Über neutrale Datenformate wie IGES oder STEP können auch Daten aus anderen CAx-Systemen übernommen werden. In Abbildung 8-1 wird deutlich, dass vor dem Einlesen des Importteils automatisch die Standardebenen und ein Koordinatensystem generiert werden. Zusätzlich wird bei der Datenkonvertierung vom System einen Bericht erzeugt, auf dem in einem Fenster hingewiesen wird. Im gleichen Verzeichnis ist auch eine Datei platziert, in der eventuelle Übertragungsfehler aufgelistet sind.

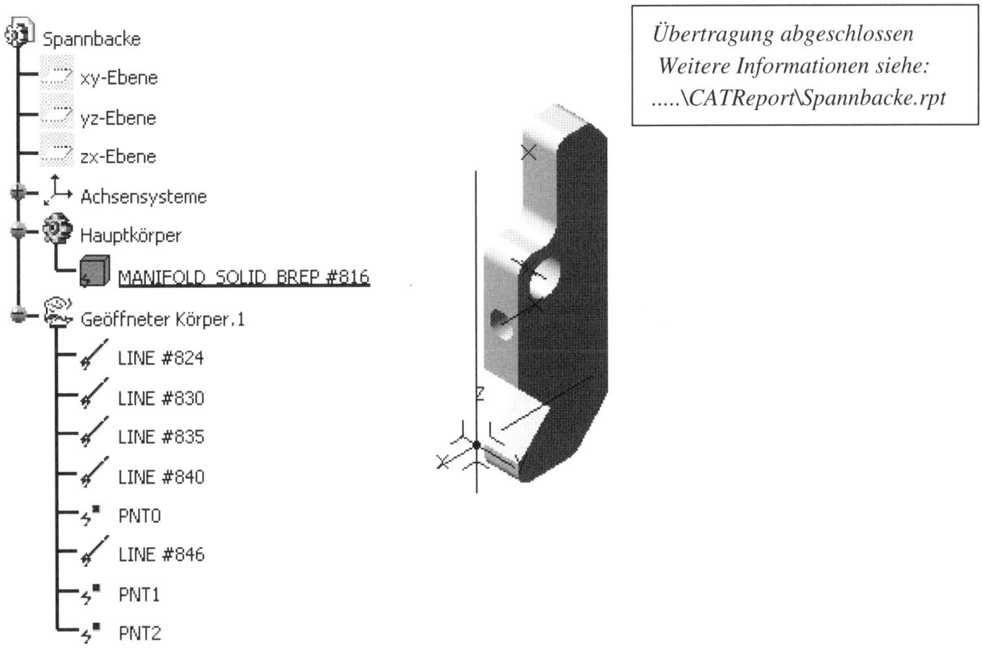

Abbildung 8-1: Importiertes Modell

Im gewählten Beispiel enthält die Fehlerdatei *Spannbacke.err* keine Fehlermeldungen. Das wird bereits im Bericht *Spannbacke.rpt* (Tabelle 8-1) deutlich, da alle übertragenen Elemente unter „OK" aufgeführt sind.

Tabelle 8-1: Importbericht

```
C:\...\DassaultSystemes\CATReport\Spannbacke.rpt

Eingabedatei: D:\catia-daten\Spannbacke.stp
Ausgabedatei:

~~~~~~~~~~~~~~~~~~~~~~~~HEADER~~~~~~~~~~~~~~~~~~~~~~~~
Originating System    : PRO/ENGINEER BY PARAMETRIC TECHNOLOGY CORPORATION, 2001150
Preprocessor version  : PRO/ENGINEER BY PARAMETRIC TECHNOLOGY CORPORATION, 2001150
File Schema           : CONFIG_CONTROL_DESIGN

~~~~~~~~~~~~~~~~~DETAILLIERTE KONVERTIERUNG~~~~~~~~~~~~~~~~~
#824  LINE #824  Typ: LINE  Ordnungsgemäß übertragen
#830  LINE #830  Typ: LINE  Ordnungsgemäß übertragen
#835  LINE #835  Typ: LINE  Ordnungsgemäß übertragen
#840  LINE #840  Typ: LINE  Ordnungsgemäß übertragen
#842  PNT0  Typ: CARTESIAN_POINT  Ordnungsgemäß übertragen
#846  LINE #846  Typ: LINE  Ordnungsgemäß übertragen
#848  PNT1  Typ: CARTESIAN_POINT  Ordnungsgemäß übertragen
#849  PNT2  Typ: CARTESIAN_POINT  Ordnungsgemäß übertragen
#816  MANIFOLD_SOLID_BREP #816  Typ: MANIFOLD_SOLID_BREP  Ordnungsgemäß übertragen
====================================================

~~~~~~~~~~~~~~~~~ÜBERTRAGUNG -ZUSAMMENFASSUNG~~~~~~~~~~~~~~~~~
 OK = Übertragen
 KO = Nicht übertragen
 NS = Nicht unterstützt
 OUT = Falsche Größe
 DEG = Degeneriert
 INV = Ungültig
 ------------------------------------------------------------------------------------------
I Objekttyp              I OK I KO I NU I FGR I DEG I INV
 ------------------------------------------------------------------------------------------
I LINE                   I  5 I  0 I  0 I  0  I  0  I  0
I CARTESIAN_POINT        I  3 I  0 I  0 I  0  I  0  I  0
I ADVANCED_FACE          I 26 I  0 I  0 I  0  I  0  I  0
I MANIFOLD_SOLID_BREP    I  1 I  0 I  0 I  0  I  0  I  0
 ------------------------------------------------------------------------------------------
I Ergebnis               I 35 I  0 I  0 I  0  I  0  I  0
====================================================
 Übertragungsdauer in Sekunden: 3,815
```

Im Bericht ist zu erkennen, dass der Körper durch 26 Flächenbegrenzungen beschrieben wird und dass zusätzlich Bezugspunkte und Achsen aus dem Pro/ENGINEER-Ausgangsmodell in die STEP-Datei aufgenommen wurden. Das eingelesene Modell kann nun in CATIA wie gewohnt weiterverarbeitet werden, d. h. es können Bohrungen, Fasen u. a. Manipulationen durchgeführt werden. Die Parametrik des Ausgangsmodells geht allerdings durch den Datenaustausch über neutrale Datenformate wie IGES oder STEP verloren. Im Zielsystem kommt daher ein „starrer" Körper an. Wenn dies vermieden werden soll, sind spezielle Softwareschnittstellen zu nutzen, die allerdings nur selten zur Verfügung stehen.

8.1.2 Datenexport

Für den Datenaustausch werden in CATIA eine Reihe von Formaten angeboten. Welches zum Einsatz kommt, hängt natürlich auch vom Zweck des Datentransfers ab. Der Datenexport aus CATIA über ein neutrales Datenformat zu einem anderen CAx-System soll hier nicht näher beschrieben werden, da der Dialog dazu recht einfach ist. Er wird mit

⇓ *Datei ⇒ Sichern unter ⇑...*

eingeleitet. Im Dateifenster können dann Name und Format (IGES, STEP, STL, VRML,...) ausgewählt werden. Über das Optionsmenü können notwendige Transfereinstellungen (Genauigkeit, Elementauswahl,...) beeinflusst werden.

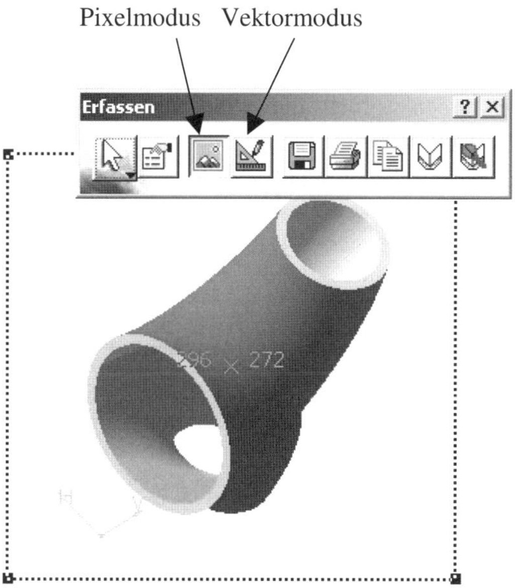

Abbildung 8-2: Bilddokumentation

Nachfolgend soll lediglich gezeigt werden, dass auch die Bildschirmdarstellungen exportiert werden können, um damit entsprechende Produktdokumentationen bzw. Animationen anzufertigen oder sie ganz einfach nur in Textdokumente einzubinden. Über

⇓ *Tools* ⇒ *Bild* ⇒ *Erfassen* ⇑...

kann ein entsprechender Dialog begonnen werden. Neben *Erfassen* stehen die Optionen *Album* und *Video* zur Verfügung, so dass auch Bildergalerien bzw. Videosequenzen angefertigt werden können.

Abbildung 8-2 zeigt, dass bei der Erfassung einer Bildschirmdarstellung auch ein rechteckiges Auswahlfenster möglich ist. Die Bilder können sowohl in einem Vektorformat (z. B. *.cgm) als auch in einem Pixelformat (*.bmp, *.jpg, *.tif u. a.) gespeichert werden.

Über den Optionsschalter kann vor dem Speichern eingestellt werden, dass der Hintergrund im gespeicherten Bild weiß ist. Andere Darstellungsattribute einzelner Elemente müssen vorher in bekannter Weise definiert werden.

8.2 Arbeit mit Katalogen

8.2.1 Wiederholteile

Für zahlreiche Komponenten, die firmenspezifisch, national oder international genormt sind, können Bauteilkataloge erworben werden, durch die auch 3D-Modelle dieser Bauteile und Baugruppen bereitgestellt werden können.

In Abbildung 8-3 ist verdeutlicht, wie in CATIA aus einem Standardteilekataloge ein genormter Bolzen in eine Baugruppe eingebaut werden kann. Diese systemeigenen Kataloge haben den Vorteil, dass die Komponenten im gleichen Datenformat vorliegen und daher auch entsprechend einfach manipuliert werden können.

Das Navigieren durch den Katalogbrowsers erfolgt weitgehend Windows-konform, wobei in einer optional darstellbaren Tabelle noch nähere Angaben zu den einzelnen Parametern des Bauteils gemacht werden.

Die ausgewählten Teile werden in die Baugruppe eingefügt und können dann wie gewohnt positioniert werden.

Über den Katalogeditor besteht auch die Möglichkeit, benutzerdefinierte Kataloge zu erzeugen und eigene Komponenten einem Katalog hinzuzufügen.

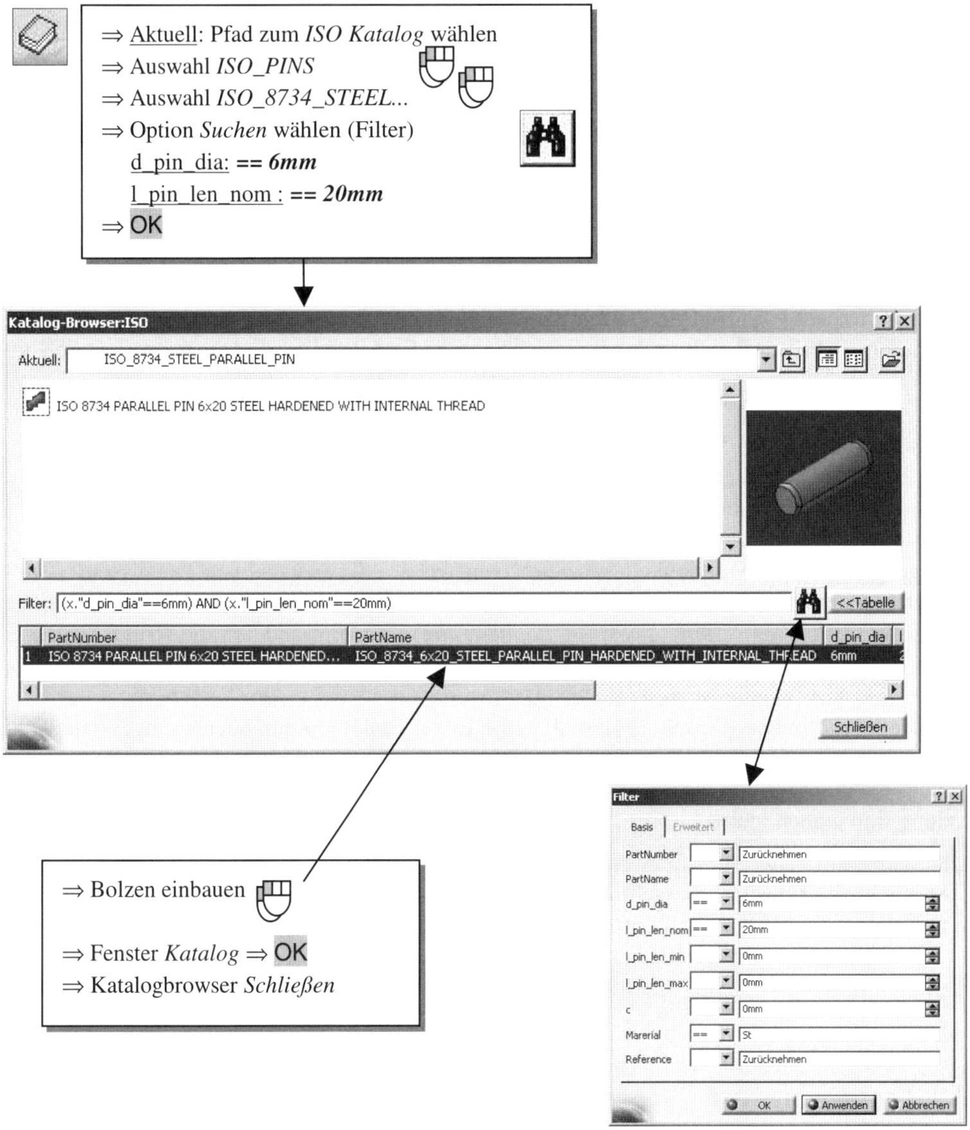

Abbildung 8-3: Katalogteil einbauen

8.3 Arbeiten mit benutzerdefinierten Komponenten

8.3.1 Elementare Möglichkeiten

Wenn komplette Bauteile Ausgangspunkt für eine aktuelle Konstruktionsaufgabe sein können, wird (wie bereits in den Übungen praktiziert) mit einer unabhängigen Kopie dieser Datei gearbeitet. Ebenso wurde bereits die Möglichkeit genutzt, einzelne Modellierungsschritte aus ein anderen geöffneten CATIA-Datei durch Kopieren zu übernehmen. Bestimmte häufig benötigte Modellierungsschritte können auch aufgezeichnet und als Makro gespeichert werden. Durch

⇓ Tools ⇒ Makro ⇒ Makroaufzeichnung starten

wird ein entsprechendes Dialogfenster geöffnet, in dem Optionen zur Speicherung festgelegt werden können. Diese Befehlsmitschriften können auch mit einem Editor nachbearbeitet bzw. verändert werden. Ausführlicher wird dieses Thema im Abschnitt 8.4 behandelt.

Im Folgenden werden Möglichkeiten besprochen, wie wiederverwendbare Details eines Modells katalogisiert werden können. Hierzu gibt es in CATIA zwei Möglichkeiten, zum einen die PowerCopy-Option (*Erweiterte Tools für Replizierung*) und zum anderen die *Benutzerkomponenten* (Feature). Bei der erstgenannte Option werden beim Einfügen alle Details der Komponente auch in die aktuelle Modellstruktur übertragen. Das ist bei einem Feature nicht der Fall. Hier findet eine gewisse Kapselung statt, d. h. das in der Benutzerkomponente umgesetzte Konstruktionswissen in Form von Formeln oder speziellen Geometrien kann bei der späteren Anwendung nicht eingesehen werden. Die Vorgehensweisen bei der Erstellung und bei der Verwendung sind jedoch gleich.

Nachfolgend soll daher nur die zweite Möglichkeit erläutert werden. Sie bietet dem Anwender die Möglichkeit, Konstruktionsschritte zusammenzufassen und über geeignete Referenzierungen und Parametrisierungen auf andere Bauteile anzuwenden. Dabei ist jedoch ihre Komplexität (z. B. hinsichtlich dialogabhängiger Verschachtelungen) im Vergleich zu den im System integrierten Feature, wie z. B. die Bohrungserstellung, beschränkt.

8.3.2 Featureentwurf

Bei der Erstellung einer Benutzerkomponente wird der Benutzer ausreichend vom System unterstützt. Im Dialog werden die betreffenden Konstruktionselemente und ihre Referenzen zur eindeutigen Platzierung bekannt gemacht und gewünschte Parameter veröffentlicht. Allein die veröffentlichten Parameter können vom Anwender des Features geändert werden.

Der Umgang mit Benutzerkomponenten soll anhand der Erzeugung und Anwendung eines Feature für eine Zentrierbohrung (Form B) nach DIN332 T1, die in dieser Form nicht mit dem Standard-Bohrungsmenü von CATIA V5 erzeugbar ist, erläutert werden.

Bevor ein Feature erstellt wird, ist zu klären, welche Anforderungen an die spätere Verwendung zu stellen sind. Wichtig dabei ist eine geeignete Wahl der Bezüge für die spätere Platzierung. Diese sollten auf ein notwendiges Minimum beschränkt werden.

Die Positionierung einer senkrechten Bohrung ist vollständig durch die Stirnfläche der Welle und einen Punkt auf dieser Fläche beschrieben.

Daher sollte bei der nachfolgenden Übung zwingend darauf geachtet werden, nur auf diese beiden Elemente zu referenzieren. Damit wird zum einen eine komfortable Anwendbarkeit gesichert und zum anderen kann eine Vielzahl von Anwendungsfällen abgedeckt werden.

In CATIA V5 werden Benutzerkomponenten immer auf das Bauteil (Part) referenziert, in denen sie erzeugt wurden. Daher darf diese Bauteildatei weder willkürlich in einen anderen Ordner verschoben noch umbenannt werden.

Zunächst soll in einer neuen Bauteildatei, die unter dem Namen „Feature“ angelegt wird, ein Zylinder mit den Abmessungen ∅100 mm × 100 mm als Grundelement für die zu erzeugende Benutzerkomponente modelliert werden. In der isometrischen Ansicht erzeugt man auf der vorderen Stirnseite (erste Featurereferenz) mit Hilfe des Skizzierers einen Punkt (zweite Featurereferenz). Diese sollen als Referenzelemente für das Feature „Zentrierbohrung“ dienen. Die Zentrierbohrung selbst wird als Rotationsschnitt (Nut) erzeugt. Dazu wird eine zur Stirnfläche senkrechte Skizzierebene benötigt. Eine solche Ebene kann über zwei Linien durch den Referenzpunkt definiert werden. Eine Linie wird senkrecht zur Stirnfläche im Teilemodus (Linientyp: *Senkrecht zu Ebene*) und eine in einer Skizze auf der Stirnfläche erzeugt. Für die letztere wird eine zusätzliche Winkelreferenz in der Ebene benötigt. Da es sich bei der Bohrung um einen vollen Rotationsschnitt handelt (Drehung der Ebene hat keinen Einfluss auf die Geometrie), kann hier die geometrische Bedingung „Vertikal“ verwendet werden. Über diese beiden Linien wird nun die Skizzierebene für das Rotationsprofil der Zentrierbohrung definiert (Ebenentyp „*Durch zwei Linien*“).

Abbildung 8-4 zeigt das zu skizzierende Rotationsprofil. Bei der Erstellung der Skizze sind, wie schon erwähnt, nur Referenzen und Bedingungen innerhalb des Profils oder auf die beiden vorher erzeugten Linien herzustellen.

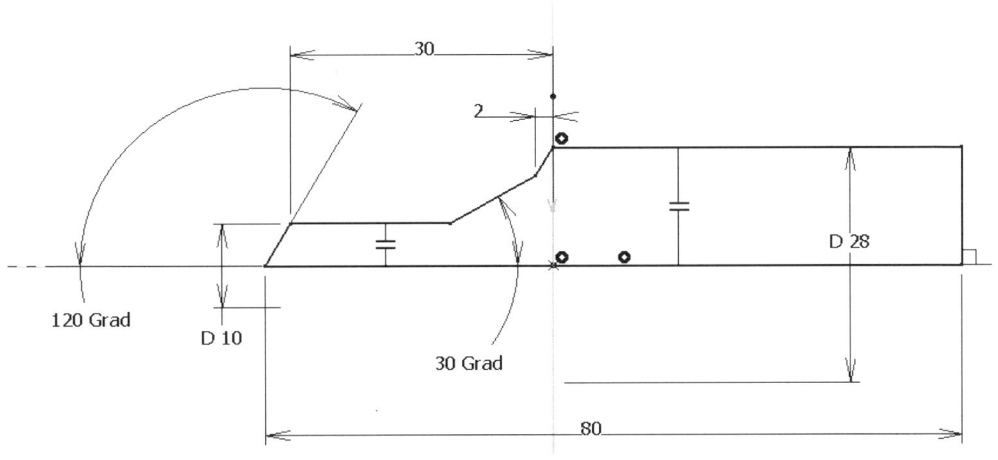

Abbildung 8-4: Rotationsprofil der Zentrierbohrung

Es ist ratsam, das Profil zunächst versetzt zu den Referenzlinien zu skizzieren und es dann über entsprechende Kongruenzbedingungen auszurichten.

Ist die Skizze vollständig parametrisiert, kann sie verlassen werden. Mit Hilfe der Funktion *Nut* unter Angabe des Profils und der Mittelachse (senkrechte Referenzlinie) wird die Zentrierbohrung erzeugt.

Nun kann die Featuredefinition vollzogen werden. Das Definitionsmenü wird über

⇓ *Einfügen ⇒ Benutzerkomponente ⇒ Erzeugen einer Benutzerkomponente*

aufgerufen.

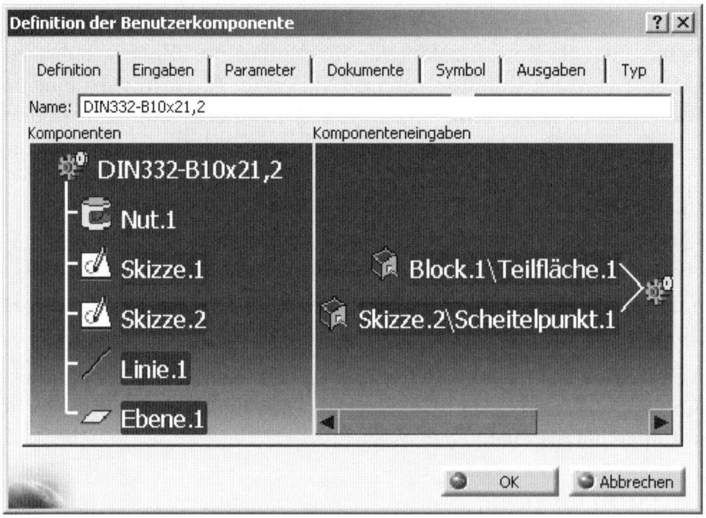

Abbildung 8-5: Definition der Benutzerkomponente

Zunächst müssen für die Definition die Elemente ausgewählt werden (interaktiv aus dem Modellbaum oder dem Modell), die zu dem Feature zusammengefasst werden sollen (Abbildung 8-5). Dazu gehören die Nut samt Skizze, die beiden Referenzlinien und die Skizzierebene. Auf keinen Fall darf man hier den Bezugspunkt hinzufügen, da dieser zusammen mit der Stirnfläche als Eingabe dienen soll.

Die Komponenteneingaben ermittelt das System selbst. Zur eindeutigen Identifizierung des Features soll hier noch die Bezeichnung angepasst werden in „DIN332-B10×21,2“. Gegebenenfalls können auch die für das Feature verwendeten Eingabenamen unter dem Punkt *Eingaben* geändert werden (z. B. statt „Block.1\Teilfläche.1“ => „Stirnfläche“ usw.).

Zusätzlich zu den Eingaben können bestimmte Parameter, wie Maßangaben, für die Featureverwendung veröffentlicht werden, um die Geometrie zu steuern. Für diese spezielle Zentrierbohrung kommt hierfür die Bohrungstiefe (30 mm) in Frage, die unter dem Namen „T2“ veröffentlicht werden soll (Abbildung 8-6).

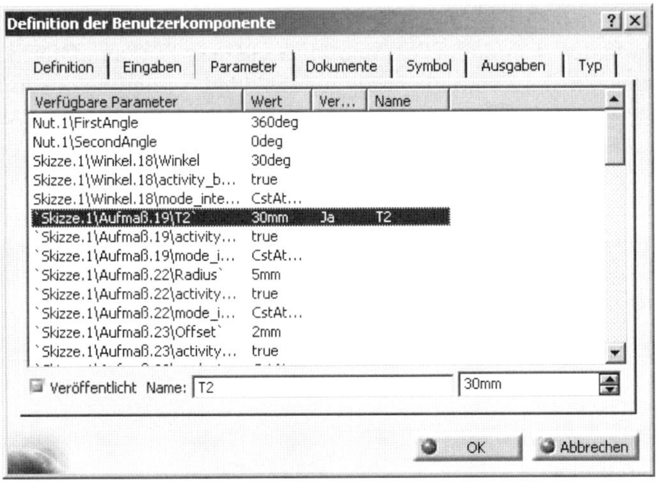

Abbildung 8-6: Definition der Benutzerkomponente: Parameter

Unter dem Punkt *Symbol* im Menü kann bei Bedarf für das Feature ein Icon ausgewählt oder ein Vorschaubild erstellt werden.
Nach Bestätigung des Definitionsmenüs erscheint das Feature im Modellbaum. Um es für andere Bauteile nutzen zu können, wird es über

⇓ *Einfügen ⇒ Benutzerkomponente ⇒ In Katalog sichern*

unter dem Katalognamen „Feature.catalog" katalogisiert.

8.3.3 Featurenutzung

Im nächsten Schritt soll zunächst selbstständig ein neues Bauteil erstellt bzw. ein geeignetes Teil aufgerufen werden. Abbildung 8-7 zeigt einen Konstruktionsvorschlag, in dem das Feature *Zentrierbohrung* zweimal eingebaut wurde.

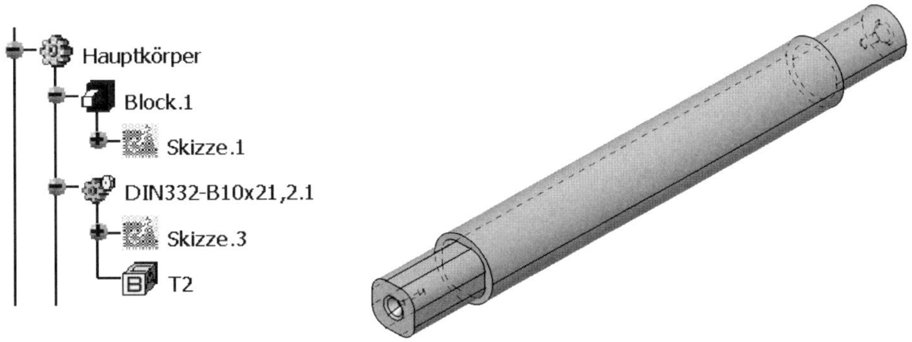

Abbildung 8-7: Welle mit eingebautem Feature DIN332-B10x21,2

Die Benutzerkomponenten lassen sich über das Katalogmenü nach dem Laden des Kataloges „Feature" wiederfinden. Ein doppelter Mausklick auf den Eintrag „DIN332-B10×21,2" führt zum Featuredialog für die Zentrierbohrung. Dieser vom System automatisch erstellte Dialog verfügt über eine interaktive Benutzerführung zur Erstellung des Feature (Abbildung 8-8). Am Modell und gegebenenfalls unter Zuhilfenahme des Modellbaumes sind die Stirnfläche (auf Normalenrichtung achten!) und der Mittelpunkt zur Platzierung festzulegen. Unter dem Punkt *Parameter* kann hier die veröffentlichte Bohrungstiefe „T2" geändert werden. Nach Bestätigung des Dialoges wird die Zentrierbohrung an der definierten Stelle erzeugt und wird im Modellbaum als Feature DIN332-B10×21,2 angezeigt. Platzierung und Parameter können hier nachträglich editiert werden, die hinterlegte Geometrie allerdings nicht.

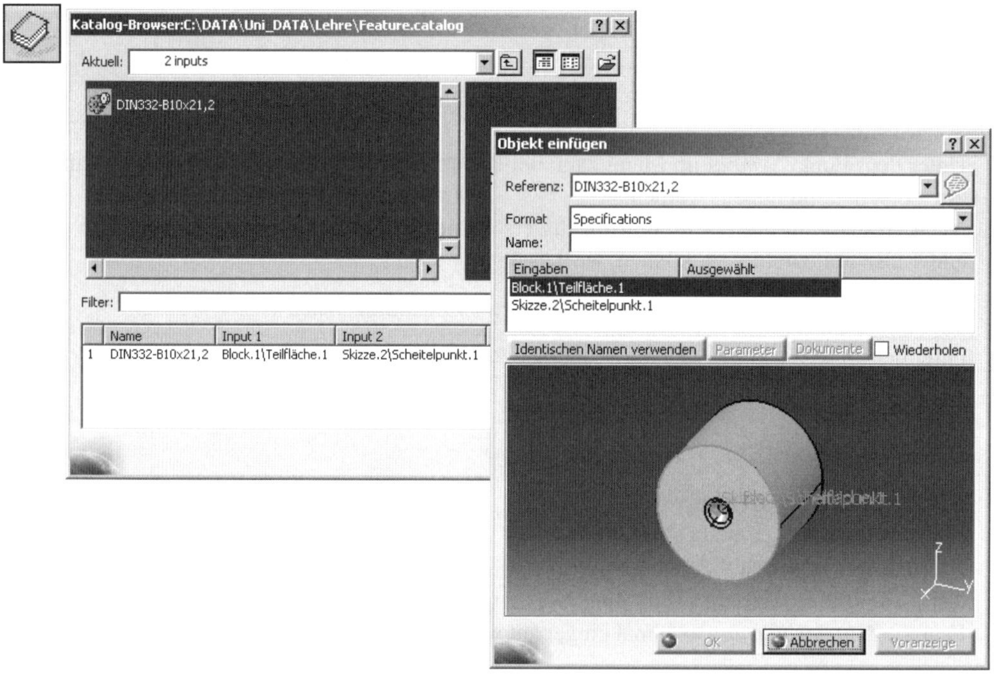

Abbildung 8-8: Feature Dialog für Zentrierbohrung

8.4 Steuerung komplexer Beziehungen durch Makroprogrammierung

8.4.1 Grundlagen

CATIA V5 wurde komplett in der objektorientierten Sprache C++ programmiert. Darauf aufbauend wird von Dassault Systèmes eine umfangreiche Entwicklungsumgebung zum Entwurf eigener Applikationen mit Zugriff auf CATIA angeboten. Diese Umgebung heißt CAA V5 (Component Application Architecture) und umfasst die beiden Komponenten RADE V5 (Rapid Application Development Environment) und AUTOMATION.

Die Komponente RADE bietet C++- und Java-Programmieren einen fast unbegrenzten Zugriff auf CATIA. Es besteht z. B. die Möglichkeit, bestehende Eingabemasken beliebig anzupassen oder eigene zu entwerfen, die vom System genutzt werden. Des weiteren bietet RADE direkten Zugriff auf die Workbenches, so dass diese angepasst und erweitert werden können. Aufgrund der sich anbietenden Möglichkeiten ist auch die Komplexität von RADE entsprechend groß. Auf diese Schnittstelle wird in diesem Buch nicht näher eingegangen.

In dem Bereich AUTOMATION stellt CATIA ein Visual Basic-Schnittstelle zur Verfügung, die es dem Anwender ermöglicht, gewisse Modellierungsabläufe zu automatisieren. Die angebotenen Schnittstellenbefehle können dazu genutzt werden, eigene Applikationen zu entwickeln, welche zwar auf CATIA zugreifen und mit dem System kommunizieren, aber nicht wie bei RADE in CATIA implementiert werden können. Die Schnittstellenbefehle können wahlweise in externen Entwicklungsumgebungen (z. B. Microsoft Visual Studio), in der CATIA-eigenen Entwicklungsumgebung (⇓ *Tools* ⇒ *Makro* ⇒ *Visual Basic Editor*) oder in CATIA-internen Makros hinterlegt werden.

Die Nutzung dieser API (Application Programmers Interface) in einem Makroprogramm soll im folgenden Abschnitt an einem einfachen Beispiel erläutert werden. Die benutzten Befehle werden zwar erklärt, der Anwender sollte aber trotzdem über Programmiererfahrung verfügen.

8.4.2 Programmierbeispiel

Um die Anwendung der Makroprogrammierung zu verdeutlichen, soll in dieser Übung das Bauteil *Finger* mit Beziehungen und Abfragen sowie Ausblenden einzelner Konstruktionselemente versehen werden. Hierbei handelt es sich um die folgenden Optionen:

- Abfrage zum Ein- und Ausblenden von Konstruktionselementen (alle Fasen),
- Eingabe verschiedener Berechnungsparameter und
- Auswahl bestimmter Zustände, die eine Berechnung beeinflussen.

Als Beispiel soll eine vereinfachte Entwurfsberechnung einer Bolzenverbindung dienen. Hierbei steht nicht die exakte Auslegung im Vordergrund, sondern die Umsetzung einer integrierten Berechnungsgleichung. Das Ziel ist die Berechnung des Durchmessers des Objekts *Bohrung.3* am ausgearbeiteten Ende des Bauteils Finger (Abbildung 8-9). Die Bezeichnung kann je nach Erzeugungsart abweichen.

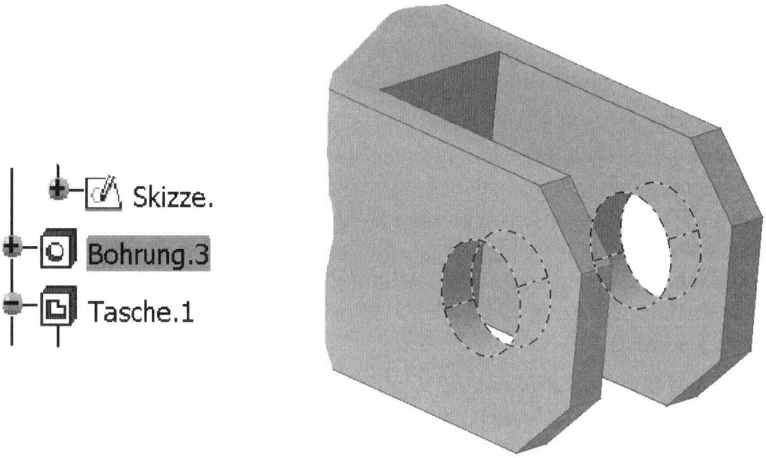

Abbildung 8-9: Zu berechnendes Konstruktionselement

Die Berechnung des Bohrungsdurchmessers beruht auf folgender Gleichung:

$$d \approx k \cdot \sqrt{\frac{C_b \cdot F}{\sigma_{b,zul}}}$$

Der Parameter F stellt die Betriebskraft am Bolzen da, C_b den Betriebsfaktor, k den Einspannfaktor des Stiftes im Finger und $\sigma_{b,zul}$ die zulässige Biegespannung.

Die Werte für F, C_b und $\sigma_{b,zul}$ sollen unter Zuhilfenahme von Bildschirminteraktionen eingegeben und der Einspannfaktor ausgewählt werden. Um die Fasen in dem gesamten Bauteil ein- oder auszublenden, ist eine entsprechende Abfrage zu gestalten.

Da CATIA V5 mit einer objektorientierten Sprache programmiert wurde, ist es nicht ohne weiteres möglich, auf gewünschte Bemaßungsparameter direkt zuzugreifen. Vielmehr müssen die einzelnen Stufen der Objekthierarchie durchlaufen werden, bis das gesuchte Objekt erreicht ist. Erst dann können Attribute dieses Objektes geändert werden.

Die Strukturierung der Objekthierarchie ist zwar relativ übersichtlich und auf der CAA V5 Community-Homepage ausführlich dokumentiert, allerdings bedarf es einer gewissen Routine VB-Anwendungen oder Makros für CATIA frei zu programmieren. Zur Erstellung einfacher Makros, wie in diesem Beispiel, ist dies aber nicht unbedingt notwendig. CATIA bietet die Möglichkeit, durchgeführte Modellierungsschritte in einer Makrodatei aufzuzeichnen und diese im Anschluss daran zu editieren.

⇓ Tools
⇒ Makro
⇒ Makroaufzeichnung starten
⇑ **MAKRO AUFZEICHNEN**
⇒ Verwendete Sprache: CATScript
⇒ Makroname: ***Finger.CATSkript***
⇒ Start

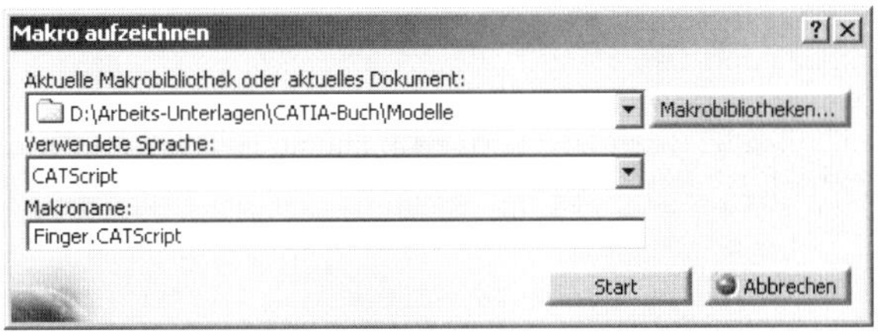

Abbildung 8-10: Aufzeichnen von Makrodateien

In diesem Beispiel sollen, wie bereits erwähnt, Änderungen an den Fasen und dem Bohrungsdurchmesser vorgenommen werden. Aus diesem Grund werden nach Starten der Makroaufzeichnung (Abbildung 8-10) die Fasen im Modellbaum über die Option *Objekt Fase.1 ⇒ Inaktivieren* im kontextsensitiven Menü unterdrückt und der Durchmesser der genannten Bohrung auf 7 mm geändert. Da die Änderung der Bemaßung lediglich den Zweck hat, die entsprechenden Befehle im Makro aufzuzeichnen, kann der neue Wert der Bemaßung auch frei gewählt werden. Im Anschluss an die durchgeführten Modellierungsschritte kann die Aufzeichnung durch Betätigung des Stop-Buttons abgeschlossen werden. Über die Befehlszeile

⇓Tools ⇒Makro ⇒Makros...

kann dann das mitgeschriebene Makro im darauf erscheinenden Fenster geöffnet und angepasst werden.

Der Aufbau des aufgezeichneten Makros, welches in Abbildung 8-11 dargestellt ist, soll im Folgenden kurz erläutert werden.

Innerhalb der Prozedur *CATMain* finden sich die durchgeführten Änderungen im Modell als Programmcode wieder. Der erste Block (bis zum Befehl *part1.Update*) befasst sich mit der Steuerung der Fasensichtbarkeit, der zweite regelt die Bemaßung des Bohrungsdurchmessers. In den eingerahmten Befehlsfolgen werden die einzelnen Stufen der Objekthierarchie bis zum gewünschten Objekt durchlaufen. Diese Befehle werden hier nicht näher betrachtet, da zur Anpassung des Makros lediglich der jeweils darauf folgende Befehl, welcher das Erscheinungsbild der Fasen und der Bohrung steuert, von Interesse ist. Die Modifizierungen dieser beiden Befehle, mit dem Ziel der Erfüllung der oben beschriebenen Bedingungen, werden im Folgenden näher beschrieben. Abgeschlossen wird jeder Block mit dem Befehl *part1.Update*, der gleichbedeutend mit dem Button *Aktualisierung* ist.

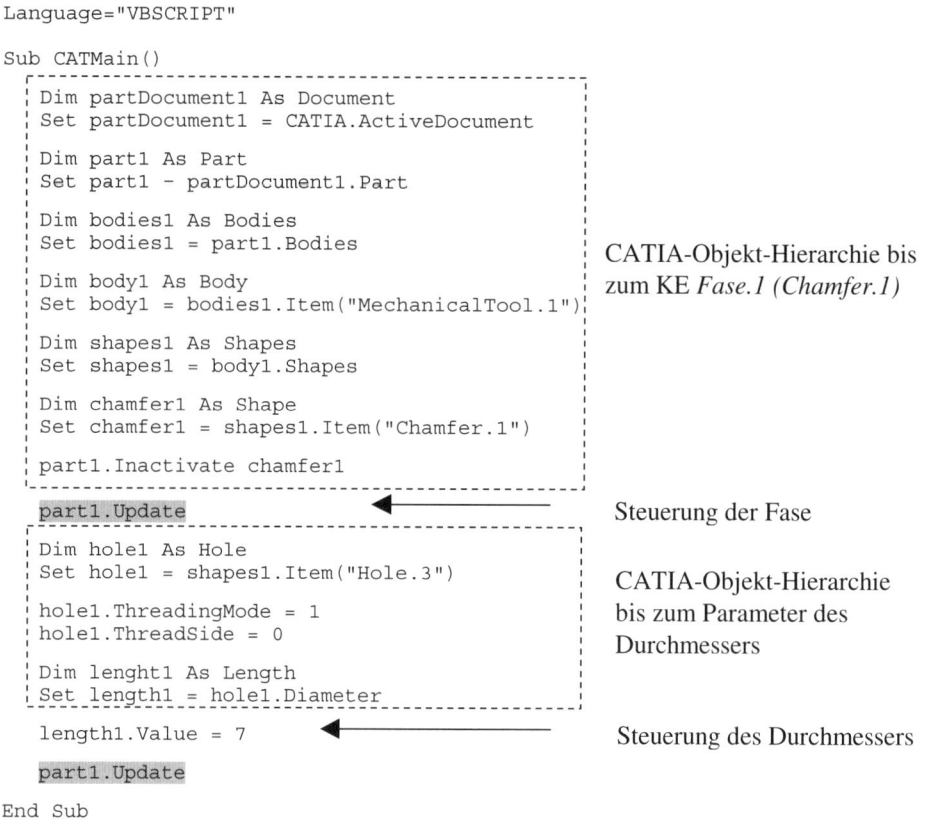

```
Language="VBSCRIPT"

Sub CATMain()

  Dim partDocument1 As Document
  Set partDocument1 = CATIA.ActiveDocument

  Dim part1 As Part
  Set part1 - partDocument1.Part

  Dim bodies1 As Bodies
  Set bodies1 = part1.Bodies

  Dim body1 As Body
  Set body1 = bodies1.Item("MechanicalTool.1")

  Dim shapes1 As Shapes
  Set shapes1 = body1.Shapes

  Dim chamfer1 As Shape
  Set chamfer1 = shapes1.Item("Chamfer.1")

  part1.Inactivate chamfer1

  part1.Update

  Dim hole1 As Hole
  Set hole1 = shapes1.Item("Hole.3")

  hole1.ThreadingMode = 1
  hole1.ThreadSide = 0

  Dim lenght1 As Length
  Set length1 = hole1.Diameter

  length1.Value = 7

  part1.Update

End Sub
```

CATIA-Objekt-Hierarchie bis zum KE *Fase.1 (Chamfer.1)*

Steuerung der Fase

CATIA-Objekt-Hierarchie bis zum Parameter des Durchmessers

Steuerung des Durchmessers

Abbildung 8-11: Aufgezeichnetes Makro

Um die Sichtbarkeit der Fasen steuern zu können, muss eine entsprechende Mitteilung auf dem Bildschirm erscheinen und gleichzeitig dem Anwender die Gelegenheit gegeben werden, dementsprechend auf die Nachricht zu reagieren. In Abhängigkeit der Reaktion sollen dann die Fasen unterdrückt oder angezeigt werden. Aus diesem Grund ist die Befehlszeile *part1.Inactivate chamfer1* durch die folgenden Zeilen zu ersetzen:

```
Dim nFasen As Integer
nFasen = MsgBox("Sollen alle Fasen unterdrückt werden?", vbYesNo,_
        "Eingabeparameter")

If nFasen = "6" Then
   part1.Inactivate chamfer1
Else
   part1.Activate chamfer1
End If
```

Zur Erfüllung dieser Anforderungen lässt sich von der in Visual Basic vordefinierten Funktion *MsgBox* („message box“) Gebrauch machen. Als Übergabeparameter benötigt die Funktion im einfachsten Fall nur die zu erscheinende Nachricht. Der Parameter *vbYesNo* regelt die Anzeige zweier entsprechender Buttons mit der Nachricht und der dritte Parameter erscheint als Titel des Nachrichtfensters. Da als Reaktion auf das erscheinende Fenster einer der beiden Buttons gedrückt wird, liefert die Funktion MsgBox einen Parameter zurück. Über diesen Rückgabewert, der in der Variablen *nFasen* gespeichert wird, wird die Sichtbarkeit der Fasen (*Activate/Inactivate*) mit Hilfe einer *If-Then-Else*-Bedingung gesteuert. Der Wert 6 ist hierbei die systeminterne Antwort für die Betätigung des Buttons *Ja*.

Die Programmanpassung zur Auslegung des Bohrungsdurchmessers ist etwas umfangreicher. Zuerst müssen die benutzten Variablen deklariert werden:

```
Dim dKraft As Double
Dim dBetriebsFakCB As Double
Dim dSigmaBZul As Double
Dim sEinspannFak As String
Dim dFaktorK As Double
Dim dDurchmesser As Double
```

Da in den folgenden Abfragen als Reaktion auf die Eingabeaufforderungen Zahlenwerte bzw. Texte erwartet werden, kann für die Bewältigung dieses Problems nicht mehr von der *MsgBox*-Funktion Gebrauch gemacht werden, weil die Funktion diese Optionen nicht bietet. Das Pendant zur *MsgBox* als Ausgabefunktion ist die *InputBox*-Funktion zur Erzwingung einer Eingabe:

```
Do
   dKraft = InputBox("Geben Sie die Betriebskraft in [N] ein!", _
           "Eingabeparameter")
   If dKraft = "" Then Exit Sub
Loop While IsNumeric(dKraft) = False
```

Der erste Parameter beinhaltet den Text der Eingabeaufforderung und der zweite den Titel des Fensters. Der im Input-Fenster eingegebene Wert wird in der jeweiligen Variablen (hier: *dKraft*) gespeichert. Die Abfrage der Eingabeparameter ist in eine *Do-Loop-While*-Schleife gekapselt, die durchlaufen wird, solange die Bedingung erfüllt ist. Dadurch wird an dieser Stelle bereits gesichert, dass der eingegebene Text formell richtig ist. In diesem Beispiel wird die Abfrage erst beendet, wenn als Text eine Zahl eingegeben wurde (*IsNumeric*-Funktion). Die zusätzlich eingebaute *If-Then*-Abfrage beendet das Programm, falls der Button *Abbrechen* gedrückt wird. Die weiteren Abfragen entsprechen vom Aufbau her der beschriebenen:

```
Do
   dBetriebsFakCB = InputBox("Geben Sie die Betriebsfaktor Cb im _
            Bereich zwischen 1,2 und 1,5 an!", "Eingabeparameter")
   If dBetriebsFakCB = "" Then Exit Sub
Loop Until (IsNumeric(dBetriebsFakCB) = True) And _
            (dBetriebsFakCB >= "1,2") And (dBetriebsFakCB =< "1,5")

Do
   dSigmaBZul = InputBox("Wie groß ist die zulässige Biegespannung _
            in [N/mm²]?", "Eingabeparameter")
   If dSigmaBZul = "" Then Exit Sub
Loop While IsNumeric(dSigmaBZul) = False

Do
   sEinspannFak = InputBox("Wie ist das Einspannungsverhältnis des _
            Stiftes in dem Finger? Fest = `f`   Lose = `l`", _
            "Eingabeparameter")
   If sEinspannFak = "" Then Exit Sub
Loop Until (sEinspannFak = "f") Or (sEinspannFak = "l")
```

Im Anschluss an die Eingabe der Parameter wird der Wert für den Betriebsfaktor K in Abhängigkeit von der Art des Einspannungsverhältnisses mittels einer *If-Then-Else*-Schleife gesetzt:

```
If sEinspannFak = "f" Then
   dFaktorK = "1,4"
Else
   dFaktorK = "1,2"
End If
```

Da zu diesem Zeitpunkt alle Berechnungsparameter bekannt sind, kann nun der Bohrungsdurchmesser berechnet und nach dem Runden an den entsprechenden Parameter des CATIA-Objektes übergeben werden:

```
dDurchmesser = dFaktorK * sqr (dBetriebsFakCB * dKraft / dSigmaBZul)
length1.Value = Round(dDurchmesser, 1)
```

Vor dem Verlassen des Editors ist das Programm zu speichern. Danach kann das Makro ausgeführt werden (Abbildung 8-12), wobei das entsprechende Modell dafür bereits geöffnet sein muss.

⇓ Tools
⇒ Makro
⇒ Makros...
⇑ **MAKROS**
⇒ Verfügbare Makros: *Finger.CATSkript*
⇒ Ausführen

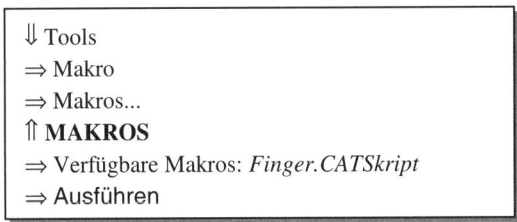

Abbildung 8-12: Ausführen des Makros

In den darauf erscheinenden Fenstern können dann An- bzw. Eingaben zur Sichtbarkeit der Fasen und zur Berechnung des Durchmessers vorgenommen werden. Die entsprechenden Beispielwerte sind der Abbildung 8-13 zu entnehmen.

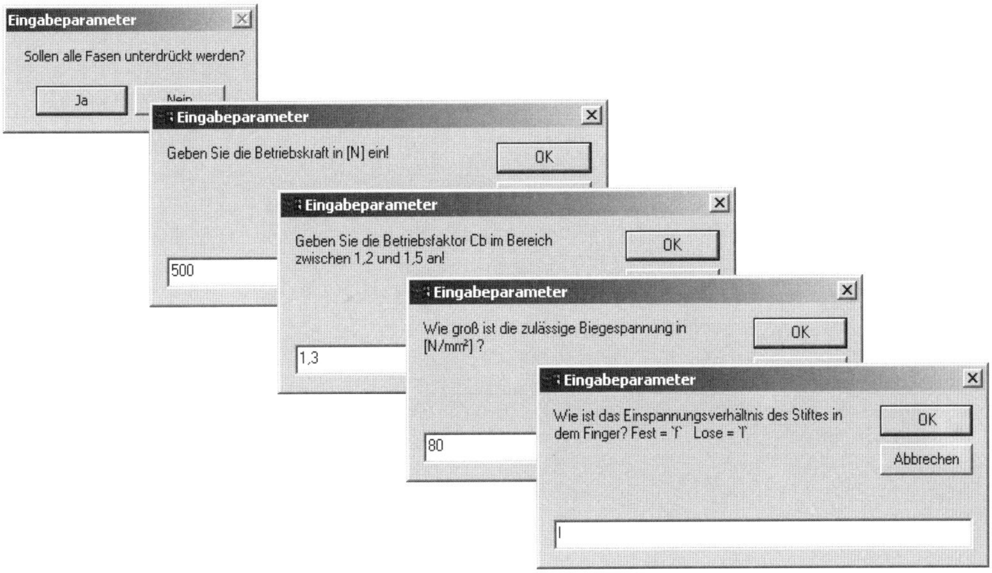

Abbildung 8-13: Abfrage der Eingabeparameter

Das Bauteil wird anschließend ohne Fasen und mit einem veränderten Bohrungsdurchmesser (3,4mm) dargestellt (Abbildung 8-14). Das Makro kann beliebig oft und mit verschiedenen Eingabeparameter durchlaufen werden, wobei darauf geachtet werden sollte, dass der Durchmesser die Bauteilabmaße nicht überschreitet. Selbstverständlich kann das Programm mit einer entsprechenden Sicherheitsüberprüfung dahingehend erweitert werden.

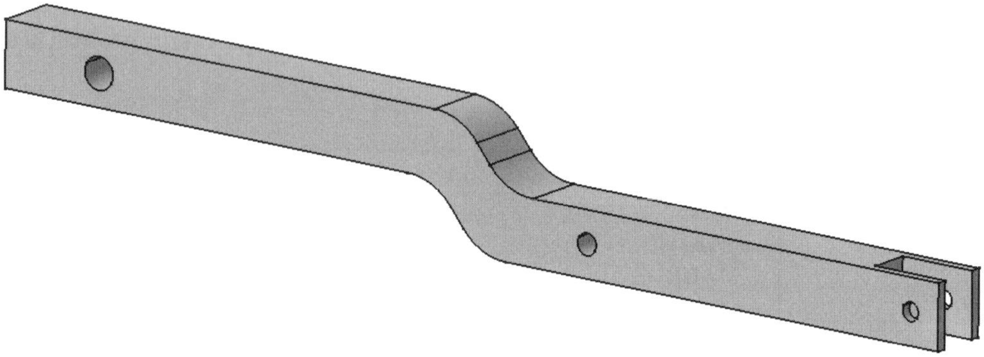

Abbildung 8-14: Modifiziertes Bauteil

9 Anhang

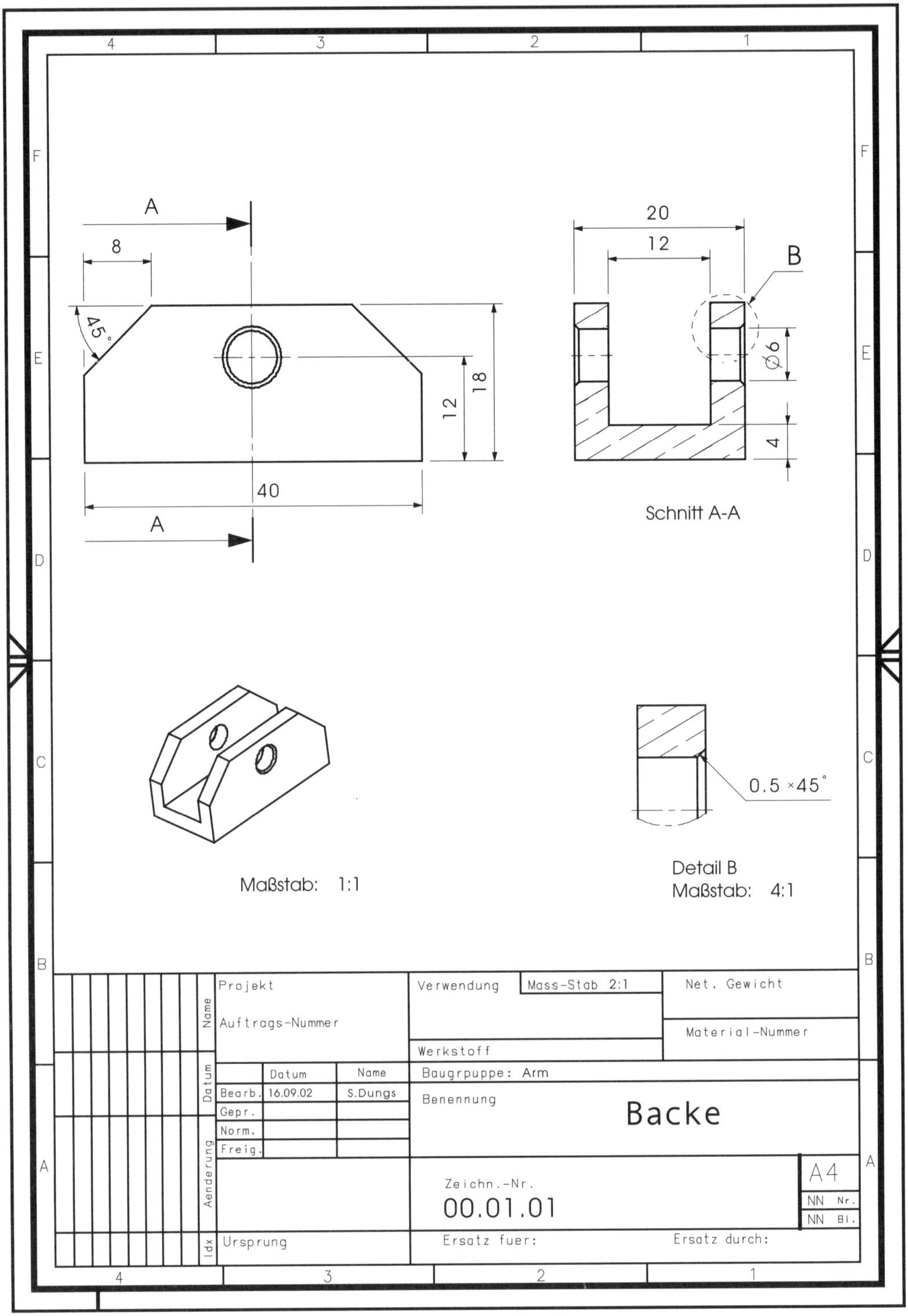
A
8
45°
40
A
12
18
20
12
B
Ø6
4
Schnitt A-A
0.5 ×45°
Maßstab: 1:1
Detail B
Maßstab: 4:1
Projekt
Auftrags-Nummer
Verwendung
Mass-Stab 2:1
Net. Gewicht
Material-Nummer
Werkstoff
Name
Datum
Aenderung
Idx
Datum
Name
Bearb. 16.09.02 S.Dungs
Gepr.
Norm.
Freig.
Baugrpuppe: Arm
Benennung
Backe
Zeichn.-Nr.
00.01.01
A4
NN Nr.
NN Bl.
Ursprung
Ersatz fuer:
Ersatz durch:

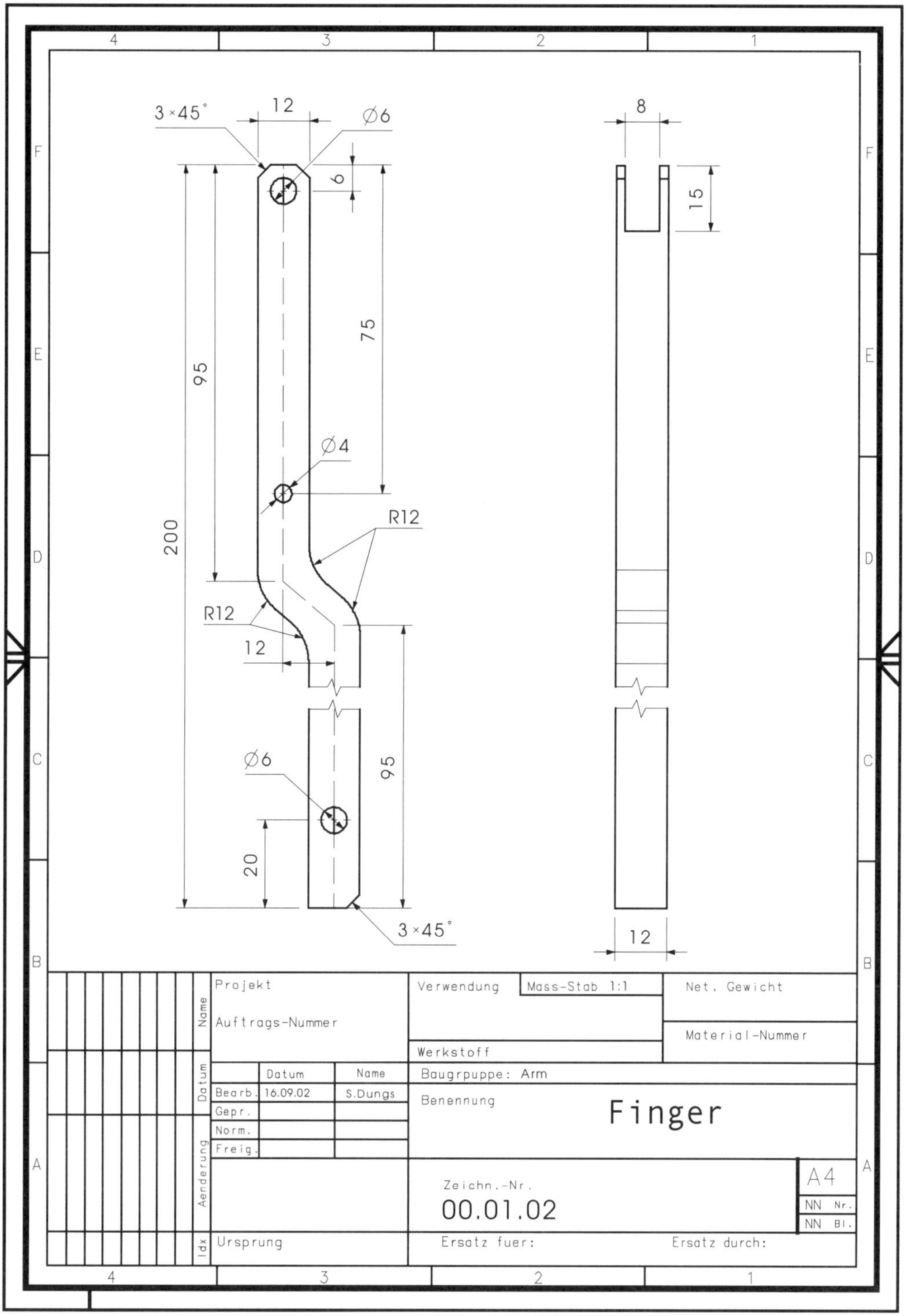
3×45°
12
∅6
6
8
15
75
95
∅4
R12
200
R12
12
∅6
95
20
3×45°
12
Projekt
Auftrags-Nummer
Verwendung
Mass-Stab 1:1
Net. Gewicht
Material-Nummer
Werkstoff
Datum
Name
Bearb. 16.09.02 S.Dungs
Gepr.
Norm.
Freig.
Baugrpuppe: Arm
Benennung
Finger
Zeichn.-Nr.
00.01.02
A4
NN Nr.
NN Bl.
Aenderung
Idx
Ursprung
Ersatz fuer:
Ersatz durch:

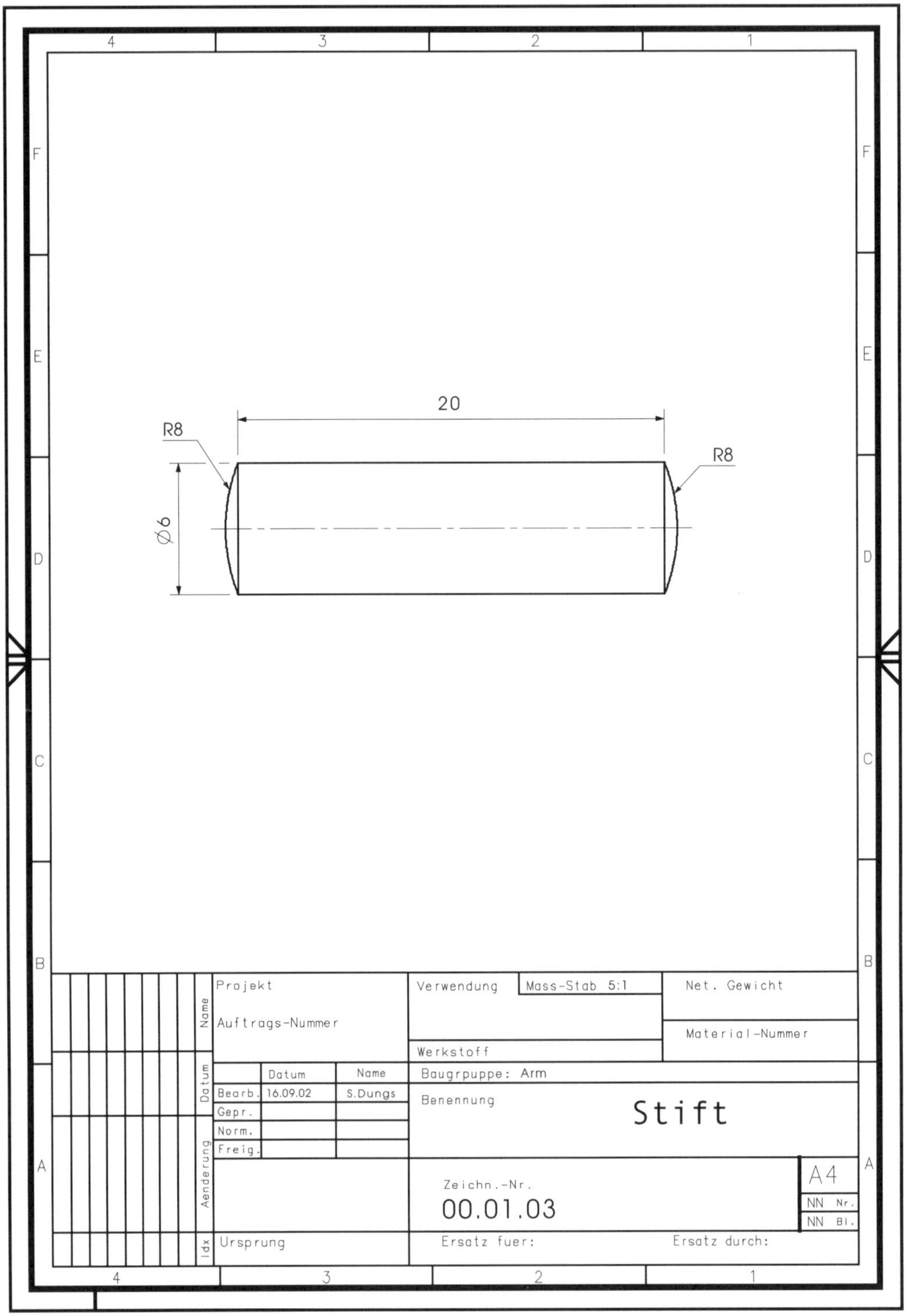
20
R8
R8
Ø6
Projekt
Auftrags-Nummer
Name
Verwendung
Mass-Stab 5:1
Net. Gewicht
Material-Nummer
Werkstoff
Datum
Datum
Name
Bearb.
16.09.02
S.Dungs
Gepr.
Norm.
Freig.
Baugrpuppe: Arm
Benennung
Stift
Aenderung
Zeichn.-Nr.
00.01.03
A4
NN Nr.
NN Bl.
Idx
Ursprung
Ersatz fuer:
Ersatz durch:

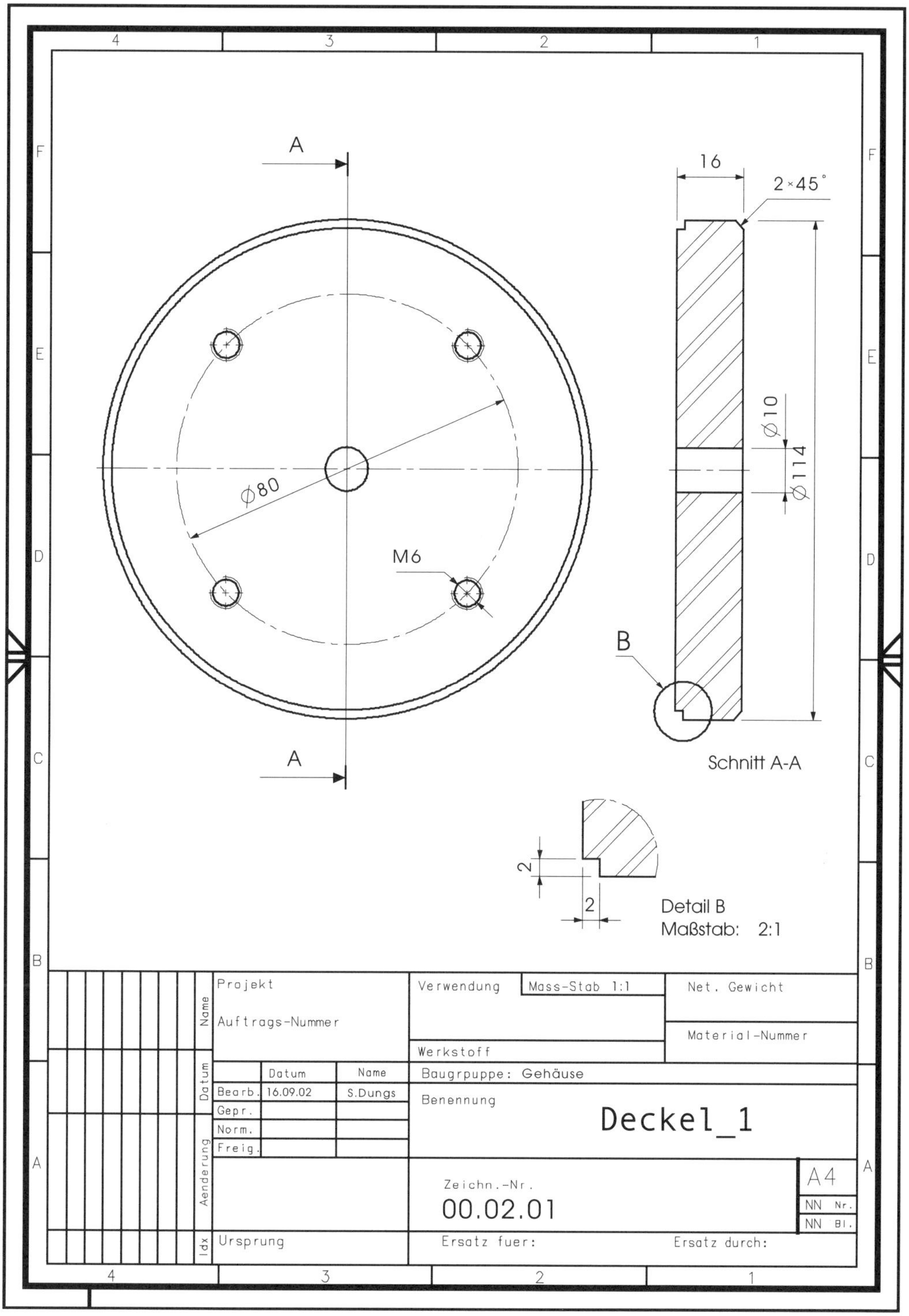

A
16
2×45°
Ø10
Ø114
Ø80
M6
B
A
Schnitt A-A
2
2
Detail B
Maßstab: 2:1
Projekt
Auftrags-Nummer
Verwendung
Mass-Stab 1:1
Net. Gewicht
Material-Nummer
Werkstoff
Name
Datum
Aenderung
Idx
Datum
Name
Bearb.
16.09.02
S.Dungs
Gepr.
Norm.
Freig.
Baugrpuppe: Gehäuse
Benennung
Deckel_1
Zeichn.-Nr.
00.02.01
A4
NN Nr.
NN Bl.
Ursprung
Ersatz fuer:
Ersatz durch:

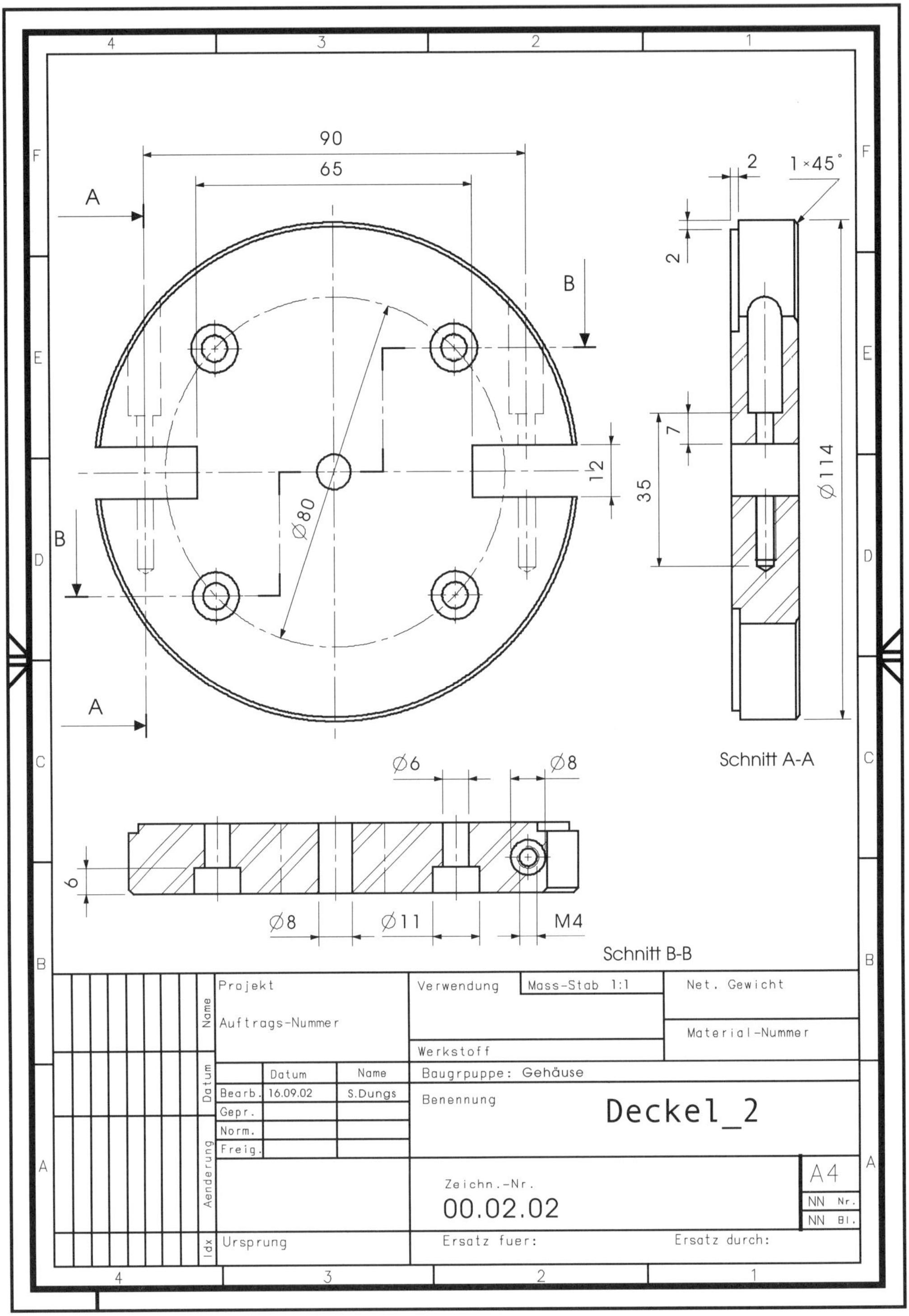
90
65
A
B
⌀80
12
35
7
2
2
1×45°
⌀114
Schnitt A-A
⌀6
⌀8
6
⌀8
⌀11
M4
Schnitt B-B
Projekt
Auftrags-Nummer
Verwendung
Mass-Stab 1:1
Net. Gewicht
Material-Nummer
Werkstoff
Datum
Name
Baugrpuppe: Gehäuse
Bearb. 16.09.02 S.Dungs
Gepr.
Norm.
Freig.
Benennung
Deckel_2
Aenderung
Zeichn.-Nr.
00.02.02
A4
NN Nr.
NN Bl.
Idx
Ursprung
Ersatz fuer:
Ersatz durch:

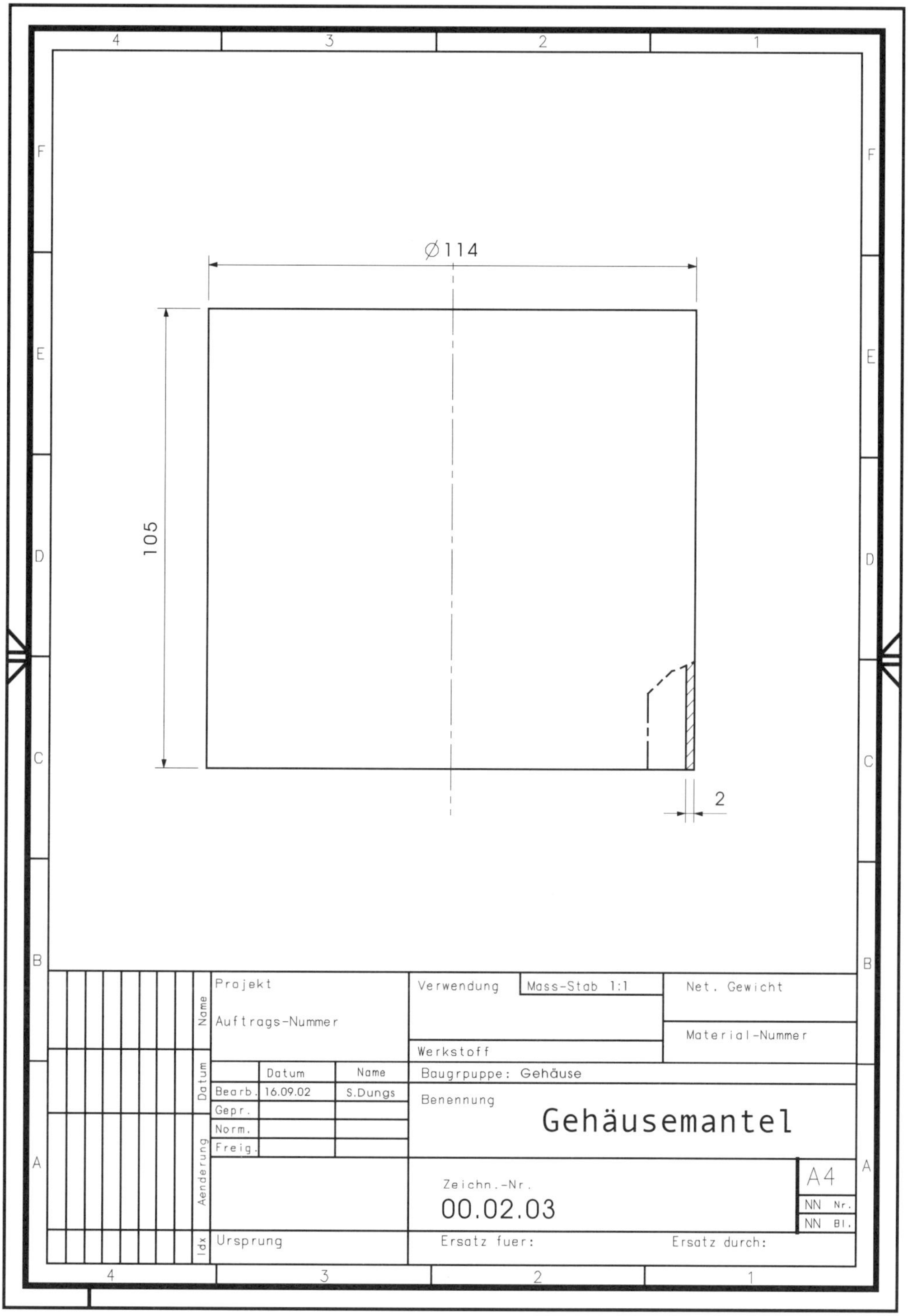

Ø114
105
2
Projekt
Auftrags-Nummer
Verwendung
Mass-Stab 1:1
Net. Gewicht
Material-Nummer
Werkstoff
Datum
Name
Bearb. 16.09.02 S.Dungs
Gepr.
Norm.
Freig.
Baugrpuppe: Gehäuse
Benennung
Gehäusemantel
Zeichn.-Nr.
00.02.03
A4
NN Nr.
NN Bl.
Aenderung
Idx
Ursprung
Ersatz fuer:
Ersatz durch:

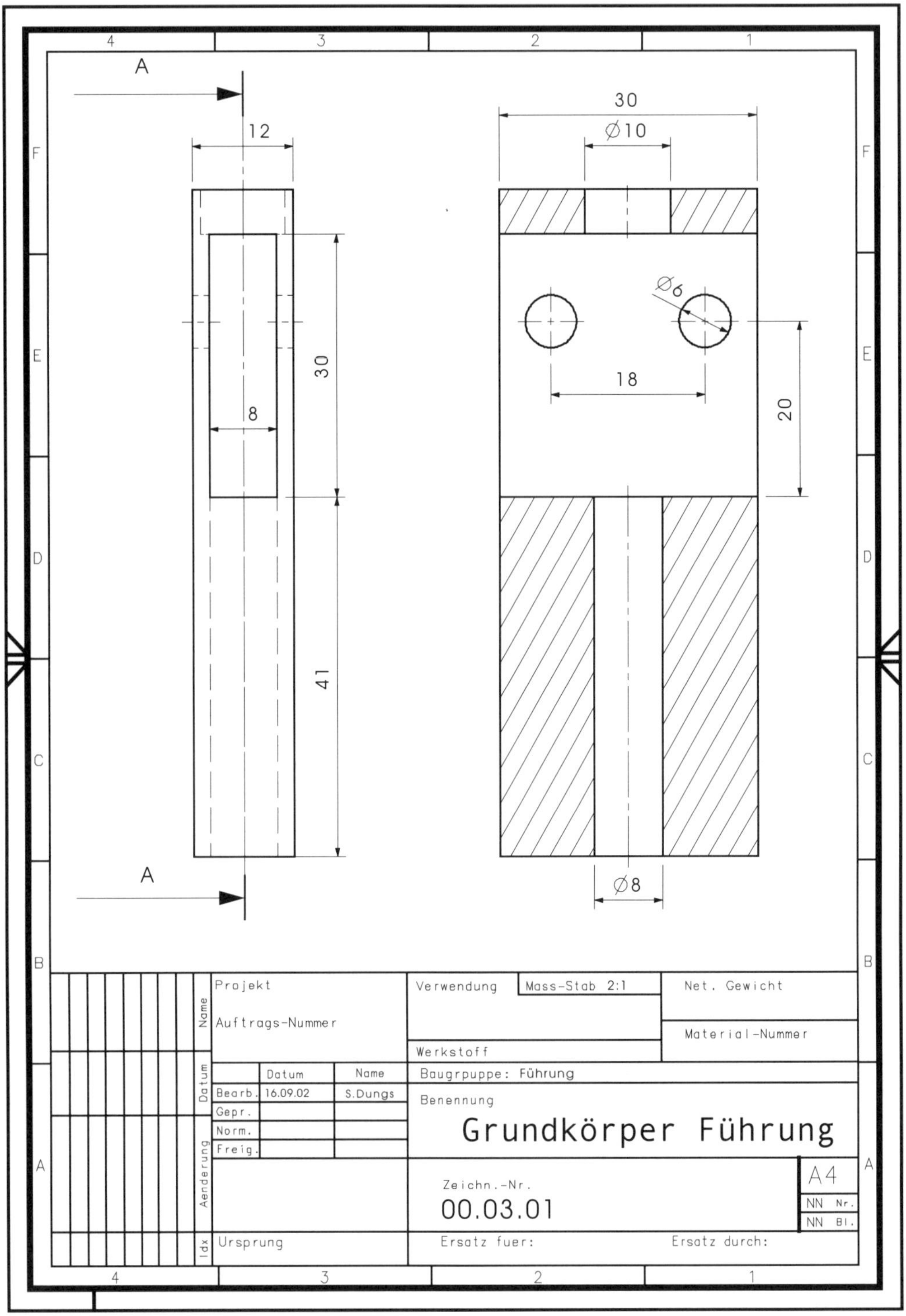
A
12
30
Ø10
Ø6
18
20
8
30
41
A
Ø8
Projekt
Auftrags-Nummer
Verwendung
Mass-Stab 2:1
Net. Gewicht
Material-Nummer
Werkstoff
Datum
Name
Bearb. 16.09.02 S.Dungs
Gepr.
Norm.
Freig.
Baugrpuppe: Führung
Benennung
Grundkörper Führung
Zeichn.-Nr.
00.03.01
A4
NN Nr.
NN Bl.
Ursprung
Ersatz fuer:
Ersatz durch:
Aenderung
Idx

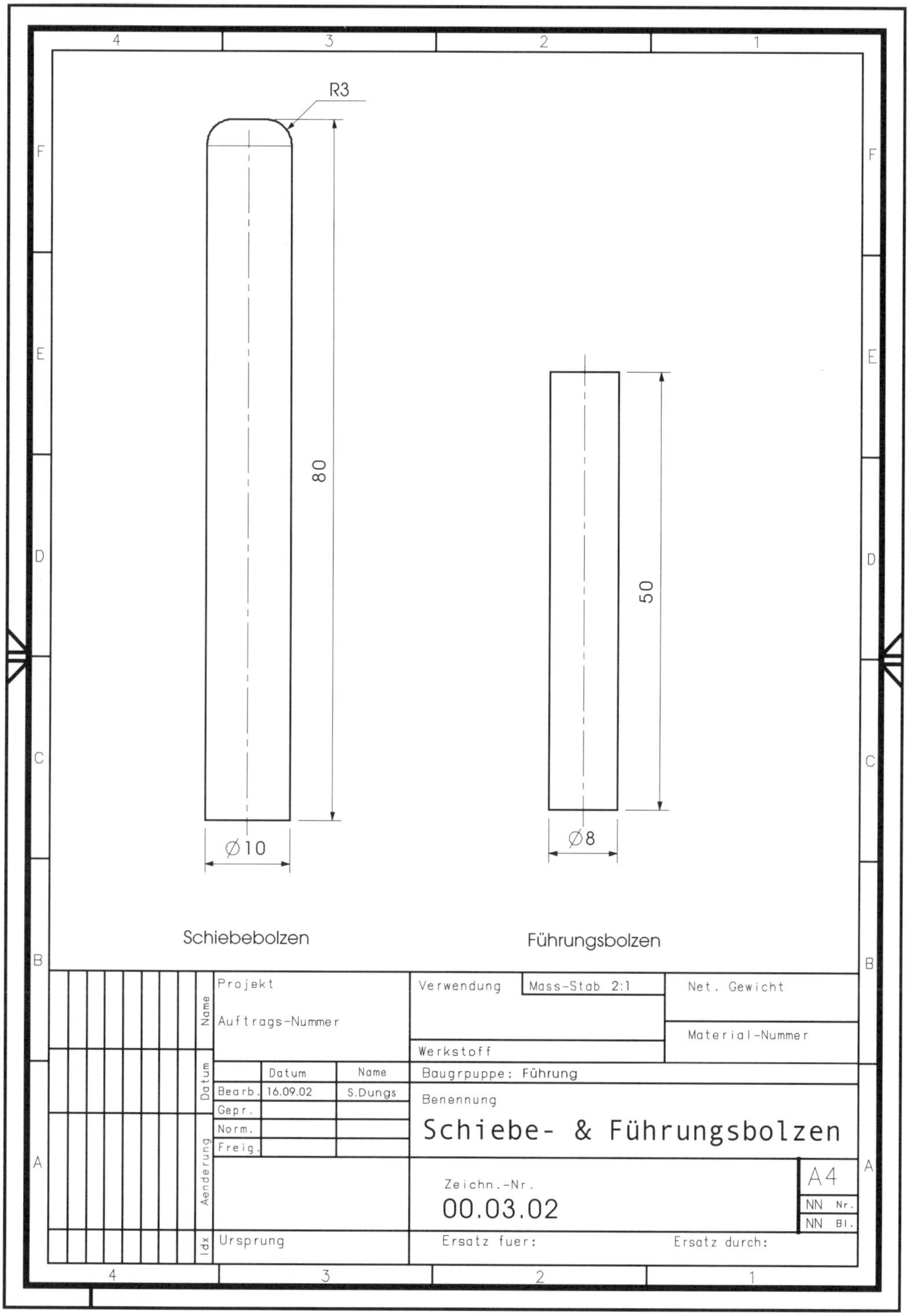
R3
80
50
∅10
∅8
Schiebebolzen
Führungsbolzen
Projekt
Auftrags-Nummer
Verwendung
Mass-Stab 2:1
Net. Gewicht
Material-Nummer
Werkstoff
Datum
Name
Bearb.
16.09.02
S.Dungs
Gepr.
Norm.
Freig.
Baugrpuppe: Führung
Benennung
Schiebe- & Führungsbolzen
Zeichn.-Nr.
00.03.02
A4
NN Nr.
NN Bl.
Ursprung
Ersatz fuer:
Ersatz durch:
Aenderung
Idx

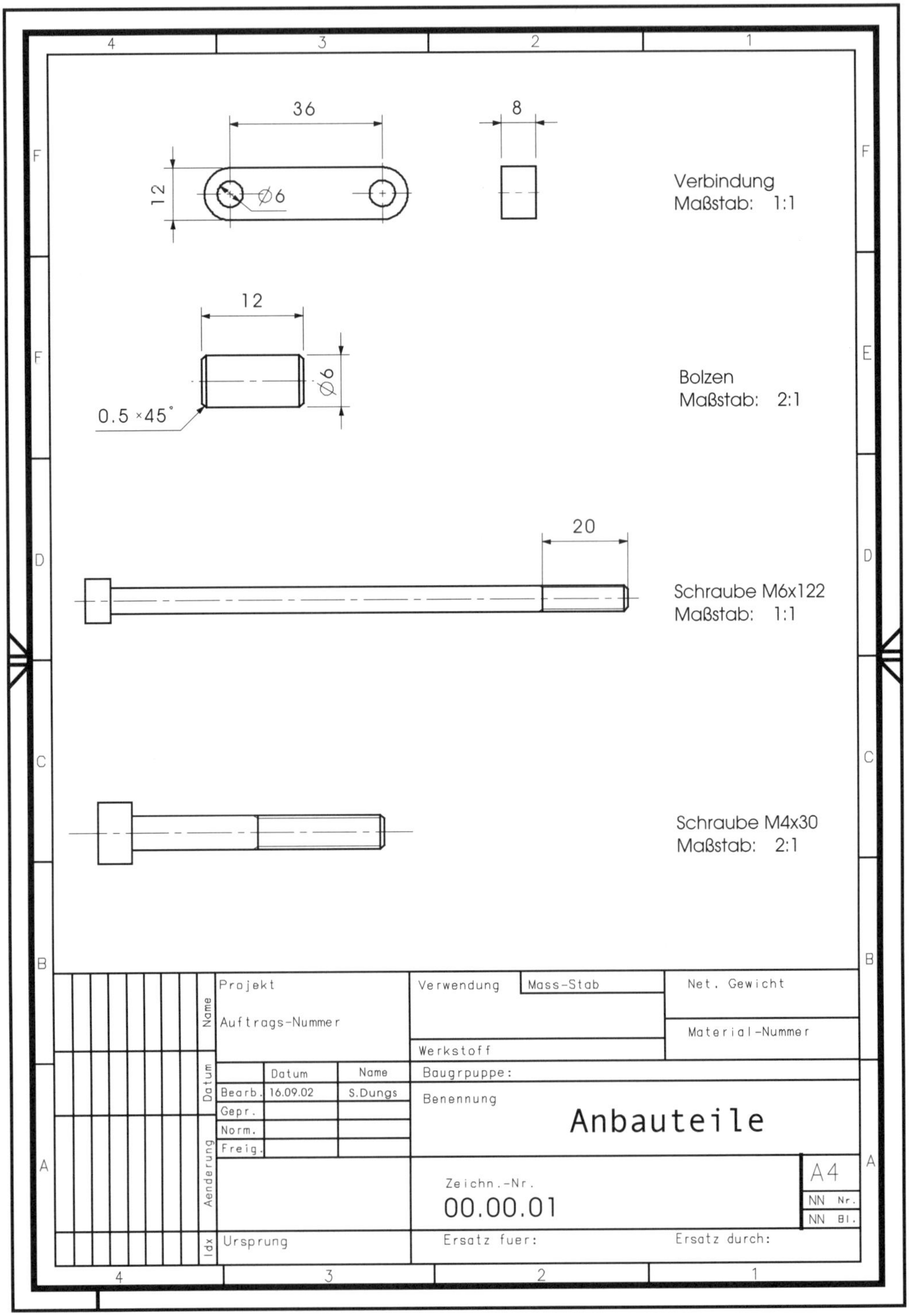
36
8
12
⌀6
Verbindung
Maßstab: 1:1
12
⌀6
0.5 ×45°
Bolzen
Maßstab: 2:1
20
Schraube M6x122
Maßstab: 1:1
Schraube M4x30
Maßstab: 2:1
Projekt
Auftrags-Nummer
Verwendung
Mass-Stab
Net. Gewicht
Material-Nummer
Werkstoff
Datum
Name
Baugrpuppe:
Bearb. 16.09.02 S.Dungs
Gepr.
Norm.
Freig.
Benennung
Anbauteile
Aenderung
Zeichn.-Nr.
00.00.01
A4
NN Nr.
NN Bl.
Idx
Ursprung
Ersatz fuer:
Ersatz durch:

Literaturverzeichnis

/1/ *P. Köhler:* Moderne Konstruktionsmethoden im Maschinenbau. 1. Auflage: Vogel-Verlag 2002..

/2/ *P. Köhler, R. Hoffmann, M. Köhler:* Pro/ENGINEER-Praktikum. 2. Auflage: Vieweg-Verlag 2000

Sachwortverzeichnis

A
Ablaufstrategie 2
Achsen 17
Achsensystem 43, 97
Austausch 97
Ansichten 13 ff., 141
Ansichtseigenschaften 143
Attribute 15 f.
Aufmaßflächen 46, 71
Auszugsschrägen 45, 71

B
Basisansicht 141
Baugruppenbeziehungen 123
Baugruppengerüst 98, 110
Baugruppeninformation 116, 118
Bauteiländerung 72
Bauteilbezüge 43
Bauteilinformation 82
Bedingungsanalyse 117
Bemaßung 27, 30, 73, 150
Bemaßungsausrichtung 153
Benutzerkomponenten 166, 170
Beziehungen 78, 123, 171
Bezugselemente 102
Bilddokument 163
Bohrung 65
Bohrungsmuster 69
Boolesche Operationen 46, 84
Bruchansicht 134, 146
B-Rep 1

C
CAD 1
CSG 1

D
Darstellungsattribute 16, 88, 130
Darstellungsoptionen 13
Dateiendungen 6
Dateifenster 9
Datenaustausch 161
Detailansicht 146
Dialogelemente 8
Drag&Drop 77
Durchgangsbohrung 65
Durchmesserbemaßung 31

E
Ebenendefinition 59
Einbaubedingungen 100, 103
Einbaukorrektur 109
Einheitensystem 6
Elliptische Verrundung 35
Elliptisches Oval 36
Explosionsdarstellung 96, 131

F
Fase 63
Feature 3, 63, 166
Feingestalt 3
Fertigungszugabe 45, 71
Fixieren 98, 100
Flächenanalyse 82
Flansch 52, 71
Formatzuweisung 138
Formenbau 85
Formeldefinition 78, 124
Freigabe 2
Freistich 92

G
Gaussche Krümmung 83
Gewinde 67
Gesenk 86
Gezogene Teile 53
Grobgestalt 3, 52
Gruppenzeichnung 148

H
Hilfe 9
Hilfskonstruktion 37

Hohlkörper 58
Hosenrohr 75

I
IGES 161
Importbericht 162
Inaktivieren 76
Isometrische Projektion 14

K
Katalog 96, 164, 167
Komponente 96, 99, 112
Komponentendarstellung 130
Komponentenplatzierung 99, 101, 109
Konstruktionsfeature 63
Konstruktionstabelle 89, 123
Koordinatensystem 43, 97
Kreisübergang 59
Krümmer 61, 74
Kurvenanalyse 82

L
Lagetoleranzen 156
Leitkurve 53
Liniendefinietion 28
Loft 45, 55

M
Makroaufzeichnung 166, 173
Makroprogrammierung 171
Manipulieren 106
Materialeigenschaften 16
Materialschnitt 49
Maßänderung 72
Maßbeziehungen 80
Maßlinieneigenschaften 154
Messen 82
Modellanalyse 82, 116
Modellbaum 9, 17
Muster 69

N
Notizen 158
Nut 45, 49

O
Oberflächenangaben 155
Objektdarstellung 12
Orientieren 101, 141
Oval 56

P
Parallelprojektion 14, 144
Parameteranpassung 78
Produktdatenmanagement 2
Platzierungsbedingungen 100
Profilkörper 47, 51
Profilskizzen 33
Programmierschnittstelle 171
Projektion 14, 144

Q
Querschnitt 55, 145
Querschnittsanpassung 55

R
Rauigkeitssymbol 155
Regenerieren 44, 74
Rotationsschnitt 40
Rotationskörper 47, 50, 52

S
Schale 58, 76
Schalenelement 45
Schnittdarstellung 144
Schnittstellen 161
Schraffur 144
Schweißsymbole 157
Skizzieren 25
Skizziermethoden 27
Spezifikationsbaum 18
Spiegeln 26, 37, 46, 75
Standardbaugruppe 97
Strukturmodell 100, 113
Stückliste 116, 160
Stufenschnitt 147
Symbolik 19
Symmetrische Skizzen 37

T
Tabelle 89, 123
Teileliste 116
Toleranzen 152
Trägheitsmoment 83

Trajektion 53
Trimmen 26, 40

U
Umdefinieren 72, 120
Unterdrücken 76
Übergangsstücke 55
Überschneidung 119, 122

V
Verbundkörper 55
Vereinigen 46, 84
Verschneiden 46, 118
Volumendurchdringung 116
Volumenverknüpfung 84
Voreinstellungen 7, 44, 136
Vordefinierte Ansichten 14

Z
Zeichnungserstellung 133
Zeichnungsformate 138
Zeichnungsvorlagen 138
Zentralprojektion 14
Zentrierbohrung 167, 170
Ziehen 53
Zoomen 12

Einführung in die praktische Informatik

Küveler, Gerd / Schwoch, Dietrich

Informatik für Ingenieure

C/C++, Mikrocomputertechnik, Rechnernetze

3., vollst. überarb. u. erw. Aufl. 2001. XII, 572 S. Br. € 38,00

ISBN 3-528-24952-8

Inhalt:

Grundlagen - Programmieren mit C/C++ - Mikrocomputer - Rechnernetze

Dieses Lehrbuch ist für die Informatik-Erstausbildung in der Datenverarbeitung technischer Ausbildungsgänge geschrieben. Die breit angelegte Einführung bietet die wichtigsten Gebiete der praktischen Informatik.Wegen seiner ausführlichen Beispiele und Übungsaufgaben eignet sich das Buch besonders zum Selbststudium. In der 3. Auflage wurde C++ als Sprache neu vorgestellt. Ein besonderes Kapitel zeigt eine Einführung in das objektorientierte Programmieren mit C++. In diesen Abschnitten sind die Schlüsselworte für die Programmierung besonders hervorgehoben.

Die Autoren:

Prof. Dr. rer. nat. Gerd Küveler und Prof. Dr. rer. nat. Dietrich Schwoch lehren an der Fachhochschule Wiesbaden/Rüsselsheim im Fachbereich Mathematik, Naturwissenschaften und Datenverarbeitung.

vieweg

Abraham-Lincoln-Straße 46
65189 Wiesbaden
Fax 0611.7878-420
www.vieweg.de

Stand Oktober 2002.
Änderungen vorbehalten.
Erhältlich im Buchhandel oder im Verlag.